高等学校教材

物理化学实验

李文坡 主编

杨文静 商波 郭江娜 副主编

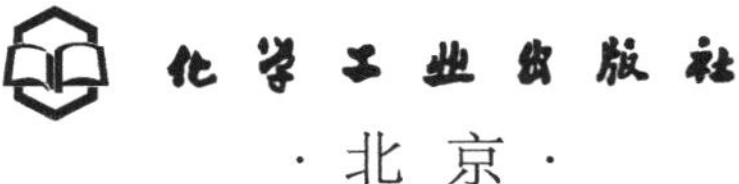

·北京·

内容简介

《物理化学实验》分为绪论部分、基础篇和提高篇。绪论部分是实验相关安全知识、数据误差分析以及Origin在物理化学实验数据处理中的应用；基础篇共28个实验项目，主要是基础型实验项目，涵盖传统经典物理化学实验项目，但大部分项目的仪器均采用新型的仪器设备；提高篇共6个实验项目，为拓展型实验，其中三个项目是由科研项目成果设计而成，具有一定的科学研究性。实验项目后面大都附有附录，内容包括本项目的药品使用注意事项、文献参考值以及拓展阅读等。

《物理化学实验》可作为高等学校化学、化工、材料、环境等专业的物理化学实验教材，也可供以上专业的科技人员参考。

图书在版编目（CIP）数据

物理化学实验/李文坡主编．—北京：化学工业出版社，2021.7

高等学校教材

ISBN 978-7-122-39236-7

Ⅰ.①物… Ⅱ.①李… Ⅲ.①物理化学-化学实验-高等学校-教材 Ⅳ.①O64-33

中国版本图书馆CIP数据核字（2021）第101815号

责任编辑：马泽林　徐雅妮　　　装帧设计：李子姮

责任校对：宋　夏

出版发行：化学工业出版社（北京市东城区青年湖南街13号　邮政编码100011）

印　　装：北京捷迅佳彩印刷有限公司

787mm×1092mm　1/16　印张12　字数296千字　2021年7月北京第1版第1次印刷

购书咨询：010-64518888　　　售后服务：010-64518899

网　　址：http://www.cip.com.cn

凡购买本书，如有缺损质量问题，本社销售中心负责调换。

定　　价：35.00元

前言

物理化学实验是一门兼具基础性和综合性的化学实验课程，是化学、化工、材料、环境等专业的必修课程，是帮助学生加深概念、理论理解的有效途径，对于培养学生的动手能力、解决问题能力、创新能力起着非常重要的作用。

《物理化学实验》教材有很多版本，其中不乏经典的教材，对传统的物理化学实验做了详细的介绍。重庆大学物理化学实验课程有很长的历史，实验项目涵盖范围广泛。近年来，在学校的大力支持下，更新了物理化学实验的仪器，硬件得到了长足的发展。针对教学中教材和仪器不匹配等问题，对实验教案进行了重新编写，完善了实验操作步骤和数据分析方法。目前教学文档涵盖讲义、软件说明、报告格式要求等。经过近年的教学实践，已经形成了顺畅运行的实验教学新体系。因此，我们将目前的教学资源进一步整合修订出版教材，致力于提高教学效果。

本教材包括三部分内容，即绪论部分、基础篇和提高篇，绪论部分是实验相关安全知识、数据误差分析以及数据处理；基础篇共 28 个实验项目，主要是基础型实验项目，涵盖传统经典物理化学实验项目，但大部分项目的仪器均采用新型的仪器设备；提高篇共 6 个实验项目，为拓展型实验，其中三个项目是由科研项目成果设计而成，具有一定的科学研究性。基本每个实验项目后面都附有附录，内容包括本项目的药品使用注意事项、文献参考值及拓展阅读等。基础篇中大部分实验项目都适用于一个实验班上进行规模教学，课时均设计为 4 学时，涉及的仪器为常规仪器，仪器原理和操作介绍附于该实验项目之后。提高篇中的实验项目主要是针对有条件的学校，可选择性开设，学时通常为 4～8 学时。实验项目包含实验原理、新型仪器操作和数据处理。实验原理和实验方案细节的把握能加强同学们对理论课程的正确理解，提高实践应用能力和科学研究的基础素质；仪器的操作能提高学生在化学学习中的实验技能；数学处理过程中的计算机作图、数据处理能提高学生对数据的敏感性，建立实事求是用数据说话的理性思维和踏实作风。书中所用化学试剂均为分析纯。

本教材由重庆大学化学化工学院的李文坡、杨文静、商波、郭江娜等老师整理编写；参与编写的其他人员还有左秀丽、陈书军、陈思屹等；本教材的许多内容是在重庆大学化学化工学院基础化学实验教学示范中心长期的实验教学改革实践基础上凝练而成；重庆大学教务处、实验室与设备处、化学化工学院对本书的编写出版给予了大力支持；此外，本书的编写也受到了同济大学许新华、王晓岗老师教学理念的启发，在此谨向他们表示衷心感谢。

由于笔者水平有限，书中疏漏之处在所难免，希望并欢迎读者提出意见和建议。

编者

2021 年 3 月

目录

绪　论 1

第一部分　基础篇 20

实验一　量热法测定蔗糖的燃烧热 20
实验二　环己烷-乙醇双液系气液平衡相图的测定 25
实验三　步冷曲线法绘制 Sn-Bi 二元合金相图 30
实验四　五水硫酸铜的差热分析 35
实验五　饱和蒸气压法测定乙醇的汽化热 42
实验六　凝固点降低法测定摩尔质量 45
实验七　溶解热的测定 53
实验八　氨基甲酸铵分解反应热力学函数的测定 58
实验九　电解质溶液的电导率测定 62
实验十　电导率法测定醋酸的电离常数 69
实验十一　电动势法测定化学反应的热力学函数 72
实验十二　电动势法测定溶液的 pH 值 77
实验十三　氢过电位的测量 81
实验十四　恒电势法测碳钢的阳极极化曲线 86
实验十五　希托夫法测定离子迁移数 90
实验十六　一级反应——过氧化氢分解 97
实验十七　旋光法测定蔗糖水解速率常数 101
实验十八　电导法测定乙酸乙酯皂化反应速率常数 106
实验十九　电动势法测甲酸氧化动力学参数 110
实验二十　最大气泡法测定溶液的表面张力 113
实验二十一　黏度法测定高聚物的平均分子量 118
实验二十二　溶液吸附法测定固体的比表面积 123
实验二十三　胶体制备和电泳 127
实验二十四　表面张力法测定水溶性表面活性剂临界胶束浓度 132
实验二十五　用脉冲法进行苯加氢和金属活性位的中毒反应 135

实验二十六　简单离子晶体的晶格能和水合热计算实验　140
实验二十七　介电常数溶液法测定正丁醇分子的偶极矩　144
实验二十八　古埃磁天平法测定物质的磁化率　149

第二部分　提高篇　156

实验二十九　表面活性剂分子在固液界面吸附行为研究　156
实验三十　$Co(OH)_2$/rGO 纳米电极的表面电容及扩散控制反应过程研究　160
实验三十一　Cu 掺杂锰基锌离子电池正极材料的离子扩散动力学研究　165
实验三十二　五水硫酸铜热分解反应的动力学研究　170
实验三十三　B-Z 振荡反应动力学研究　174
实验三十四　B-Z 振荡反应在氯离子含量测定中的应用　180

绪　论

一、物理化学实验的目的和要求

1. 物理化学实验的目的

（1）化学和物理学之间的密切关系　化学与物理学，作为自然科学的两个分支，关系十分密切，任何一种化学变化总是伴随着物理变化，物理因素的作用也会引起化学变化，自然科学中物理和化学历来是相辅相成的两个基础学科。虽曾有过约定俗成的分工，各司其职，但非各自为战而是相互合作、相互促进的。许多科学家的研究兼及物理和化学。化学实验中，经常求助于当时的物理成就，而且受益良多。物理学科的发展极大地开拓了化学的研究方法，很多诺贝尔奖项的内容都是物理和化学学科的交叉。物理包含所有物质系统的化学行为的原理、规律和方法，化学也同样涵盖从宏观到微观与性质的关系、规律、化学过程机理及其控制的研究。对化学规律进行总结，并提高为理论，是物理化学这一学科的起源。物理化学采用物理的方法研究化学相关问题，是化学以及在分子层次上研究物质变化的其他学科领域的理论基础。

（2）物理化学实验和物理化学理论的关系　化学学科是一门基于实验的学科，物理化学是化学的理论部分。物理化学不仅包含化学的理论，同时也是实验的科学。理论和实验的密切结合是物理化学学科的基本规律。化学的理论在理论计算化学未发展以前都是基于实验经验总结得到，以实验为基础的。在化学模拟技术发展后，部分数据可以通过模拟来得到，该数据也可以认为是模拟实验，通过提取才能得到化学结论。同时，物理化学理论自身需要开拓，课上学习到的理论知识也需要实践。在物理化学理论发展中，需要通过实验技术来验证和判断，其中实验方案的选取和实验技术是保证其合理性和可靠性的基础。而在理论指导下的物理化学实验，能促进学生对于理论知识的学习和掌握。

2. 物理化学实验的地位、作用和特点

物理化学实验是一门独立的课程，是在普通物理、无机化学、分析化学和有机化学等实验基础上的一门综合性的基础化学实验。通过物理化学实验的学习，可以掌握物理化学实验的基本方法和技能，培养思考问题能力、动手能力、观察能力和处理实验数据、对实验结果进行分析和归纳的能力；同时可以加深对物理化学原理、概念的理解。

作为一门基础实验课程，物理化学实验相对无机实验、分析实验、有机实验，对理论的要求和支撑更为明显，定量的程度较高，规律性、探索性的内容更多。同时，作为一门衔接课程，在数据处理、实验讨论、理论和实验结合等方面都具有较高的要求，能够为后续的专业课和专业训练提供较好的能力支撑。

3. 物理化学实验的要求

（1）基本知识和技能　加深对物理化学基本原理的理解，给学生提供理论联系实际和理论应用于实践的机会。通过实验操作、现象观察和数据处理，锻炼学生分析问题、解决问题的能力。培养学生勤奋学习、严谨、求真、求实、勤俭节约的优良品德和科学态度。

（2）基本实验方法和技术　使学生了解物理化学实验的基本实验方法和实验技术及简单仪器的测量原理，学会温度、压力、热量、电导、电动势、黏度、折射率、比表面积等通用仪器的操作，培养学生的动手能力和设计规划能力。

二、实验安全基础知识

化学实验室中，安全是非常重要的，必须得到保障。化学实验室常常隐藏着诸如发生爆炸、着火、中毒、灼伤、割伤、触电等事故的危险性。如何防止这些事故的发生，以及万一发生事故如何处理，是每一个化学实验工作者和使用人员必须具备的素质。本节主要结合物理化学实验的特点介绍安全用电常识及使用化学药品的安全防护等知识。

1. 安全用电常识

物理化学实验相对其他化学实验，药品使用较少，但电气设备使用较多，特别要注意安全用电。违章用电可能造成仪器设备损坏、火灾、甚至人身伤亡等严重事故。为了保障人身安全，一定要遵守以下安全用电规则。

（1）防止触电　电、水是化学实验中通常都要同时用到的，在安装仪器时，切忌注意用水时确保电路不被水沾湿，实验台面注意不能有积水。不用潮湿的手接触电器，实验开始时，应先连接好电路再接通电源；修理或安装电器时，应先切断电源；实验结束时，先切断电源再拆线路。不能用试电笔去试高压电，使用高压电源应有专门的防护措施。如果有人触电，首先应迅速切断电源然后进行抢救。

（2）防止发生火灾及短路　电线的安全通电量应大于用电功率；使用的保险丝要与实验室允许的用电量相符。若室内有氢气、煤气等易燃易爆气体，应避免产生电火花。继电器工作时，电器接触点接触不良及开关电闸时均易产生电火花，要特别小心。如遇电线起火，应立即切断电源，用沙或二氧化碳、四氯化碳灭火器灭火，禁止用水或泡沫灭火器等导电液体灭火。电线、电器不能被水浸湿或浸在导电液体中；线路中各接点应牢固，电路元件两端接头不要互相接触，以防短路。

（3）电器仪表的安全使用　使用前首先要了解电器仪表要求使用的电源是交流电还是直流电，是三相电还是单相电，以及电压的大小（如380V、220V）。须弄清电器功率是否符合要求及直流电器仪表的正、负极。仪表量程应大于待测量，待测量大小不明时，应从最大量程开始测量。实验前要检查线路连接是否正确，经教师检查同意后方可接通电源。在使用过程中如发现异常，如不正常声响、局部温度升高或嗅到焦味，应立即切断电源，并报告教师进行检查。

2. 使用化学药品的安全防护

（1）防毒　实验前应了解所用药品的毒性及防护措施。操作有毒化学药品应在通风橱内进行，根据药品性质采用戴硅胶、乳胶手套及防护眼镜等防护措施避免与皮肤接触；剧毒药品应妥善保管并小心使用。实验室严禁带入食物、饮料；离开实验室前要洗净双手。

（2）防爆　可燃气体与空气的混合物在比例处于爆炸极限时，受到热源（如电火花）诱发将会引起爆炸。因此使用时要尽量防止可燃性气体逸出，保持室内通风良好；操作大量可燃性气体时，严禁使用明火和可能产生电火花的电器，并防止其他物品撞击产生火花。另外，有些药品如乙炔银、过氧化物等受震或受热易引起爆炸，使用时要特别小心。严禁将强氧化剂和强还原剂放在一起；久藏的乙醚使用前应除去其中可能产生的过氧化物；进行易发生爆炸的实验，应有防爆措施。气瓶按照要求进行存放和使用。

（3）防火　许多有机溶剂如乙醚、丙酮等非常容易燃烧，使用时室内不能有明火、电火花等。用后要及时回收处理，不可倒入下水道，以免溶剂聚集引起火灾。实验室内不可过多存放这类药品。另外，有些物质如磷、金属钠及比表面积很大的金属粉末（如铁、铝等）易氧化自燃，在保存和使用时要特别小心。实验室一旦着火不要惊慌，应根据情况选用不同的灭火剂进行灭火。以下几种情况不能用水灭火：有金属钠、钾、镁、铝粉、电石、过氧化钠等时，应用干沙等灭火；密度比水小的易燃液体着火，应采用泡沫灭火器；有灼烧的金属或熔融物的地方着火时，应用干沙或干粉灭火器；电气设备或带电系统着火，应用二氧化碳或四氯化碳灭火器。

（4）防灼伤　强酸、强碱、强氧化剂、溴、磷、钠、钾、苯酚、冰醋酸等都会腐蚀皮肤，特别要防止其溅入眼内，使用时应带护目镜和手套操作。液氧、液氮等低温液化气会严重灼伤皮肤，使用时要小心。万一灼伤应及时接受治疗。

3. 化学废液、固体废弃物的处理

化学废弃物品应分为毒性化学物质、有机废液、无机废液、有机固体废物及固体废物五项，分别按照标准进行处理。

毒性化学物质、废物都依环境保护部门规定办理。

有机废液需要分类存放。主要包含以下几类。①不含卤素和不含氮有机化合物类，如甲醇、乙醇、乙酸乙酯、石油醚、正己烷等。②含卤素有机废液类，包含脂肪族卤素化合物和芳香族卤素化合物，如氯仿、氯代甲烷、四氯化碳、甲基碘、氯苯、苯甲氯等。③含氮类有机废液类，包含脂肪族氮类化合物和芳香族氮类化合物，如硝基苯、吡啶等。各类型有机废液需分开存放，做好文字标记，委托有资质的单位代为处理。

无机废液（含重金属废液）集中收集于固定的容器中，由专人或委托有执照的单位定期代清除处理。

有机固体及一般固体废物分别贮存于广口玻璃瓶，并于瓶外加注明显的标示，注明内容物、贮存日期及贮存人。

一般废物贮存规定如下：酸应远离活泼金属，如钠、钾、镁等；氧化性的酸或易燃有机物相碰后会产生有毒的气体物质，如氰化物、硫化物，以免产生危害；碱应远离酸及一些性质活泼的药品；易燃物应放在暗冷处并远离一切有氧化作用的酸，易产生火花、火焰的物质，贮存量不可太多；氧化剂应存放干冷处，并远离还原剂，如锌、碱金属、甲酸等；与水作用的药品应存放干冷处，并远离水；与空气易产生作用的药品应存放在水中并盖紧瓶盖；见光易变化的药品应存放于深色瓶中，勿被阳光照射；可变成过氧化物的药物应存放于深色瓶中，并盖紧瓶盖；剧毒药物应存放在双人双锁的专用保险柜里，并交由学校指定专业单位负责处置；有机物多为易挥发液体，易燃且有毒性，应置于药柜底层且通风良好处，以防倾

倒摔破；有机溶剂应分卤化溶剂及非卤化溶剂，分开收纳、贮存。

贮存桶若严重生锈、损坏，不得使用；贮存桶容器材料不得与所贮存的有害废物起任何反应；易燃物贮存不相容的废物贮存桶，应分开放置，以免发生意外；贮存桶装有易燃性、反应性的废物时，其放置地点应相隔 15cm 以上。贮存桶应于表面明显处标示内容物及开始贮存日期；除添加或移出外，贮存桶应盖紧瓶盖；非经许可不得携带出任何废物或废液；贮存桶于装填、贮存过程中或搬运时，应避免容器受损；贮存位置应绝对禁止烟火及渗水，以防意外发生。

4. 气瓶的安全使用

在化学药品中，气瓶很特殊，引发的安全事故较多，移动、存储、使用均需特别注意。物理化学实验室中主要使用到氧气瓶，需注意以下几点事项。

① 氧气瓶应远离高温、明火、熔融金属飞溅物和易燃易爆物质等；

② 与明火相距不小于 10m，否则应采取可靠的遮护和屏蔽措施；

③ 存放时保持直立位置不得横放，并有防倾措施；

④ 为避免静电起火，不得放置在橡胶等绝缘体上；

⑤ 氧气瓶不能粘附油脂，氧气瓶阀门只准使用专门的扳手开启；

⑥ 检查瓶阀时，只准用肥皂水检验；

⑦ 氧气瓶使用前检查余压不能低于 0.05MPa。

常用气瓶根据不同气体有专门的颜色和字样（GB/T 7144—2016），部分见表 0.1。

表 0.1　常用气瓶颜色字样

气体名称	瓶色	字样	字色
乙炔	白色	乙炔　不可近火	大红
氧气	淡(酞)蓝	氧	黑
二氧化碳气体	铝白	液化二氧化碳	黑
氮	黑	氮	白
氩	银灰	氩	深绿
氨	淡黄	液氨	黑

三、物理化学实验中的误差问题

1. 测量中的误差来源

由于实验方法的可靠程度、所用仪器的精密度和实验者感官的限度等各方面条件的限制，使得一切测量均带有误差，即测量值与真实值之差。因此，必须对误差产生的原因及其规律进行研究，方可在合理的人力物力支出条件下，获得可靠的实验结果，再通过实验数据的列表、作图、建立数学关系式等处理步骤，使实验结果成为有参考价值的资料，这在科学研究中是必不可少的。误差的分类，按其性质可分为如下三种。

（1）系统误差　系统误差是在相同条件下，多次测量同一物理量时由固定原因产生的，误差的绝对值和符号保持恒定。系统误差主要包含以下几种类型。

① 实验方法的缺陷，例如使用了近似公式；可以通过实验原理和实验方案的调整来改善实验方法的误差。

② 仪器、药品的质量不良，如电表零点偏差，温度计刻度不准，药品纯度不高等；可

以通过校正仪器，提高药品等级等方法来减少误差。

③ 操作者的不良习惯和主观误差，如观察视线偏高或偏低。

系统误差的存在可以针对产生的原因采取措施，使其减少，但不能消除。

（2）过失误差　这是一种明显歪曲实验结果的误差。它无规律可循，是由操作者读错、记错所致，只要加强责任心，此类误差可以避免。需要结合实验预期和仔细核对数据发现和改正，发现有此种误差产生，所得数据应予以剔除。

（3）偶然误差　在相同条件下多次测量同一量时，误差的绝对值时大时小，符号时正时负，但随测量次数的增加，其误差平均值趋近于零，即具有抵偿性，此类误差称为偶然误差。它产生的原因并不确定，一般是由环境条件的改变（如大气压、温度的波动）或操作者感观分辨能力的限制所致。偶然误差可以通过多次测量来减小。

2. 测量的准确度与精密度

（1）准确度　准确度是指测量结果的准确性，即测量结果偏离真值的程度。而真值是指用已消除系统误差的实验手段和方法进行足够多次的测量所得的算术平均值或者文献手册中的公认值。

（2）精密度　精密度是指测量结果的可重复性及测量值有效数字的位数。因此测量的准确度和精密度是有区别的，高精密度不一定能保证有高准确度，但高准确度必须由高精密度来保证。

精密度、准确度和精度的相关性见图 0.1。

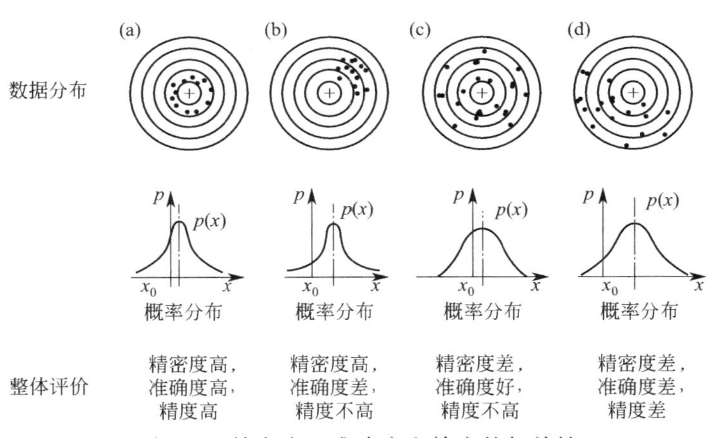

图 0.1　精密度、准确度和精度的相关性

$p(x)$—概率分布；x_0—真值；+—真值

3. 误差和偏差的表达方法

（1）误差　测量结果的准确度用误差来表示，若测量值为 x，真实值为 x_0，则误差 E 为二者之差。

$$E=x-x_0$$

$E>0$ 为正误差，$E<0$ 为负误差。E 为绝对误差，表明测量值和真实值之间的绝对值。绝对误差不能反映测量结果的准确度，因此误差经常用相对误差来表示。相对误差的计算公式为 E/x_0。

误差测定需要知道标准值，多出现在验证型实验的结果分析中。但很多实验中，真实值未知，需要根据测定结果评价测量过程中的精密度，即偏差分析和标准偏差分析。

（2）偏差分析　偏差体现结果的分散程度，体现多次测量的整体精密度。测量某物理量 x_i，经多次测量，得到其平均值为 $\overline{x}$，则每次测量的偏差 d_i 为二者之差。

$$d_i = x_i - \overline{x}$$

d 又称绝对偏差，有正负之分。和误差一样，偏差也可以定义出相对偏差，采用绝对偏差除以测量的平均值，可以得到相对偏差：$d/\overline{x}$。

则多次测量的平均偏差 $\overline{d}$ 为

$$\overline{d} = \frac{d_1 + d_2 + \cdots + d_n}{n} = \frac{1}{n}\sum |d_i|$$

多次测量的相对平均偏差可以用 $\overline{d}/\overline{x}$ 来表示。

（3）标准偏差　在数据比较多，采用平均偏差对于数据的分散描述不够理想时，常用标准偏差来描述一组测量数据的精密度，标准偏差用 σ 来表示，计算方法为

$$\sigma = \sqrt{\frac{\sum (x_i - \overline{x})^2}{n}}$$

式中，$\overline{x}$ 为总体平均值；n 为测量次数。相对标准偏差用 $\sigma/\overline{x}$ 来表述。

采用标准偏差不仅可以避免各次测量值的偏差正负抵消的问题，而且可以强化大偏差的影响，更好地说明分散度的问题。

4. 有效数字的取舍和计算

（1）有效数字的取舍　当对一个测量的量进行记录时，所记数字的位数应与仪器的精密度相符合，即所记数字的最后一位为仪器最小刻度以内的估计值，称为可疑值，其他几位为准确值，这样一个数字称为有效数字，它的位数不可随意增减。在间接测量中，须通过一定公式将直接测量值进行运算，运算中对有效数字位数的取舍应遵循如下规则：

① 误差一般只取一位有效数字，最多两位。

② 有效数字的位数越多，数值的精确度也越大，相对误差越小。

③ 若第一位的数值等于或大于 8，则有效数字的总位数可多算一位，如 9.23 虽然只有三位有效数字，但在运算时，可以看作四位。

④ 运算中舍弃过多不定数字时，应用“4 舍 6 入，逢 5 尾留双”的法则。

⑤ 算式中，某些取自手册的常数不受上述规则限制，其位数按实际需要取舍。如常数 e、π、ε 等。

⑥ 数字显示仪器的有效数字按仪器精度确定。

（2）有效数字的计算　在四则运算过程中，有效数字的取舍和保持需要保证最后一位是可疑数字，应遵循下列计算规则。

① 加减法：加减法的误差按照绝对误差进行传递，因此误差计算过程中，绝对误差应以小数点后位数最少的数字为标准：例如，下列数字相加

$$1.3456 + 0.32 + 1.0068$$

严格计算出来的结果为 2.6724。但其中 0.32 的绝对误差最大，为 0.01，计算时应该先修约再计算，

$$1.35+0.32+1.01$$

计算结果为 2.68。

② 乘除法：乘除法计算是按照相对误差来传递，因此计算结果中的相对误差需要与各数字中相对误差最大的保持一致，即以有效数字位数最少的数字为标准，例如上面三个数字按照乘法来计算

$$1.3456\times0.32\times1.0068$$

其中，0.32 为 2 位有效数字，计算时应该考虑保留 3 位有效数字（增加一位），计算完再修约为 2 位有效数字。

$$1.35\times0.32\times1.01=0.43632$$

最后计算结果为 0.44。

③ 乘方、开方及对数计算：在乘方和开方计算中，可以多保留一位有效数字，如 $\sqrt{2.0}=1.41$。在对数运算时，对数中的首数不是有效数字，对数的尾数的位数，应与各数值的有效数字相当；如 pH 为 3.46 时，算出来 H^+ 浓度只能保留两位有效数字。

实际有效数字处理过程中，除了以上依据外，在实验设计中还应该考虑平均值标准偏差的数值，使得该数字和平均值的有效位数基本一致，从而确保测量的精确性和有效性。

5. 误差传递和计算

在物理化学中，通常实验结果需要从理论模型和公式推导得到，实验结果的误差除了直接得到外，部分还需要由各个测量误差进行评估计算。在计算中根据公式的类型，对误差进行计算。

对于系统误差/相对误差，假设公式 $y=f(u_1,u_2,\cdots,u_n)$，对该函数进行偏微分可以得到

$$\mathrm{d}y=\left(\frac{\partial y}{\partial u_1}\right)_{u_2,\cdots,u_n}\mathrm{d}u_1+\left(\frac{\partial y}{\partial u_2}\right)_{u_1,u_3,\cdots,u_n}\mathrm{d}u_2+\cdots+\left(\frac{\partial y}{\partial u_n}\right)_{u_1,\cdots,u_{n-1}}\mathrm{d}u_n$$

实际测量中，有

$$\Delta u_1\approx\mathrm{d}u_1,\Delta u_2\approx\mathrm{d}u_2,\cdots,\Delta u_n\approx\mathrm{d}u_n$$

则间接测量中最终结果平均误差的普遍公式为

$$\Delta y=\left|\frac{\partial y}{\partial u_1}\right||\Delta u_1|+\left|\frac{\partial y}{\partial u_2}\right||\Delta u_2|+\cdots+\left|\frac{\partial y}{\partial u_n}\right||\Delta u_n|$$

根据函数类型不同，一阶偏导具有不同的形式，在传递过程中会有不同的计算方法和规则。

① 加减法：$R=mA+bB-pC$

$$d_R=md_A+bd_B-pd_C$$

② 乘除法：$R=\frac{mAB}{C}$

则根据对数关系处理，有

$$\frac{d_R}{R}=\frac{d_A}{A}+\frac{d_B}{B}-\frac{d_C}{C}$$

则误差计算为

$$\frac{d_R}{R}=\frac{E_A}{A}+\frac{E_B}{B}-\frac{E_C}{C}$$

③ 指数关系：$R=mA^n$

$$\ln R=\ln m+n\ln A$$

$$\frac{d_R}{R}=n\frac{d_A}{A}$$

④ 对数关系：$R=m\lg A$，则

$$d_R=0.4343m\frac{d_A}{A}$$

在标准偏差的传导中，如果函数为

$$y=f(u_1,u_2,\cdots,u_n)$$

根据标准偏差的定义

$$\sigma=\sqrt{\frac{\sum_{i=1}^{n}(x_i-\bar{x})^2}{n}}=\sqrt{\frac{\sum_{i=1}^{n}d_i^{\ 2}}{n}}$$

有 $$\sigma_y=\left[\left(\frac{\partial y}{\partial u_1}\right)^2\sigma_{u_1}^2+\left(\frac{\partial y}{\partial u_2}\right)^2\sigma_{u_2}^2+\cdots+\left(\frac{\partial y}{\partial u_n}\right)^2\sigma_{u_n}^2\right]^{\frac{1}{2}}$$

σ_{u_1}，σ_{u_2}，…，σ_{u_n} 为偏差。

标准偏差传递公式：

加减运算时　$R=mA+bB-pC$

对应的误差为

$$\sigma_R^2=m^2\sigma_A^2+n^2\sigma_B^2-p^2\sigma_C^2$$

对应于乘法时，有

$$\sigma_N=\sqrt{\left(\frac{\partial f}{\partial x_1}\right)^2\sigma_{x_1}^2+\left(\frac{\partial f}{\partial x_2}\right)^2\sigma_{x_2}^2+\left(\frac{\partial f}{\partial x_3}\right)^2\sigma_{x_3}^2}$$

相对偏差传递公式

$$\frac{\sigma_N}{N}=\sqrt{\left(\frac{\partial \ln f}{\partial x_1}\right)^2\sigma_{x_1}^2+\left(\frac{\partial \ln f}{\partial x_2}\right)^2\sigma_{x_2}^2+\left(\frac{\partial \ln f}{\partial x_3}\right)^2\sigma_{x_3}^2}$$

$$R=A^n$$

$$\frac{\sigma_R}{R}=n\frac{\sigma_A}{A}$$

$$R=m\lg A$$

$$\sigma_R=0.434m\frac{\sigma_A}{A}$$

例　测某一电热器的功率时，得到 $I=(8.40\pm0.04)\mathrm{A}$，$U=(99.5\pm0.1)\mathrm{V}$，求该电热器功率（$P$）的标准误差。

$$P=IU$$

$$\sigma_p=\left[\left(\frac{\partial P}{\partial I}\right)^2\sigma_I^{\ 2}+\left(\frac{\partial P}{\partial U}\right)^2\sigma_U^{\ 2}\right]^{\frac{1}{2}}$$

$$=\left[\left(\frac{\partial(IU)}{\partial I}\right)^2\sigma_I^{\ 2}+\left(\frac{\partial(IU)}{\partial U}\right)^2\sigma_U^{\ 2}\right]^{\frac{1}{2}}$$

$$= [U^2 \sigma_I{}^2 + I^2 \sigma_U{}^2]^{\frac{1}{2}} = P\left(\frac{\sigma_I{}^2}{I^2} + \frac{\sigma_U{}^2}{U^2}\right)^{\frac{1}{2}}$$

$$= \pm 0.8(\mathrm{W})$$

6. 置信度和置信区间的判断方法及数值取舍

（1）置信度和置信区间　正态分布是无限次测量数据的分布规律，而对有限次测量数据则用 t 分布曲线处理。用 s 代替 σ，纵坐标仍为概率密度，但横坐标则为统计量 t。t 定义为：

$$t = \frac{x - \mu}{s_{\bar{x}}}$$

自由度 f 等于 $n-1$，n 为样本数量。

t 分布曲线与正态分布曲线相似，只是 t 分布曲线随自由度 f 而改变。当 f 趋近 ∞ 时，t 分布就趋近正态分布。

置信度 p 定义为在某一 t 值时，测定值落在（$\mu + ts$）范围内的概率。

置信水平 α 定义为在某一 t 值时，测定值落在（$\mu + ts$）范围以外的概率（$1-p$）。$t_{0.05,10}$ 表示置信度为 95%，自由度为 10 时的 t 值。$t_{0.01,5}$ 表示置信度为 99%，自由度为 5 时的 t 值。t 值与置信度和自由度 f 的关系见表 0.2。

表 0.2　t 值与置信度和自由度关系

t	p= 0.90,f= 0.10	p= 0.95,f= 0.05	p= 0.99,f= 0.01
1	6.31	12.71	63.66
2	2.92	4.30	9.92
3	2.35	3.18	5.84
4	2.13	2.78	4.60
5	2.02	2.57	4.03
6	1.94	2.45	3.71
7	1.90	2.36	3.50
8	1.86	2.31	3.36
9	1.83	2.26	3.25
10	12.81	2.23	3.17
20	1.72	2.09	2.84
∞	1.64	1.96	2.58

平均值的置信区间为：当 n 趋近 ∞ 时，单次测量结果

$$\mu = x \pm \mu\sigma$$

以样本平均值来估计总体，平均值可能存在的区间

$$\mu = \bar{x} \pm \frac{\mu\sigma}{\sqrt{n}}$$

对于少量测量数据，即当 n 有限时，必须根据 t 分布进行统计处理

$$\mu = \bar{x} + ts_{\bar{x}} = \bar{x} + \frac{ts}{\sqrt{n}}$$

它表示在一定置信度下，以平均值为中心，包括总体平均值的范围，这就叫平均值的置信区间。

例 对某未知试样中 Cl^- 的质量分数进行测定，4 次结果为 47.64%，47.69%，47.52%和 47.55%。计算置信度为 90%，95%和 99%时，总体平均值 μ 的置信区间。

$$\bar{x}=\frac{47.64\%+47.69\%+47.52\%+47.55\%}{4}=47.60\%$$

$$s=\sqrt{\frac{\sum(x-\bar{x})^2}{n-1}}=0.08\%$$

由表 0.2 可知，置信度为 90%时，$t_{0.10,3}=2.35$

$$\mu=\bar{x}\pm\frac{t_{\alpha,f}s}{\sqrt{n}}=(47.60\pm0.09)\%$$

置信度为 95%时，$t_{0.05,3}=3.18$

$$\mu=(47.60\pm0.13)\%$$

置信度为 99%时，$t_{0.01,3}=5.84$

$$\mu=(47.60\pm0.23)\%$$

置信度越高，置信区间就越大，其所估计的区间包含真值的可能性也就越大。显著性检验采用的方法有 F 检验法和 t 检验法。

（2）F 检验法　F 检验法是比较两组数据的方差 s^2，以确定它们的精密度是否有显著性差异的方法。统计量 F 定义为两组数据的方差的比值，分子为大的方差，分母为小的方差，公式为 $F=\frac{s^2_{大}}{s^2_{小}}$。若两组数据的精密度相差不大，则 F 值趋近于 1；若两组数据之间存在显著性差异，则 F 值就较大。在一定的 p（置信度 95%）及 f 下，$F_{计算}>F_{表}$（表 0.3），存在显著性差异，否则，不存在显著性差异。

表 0.3　置信度 95%时 $F_{表}$值（单边）

$f_{大}$ \ $f_{小}$	2	3	4	5	6	7	8	9	10	∞
2	19.00	19.16	19.25	19.30	19.33	19.36	19.37	19.38	19.39	19.50
3	9.55	9.28	9.12	9.01	8.94	8.88	8.84	8.81	8.78	8.53
4	6.94	6.59	6.39	6.26	6.16	6.09	6.04	6.00	5.96	5.63
5	5.79	5.41	5.19	5.05	4.95	4.88	4.82	4.78	4.74	4.36
6	5.14	4.76	4.53	4.39	4.28	4.21	4.15	4.10	4.06	3.67
7	4.74	4.35	4.12	3.97	3.87	3.79	3.73	3.68	3.63	3.23
8	4.46	4.07	3.84	3.69	3.58	3.50	3.44	3.39	3.34	2.93
9	4.26	3.86	3.63	3.48	3.37	3.29	3.23	3.18	3.13	2.71
10	4.10	3.71	3.48	3.33	3.22	3.14	3.07	3.02	2.97	2.54
∞	3.00	2.60	2.37	2.21	2.10	2.01	1.94	1.88	1.83	1.00

注：$f_{大}$为大方差数据的自由度；$f_{小}$为小方差数据的自由度。

判断两组数据的精密度是否有显著性差异时，一组数据的精密度可能大于、等于或小于另一组数据的精密度，显著性水平为单侧检验时的两倍，即 0.10，此时的 $p=1-0.10=0.90$（90%）。

例 在折射率测量中，用一台旧仪器测定溶液的折射率 6 次，得标准偏差 $s_1=0.055$；

再用一台性能稍好的新仪器测定 4 次，得标准偏差 $s_2=0.022$。试问新仪器的精密度是否显著优于旧仪器的精密度？

解 已知新仪器的性能较好，它的精密度不会比旧仪器的差，因此，这是属于单边检验问题。

已知 $n_1=6$， $s_1=0.055$

$n_2=4$， $s_2=0.022$

查表 0.3，$f_{大}=6-1=5$，$f_{小}=4-1=3$，$F_{表}=9.01$，$F=2.5$，$F<F_{表}$，故两种仪器的精密度之间不存在显著性差异，即不能作出新仪器显著优于旧仪器的结论。作出这种判断的可靠性达 95%。

例 采用两种不同的方法分析某种试样，用第一种方法分析 11 次，得标准偏差 $s_1=0.21\%$；用第二种方法分析 9 次，得标准偏差 $s_2=0.60\%$。试判断两种分析方法的精密度之间是否有显著性差异？

解 不论第一种方法的精密度是显著地优于还是劣于第二种方法的精密度，都认为它们之间有显著性差异，因此，这是属于双边检验问题。

已知 $n_1=11$， $s_1=0.21\%$

$n_2=9$， $s_2=0.60\%$

查表，$f_{大}=9-1=8$，$f_{小}=11-1=10$，$F_{表}=3.07$，$F>F_{表}$，故认为两种方法的精密度之间存在显著性差异。作出此种判断的置信度为 90%。

(3) t 检验法　为了检查分析数据是否存在较大的系统误差，可对标准试样进行若干次分析，再利用 t 检验法比较分析结果的平均值与标准试样的标准值之间是否存在显著性差异。

进行 t 检验时，首先按下式计算出 t 值

$$t=\frac{|\bar{x}-\mu|}{s}\sqrt{n}$$

若 $t_{计算}>t_{\alpha,f}$，存在显著性差异，否则不存在显著性差异。

通常以 95% 的置信度为检验标准，即显著性水平为 5%。

如果是两组不同测量数据之间的 t 检验，需先各自计算两组数据的自由度、偏差、平均值，分别为 n_1-1，s_1，$\overline{x_1}$，n_2-1，s_2，$\overline{x_2}$；然后按下列公式计算 t 值

$$s=\sqrt{\frac{s_1^2(n_1-1)+s_2^2(n_2-1)}{(n_1-1)(n_2-1)}}$$

$$t=\frac{|\overline{x_1}-\overline{x_2}|}{s}\sqrt{\frac{n_1 n_2}{n_1+n_2}}$$

在一定置信度下，查出表值（总自由度 $f=n_1+n_2-2$），若 $t>t_{表}$，两组平均值存在显著性差异；$t<t_{表}$，则不存在显著性差异。

例 用两种方法测定合金中铝的质量分数，所得结果如下：

第一种方法　　1.26%　　1.25%　　1.22%

第二种方法　　1.35%　　1.31%　　1.33%

试问两种方法之间是否有显著性差异（置信度 90%）?

解　$n_1=3$，　$x_1=1.24\%$　$s_1=0.021\%$

$n_2=4$，　$x_2=1.33\%$　$s_2=0.017\%$

$f_{大}=2$　$f_{小}=3$　$F_{表}=9.55$

$$F=\frac{(0.021)^2}{(0.017)^2}=1.53$$

$F<F_{表}$，说明两组数据的标准偏差没有显著性差异。

$$s=\sqrt{\frac{\sum(x_{1_i}-\overline{x_1})^2+\sum(x_{2_i}-\overline{x_2})^2}{(n_1-1)+(n_2-1)}}=0.019$$

$$t=\frac{|\overline{x_1}-\overline{x_2}|}{s}\sqrt{\frac{n_1n_2}{n_1+n_2}}=\frac{|1.24-1.33|}{0.019}\times\sqrt{\frac{3\times4}{3+4}}=6.21$$

当 $p=0.90$，$f=n_1+n_2-2=5$ 时，$t_{0.10,5}=2.02$。$t>t_{0.10,5}$，故两种分析方法之间存在显著性差异。

（4）异常值的取舍　在实验中得到一组数据，个别数据离群较远，这一数据称为异常值、可疑值或极端值。若是过失造成的，则这一数据必须舍去。异常值不能随意取舍，特别是当测量数据较少时。处理方法有 $4d$ 法、格鲁布斯（Grubbs）法等。

① $4d$ 法。根据正态分布规律，偏差超过 3σ 的个别测定值的概率小于 0.3%，故这一测量值通常可以舍去。又由于 $3\sigma\approx4d$，所以偏差超过 $4d$ 的个别测定值即可以舍去。

用 $4d$ 法判断异常值的取舍时，分为以下几步：求出除异常值 x_D 外的其余数据的平均值 $\overline{x}$；求出异常值外的各数据对 $\overline{x}$ 的平均偏差 $\overline{d}$；计算异常值与 $\overline{x}$ 的差值 $|x_D-\overline{x}|$；计算 $\frac{|x_D-\overline{x}|}{\overline{d}}$ 的值，若大于 4，则舍去 x_D，否则保留。

$4d$ 法精度不够高，当 $4d$ 法与其他检验法矛盾时，以其他检验法为准。

② 格鲁布斯（Grubbs）法。有一组数据，从小到大排列为：

$$x_1, x_2, \cdots, x_{n-1}, x_n$$

其中 x_1 或 x_n 可能是异常值。

用格鲁布斯法判断时，首先计算出该组数据的平均值及标准偏差，再根据统计量 T 进行判断。

$$上侧\ T=\frac{\overline{x}-x_1}{s}, 下侧\ T'=\frac{x_n-\overline{x}}{s}$$

若 $T>$ 水平参考值 $T_{\alpha,n}$，则异常值应舍去，否则应保留。格鲁布斯法自由度、显著性水平参考 $T_{\alpha,n}$ 值见表 0.4。

表 0.4　格鲁布斯法自由度、显著性水平参考 $T_{\alpha,n}$ 值

n	显著性水平 α		
	0.05	0.025	0.01
3	1.15	1.15	1.15
4	1.46	1.48	1.49
5	1.67	1.71	1.75
6	1.82	1.89	1.94
7	1.94	2.02	2.10
8	2.03	2.13	2.22
9	2.11	2.21	2.32
10	2.18	2.29	2.41
11	2.23	2.36	2.48
12	2.29	2.41	32.55
13	2.33	2.46	2.61
14	2.37	2.51	2.63
15	2.41	2.55	2.71
20	2.56	2.71	2.88

例　实验测得某药品中 c_0 含量分别为 1.25、1.27、1.31、1.40μg/g，用格鲁布斯法判断时，1.40 这个数据是否应保留（置信度 95%）？

解　平均值 $\bar{x}=1.31$，$s=0.066$

$$T=\frac{x_n-\bar{x}}{s}=\frac{1.40-1.31}{0.066}=1.36$$

根据表 0.4，$T_{0.05,4}=1.46$，$T<T_{0.05,4}$，故 1.40 这个数据应该保留。

格鲁布斯法的优点是引入了正态分布中的两个最重要的样本参数 x 及 s，故方法的准确性较好。缺点是需要计算 x 和 s，步骤稍麻烦。

四、物理化学实验的数据记录和处理

1. 物理化学实验数据记录

物理化学实验中，根据实验类型，涉及不同的数据类型和数据处理方法。实验的可重复性是其科学性的保障，其中实验数据记录是实验的历史性文档，对结果和讨论都非常重要。实验数据是研究论文的源泉，有助于研究者保持清醒的实验思路、抓住重要的实验现象、得到创新的实验结果、提高研究工作效率，同时也是追溯实验数据的直接证据。

实验数据的收集和记录贯穿实验全过程，是实验的原始资料。实验记录的基本要求是真实、及时、准确、完整，防止漏记和随意涂改。不得伪造、编造数据。此外，记录要尽可能详尽。养成良好的实验数据记录习惯，某些不良习惯对客观、及时和准确收集实验数据非常有害。

① 根据实验记录类型，将实验文本数据和文字记录于实验记录本。数据记录要命名分类归档保存。

② 及时记录实验数据。所有的原始数据都应及时且清晰地记录下来。数据记录用笔通常为黑色或蓝黑色墨水笔，不允许使用铅笔等字迹可被抹擦掉的笔或随着时间的推移字迹会褪色的墨水笔或圆珠笔等。不得移动粘贴于笔记本上的数据。尤其对于某些实验操作过程中临时改动的条件，若未及时记录，即使此次实验成功，日后也难以重复，因为某些细微变化根本不可能回忆起来。

③ 及时整理和分析实验数据。实验数据的及时整理极为重要，否则难以从中发现实验的某些规律，也难以对后续实验的实施和调整提供正确指导。养成实验后及时整理和分析实验数据的习惯，常会有意想不到的收获。

④ 准确记录实验的时期、时间、环境和当事人的签名。记录有检验数据或相关信息的所有页次都必须有记录日期。如果同一页上的数据由多人记录，每位记录者均须署名并标明日期。所有的原始数据均须经第二者/教师复核并签名认可。很多人不习惯记录实验的具体时间，从而可能造成实验的实际发生时间与记录不符，有时直接影响对实验结果的分析。

⑤ 不能仅保留阳性结果和记录符合主观想象的内容。实验结果指经实验操作所获结果，其本质上无阳性和阴性之分，因为结果是客观的，阳性和阴性均为研究者在一定假设基础上所界定。因此，应保留实验所获的全部数据或现象。有人错误地认为阳性结果才有保留价值，并随意地将当时认为阴性的结果舍弃，待后续实验突然发现被舍弃的结果有意义时，已难以弥补。实验记录指记录实验过程中所有实际发生的事件和现象。整个过程中的任何变化、所获得的任何正常或不正常的观察结果均须如实记录。即便在出现很多错误的情况下，记录下实际发生的事情才能使日后解释实验成为可能。有人仅记录自认为成功的试验，而舍弃失败的试验。殊不知失败乃成功之母，若不记录失败试验的全过程，难以分析失败的原因，也不可能缩短通往成功之路。

⑥ 注意实验记录中数字的完整性和药品的准确性。所有的记录数字应明晰并且附有相应的计量单位。在相应的检验规程中要阐明数字的处理方法，如科学记数法、关键数字的处理以及菌落计数的报告方法等。样品名称、样品重量、批号以及在其容器外标明的其他相关信息均应作为原始数据记录下来。实验室要制订用于定性测试的样品重量允许波动范围，一般情况下，用于定性的样品重量不超过其规定重量的±5%是可接受的。用于定量分析的样品必须用分析天平称量，并将完整的实际称量值记录下来。原始记录中应清晰地记下供试品的稀释度，包括溶剂体积和溶液的移取体积。在原始记录中应注明标准品的名称、来源、批号、有效期、纯度和储存条件、前处理条件。若配制好的标准液需要储备，应记下相应的储存条件和有效期。

⑦ 增删记录要有要求和标准。原始数据中的错误须用单线划除，更正人要在更正记录处签上名字和日期并解释原因。任何影响实验结果的变更记录都应当由另一人复核。更改原始文件的理由解释必须明晰而具体。有些更改理由是可接受的，有些是不可接受的。例如，以下列出的解释认为是可接受的：计算错误、书写错误、插入后使资料更明晰、日期错误、仪器故障、试验瓶被打碎、样品喷溅出来、插入错误和为使记录更清楚而重写等理由。

2. 物理化学实验数据处理

在物理化学实验的数据处理中，为了使得信息尽量集中，得到的数据有更好的呈现方式，需要采用表、图、逐差法和数学方程式等较为科学的表达方式和分析方法。下面列举常见的数据处理要求。

（1）表的要求　将实验数据列成表格，排列整齐，使人一目了然。这是数据处理中最简单的方法，应注意以下几点。

① 表格要有名称。

② 每行（或列）的开头一栏都要列出物理量的名称和单位，并把二者表示为相除的形式。因为物理量的符号本身是带有单位的，除以它的单位，即等于表中的纯数字。

③ 数字要排列整齐，小数点要对齐，公共的乘方因子应写在开头一栏与物理量符号相

乘的形式，并为异号。

④ 表格中表达的数据顺序为：由左到右，由自变量到因变量，可以将原始数据和处理结果列在同一表中，但应以一组数据为例，在表格下面列出算式，写出计算过程。

（2）图的要求　作图法可更形象地表达出数据的特点，如极大值、极小值、拐点等，并可进一步用图解求积分、微分、外推、内插值。图的类型非常多，对于呈现不同的数据结果有不同的图，比如折线图、柱状图、雷达图等好几十种，具体的作图方法参考说明书。这里列举作图的几点注意事项。

① 图要有图名。例如“$\ln K^{-1}/T$ 图”等。

② 要用市售的正规坐标纸，并根据需要选用坐标纸种类：直角坐标纸、三角坐标纸、半对数坐标纸、对数坐标纸等。物理化学实验中一般用直角坐标纸，只有三组分相图使用三角坐标纸。采用计算机作图时，对打印纸没有特殊要求，作图的其他要求跟在坐标纸上作图是一样的。

③ 坐标轴：自变量为横轴，函数为纵轴。

④ 适当选择坐标比例，以能表达出全部有效数字为准。

⑤ 无特殊需要，不必从坐标轴原点作标度起点，而从略低于最小的测量值的整数开始，这样能充分利用坐标纸，使全图分布均匀。

⑥ 在轴旁注明该轴变量的名称及单位，在纵轴的左面和横轴的下面注明刻度，实验不应写在坐标轴旁或代表点旁。

⑦ 代表点：将测得数量的各点绘于图上，在点的周围画上○、×、□、△等符号，其面积的大小应代表测量的精确度，若测量的精确度大，则符号应小些，反之则大些，在一张图纸上有数组不同的测量值时，各组测量值的代表点应用不同的符号表示，以示区别，并需在图上注明。

⑧ 曲线：用曲线尽可能接近实验点，但不必全部通过各点，只要各点均匀地分布在曲线两侧邻近即可。一般原则为：曲线两旁的点数量近似相等；曲线与点间的距离尽可能小；曲线两侧各点与曲线距离之和接近相等；曲线应光滑均匀。

⑨ 曲线上作切线：一般用镜像法，若在曲线的指定点作切线，可取一平而薄的镜子，使其垂直于图面上，并通过曲线上待作切线的点 c，然后让镜子绕 c 点转动，注意观察镜中曲线影像，当镜子转到某一位置，使得曲线与其影像刚好平滑地连成一条曲线时，过 c 点沿镜子作一直线即为 c 点的法线，过 c 点再作法线的垂线就是曲线上 c 点的切线。如图 0.2 所示。也可以采用平行线法。在选择的曲线段上作两条平行线 AB 和 CD，作二线段中点连线交曲线于 O 点，过 O 点作 AB 或 CD 之平行线即为 O 点的切线。如图 0.3 所示。

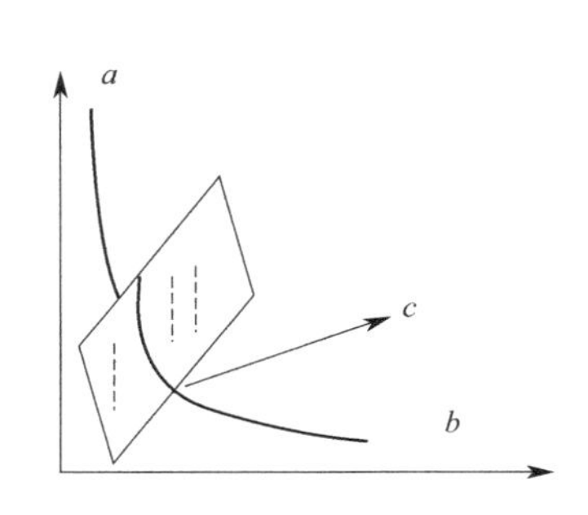

图 0.2　镜像法作切线的示意

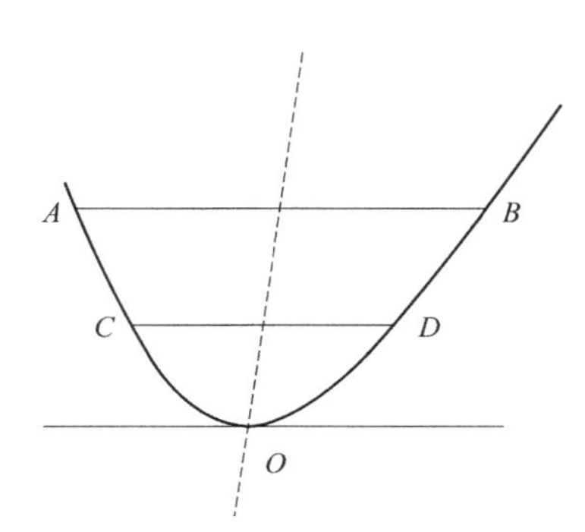

图 0.3　平行线法作切线的示意

五、计算机在物理化学数据处理中的应用

综合 Excel+Origin 案例。

1. 饱和蒸气压（数据拟合）

在不少实验中，已经有确定性的物理和数学模型。比如蔗糖水解的反应速率测定，反应中描述浓度-时间的关系，饱和蒸气压实验中压力与温度的克-克方程。在这些实验中，通常需要根据实验的计算结果，反向拟合出模型的参数，比较实验数据和拟合曲线的相关度，得到模型相关的物理量。本小节以饱和蒸气压测定为例，介绍如何通过 Origin 科学作图。

首先是实验数据的准备和处理，该部分可以在 Origin 里面直接得到，也可以用 Excel 等其他表图工具来处理，见表 0.5 和图 0.4。

表 0.5　乙醇饱和蒸气压随温度变化关系

t/℃	T/K	T^{-1}/K^{-1}	实测压力/kPa			平均压力/kPa	p/kPa	ln$p$
25.00	298.15	3.354×10^{-3}	−90.79	−90.78	−90.79	−90.79	7.08	8.865
28.00	301.15	3.321×10^{-3}	−89.30	−89.35	−89.34	−89.33	8.54	9.053
31.00	304.15	3.288×10^{-3}	−87.59	−87.59	−87.59	−87.59	10.28	9.238
34.00	307.15	3.256×10^{-3}	−85.67	−85.64	−85.61	−85.64	12.23	9.412
37.00	310.15	3.224×10^{-3}	−83.40	−83.40	−83.42	−83.41	14.46	9.579

其中，室温为 17.40℃，采零的压力为 97.87kPa。在数据处理中，需要注意有效位数和小数位数。本表数据处理中，套用了 Excel 的公式以方便计算，但数据呈现出来的时候，一定要注意有效数据位数和计算中的传递。表中，单位必须保持完整，表头和必要的文字说明不能缺失。

计算完数据后，采用 Origin 进行作图。这里可以直接用 Origin 打开 Excel 保持的文档，快捷键（Ctrl+E）。也可以采用 Origin 建空表后，把需要用到的两列数据分别列模式拷入 Origin 的数据栏。

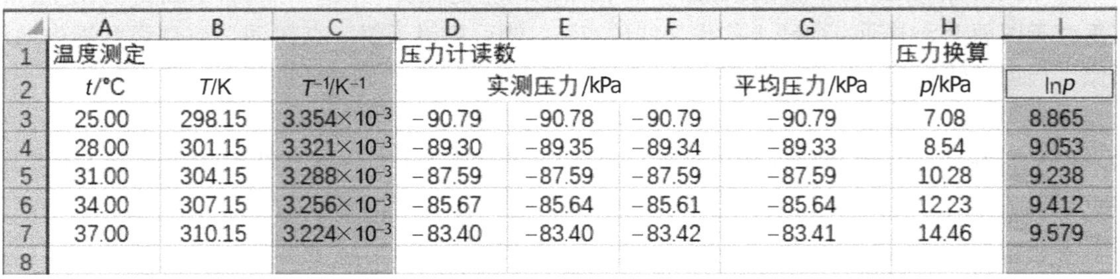

	A	B	C	D	E	F	G	H	I
1	温度测定			压力计读数				压力换算	
2	t/℃	T/K	T^{-1}/K^{-1}	实测压力/kPa			平均压力/kPa	p/kPa	ln$p$
3	25.00	298.15	3.354×10^{-3}	−90.79	−90.78	−90.79	−90.79	7.08	8.865
4	28.00	301.15	3.321×10^{-3}	−89.30	−89.35	−89.34	−89.33	8.54	9.053
5	31.00	304.15	3.288×10^{-3}	−87.59	−87.59	−87.59	−87.59	10.28	9.238
6	34.00	307.15	3.256×10^{-3}	−85.67	−85.64	−85.61	−85.64	12.23	9.412
7	37.00	310.15	3.224×10^{-3}	−83.40	−83.40	−83.42	−83.41	14.46	9.579
8									

图 0.4　乙醇饱和蒸气压随温度变化关系实验 Excel 处理

从刚做的表中，通过 Ctrl+选择 C 列和 I 列，选中作图的数据。点左下角的 Scatter 作图模式，之后选默认，会自动设定第一列为 x 坐标，第二列为 y 坐标，也可以手动选择 x 轴和 y 轴，得到初始图（图 0.5）。

在图 0.6 中，可以看到这些点基本在线上，这时，需要采用分析手段体现线性关系。还存在很多问题，需要进行下一步校正。

$$\ln p = -\frac{\Delta_{\text{vap}}H_{\text{m}}}{R}\times\frac{1}{T}+C$$

按照 Analysis→Fitting→Linear fit 操作，对上面的数据进行线性拟合。

拟合后，如图0.6所示，可以看到拟合数据为一条线，拟合的方程为 $y=a+bx$，a 和 b 的误差都给出来了。数据拟合的均方根偏差为0.99978，显示出较好的线性关系。根据 a 和 b 的参数，可以计算出对应的蒸发焓，代入方程，可计算求出来正常沸点。图0.6中，还存在很多瑕疵，可以通过双击需要修改的位置进行进一步修改，最终得到成品图0.7。

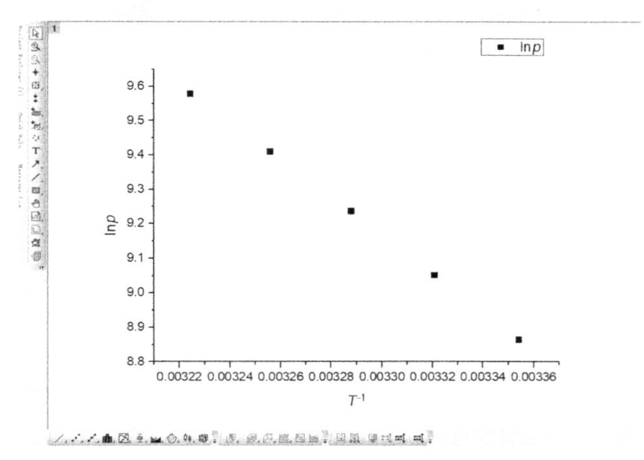

图0.5　乙醇饱和蒸气压随温度变化关系实验 Origin 处理

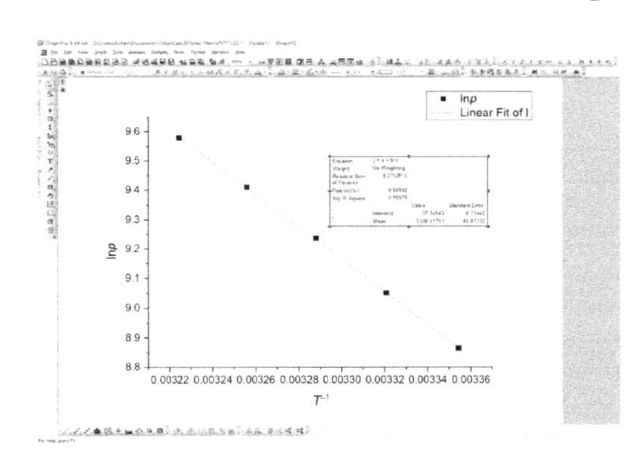

图0.6　乙醇饱和蒸气压随温度变化关系实验 Origin 拟合处理

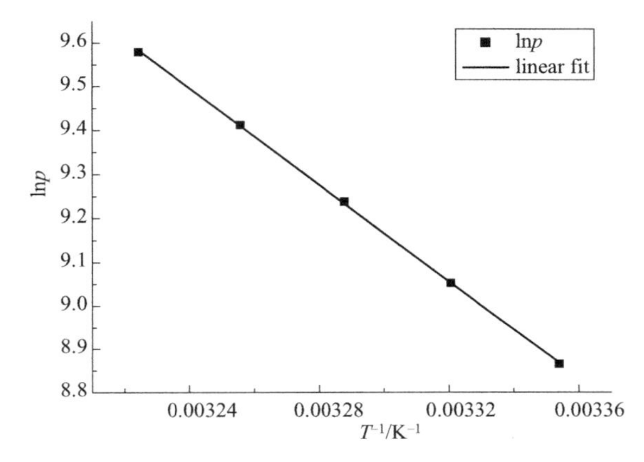

图0.7　乙醇饱和蒸气压随温度变化关系实验 Origin 处理结果

2. 气液相图

气液相图分析中，首先需要根据折光度标准曲线得到气相和液相的组成，这部分也可以借助于第一部分的拟合公式来做，通过 1 阶或者 2 阶拟合，得到相应的拟合方程，然后代入参数，插值可以求得折射率对应的组成。之后得到了折射率的数据。

表 0.6　温度-液气组成

T/℃	$C_{气}$	$C_{液}$
80.70	1.0000	1.0000
73.20	0.6500	0.9207
67.10	0.5714	0.9166
65.11	0.5567	0.8540
64.67	0.5278	0.6704
64.62	0.5263	0.5091
64.98	0.5134	0.3880
67.58	0.4850	0.1425
75.30	0.2086	0.0691
78.40	0.0000	0.0000

由表 0.6 数据开始准备 Origin 的数据，组成为 x 轴，温度为 y 轴。液气组成统一在一张图上。把上述数据分列复制到 Origin 中，设定组成分别是 x_1、x_2，温度复制成两列，分别设为 y_1、y_2，如图 0.8 所示。

	$A(x_1)$	$C_1(y_1)$	$D_1(x_2)$	$B(y_2)$
Long Name				
Units				
Comments				
1	gas	T	liquid	T
2	1	80.7	1	80.7
3	0.65	73.2	0.9207	73.2
4	0.5714	67.1	0.9166	67.1
5	0.5567	65.11	0.854	65.11
6	0.5278	64.67	0.6704	64.67
7	0.5263	64.62	0.5091	64.62
8	0.5134	64.98	0.388	64.98
9	0.485	67.58	0.1425	67.58
10	0.2086	75.3	0.0691	75.3
11	0	78.4	0	78.4

图 0.8　气液相图实验数据处理

同时选中四列，采用点线模式或者线模式作图，得到草图 0.9。

图 0.9 中，点不够圆滑，组成也不在范围内，需要进一步调整。Origin 一般调整哪里就双击哪里。双击边框，调整范围、间距，加上上侧和右侧边框。对于曲线不圆滑，通过双击曲线把 Connect 从默认的 straight 修改为 B-sl pine 可以得到圆滑的曲线，进一步修改其他细节，可得成图 0.10。

可以直接从 Origin 中选点读取 x、y 轴数据，得到组成为 0.5278，共沸混合物温度为 64.67℃。

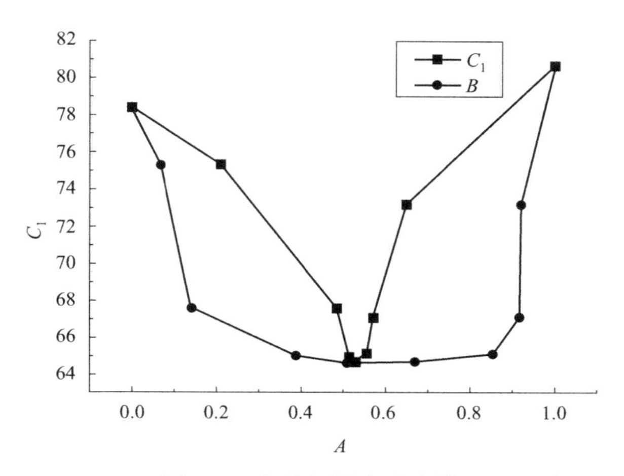

图 0.9　气液相图实验连线

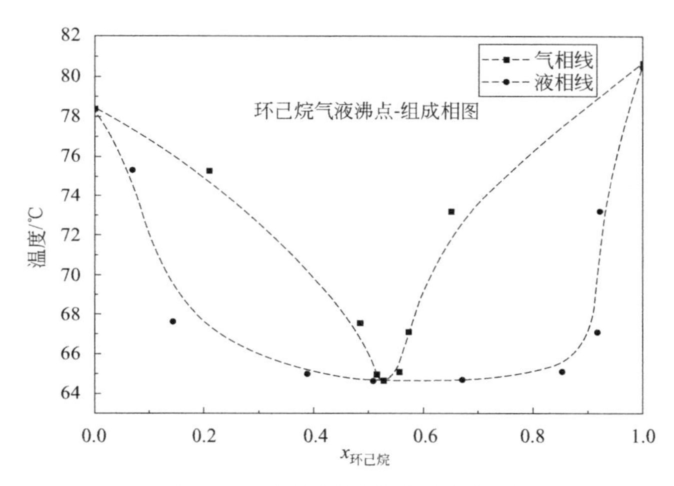

图 0.10　气液相图实验处理结果

参考文献

[1] 李云雁．试验设计与数据处理．2 版 [M]．北京：化学工业出版社，2013.

[2] 曹渊，陈昌国．现代基础化学实验 [M]．重庆：重庆大学出版社，2010.

[3] 夏春兰．Origin 软件在物理化学实验数据处理中的应用 [J]．大学化学，2003，18 (2)：44-46.

[4] 北京大学化学学院物理化学实验教学组．物理化学实验．4 版 [M]．北京：北京大学出版社，2002.

[5] 唐林，刘红天，温会玲．物理化学实验．2 版 [M]．北京：化学工业出版社，2016.

[6] 复旦大学，庄继华．物理化学实验 [M]．北京：高等教育出版社，2004.

第一部分　基础篇

实验一　量热法测定蔗糖的燃烧热

一、实验目的

1. 明确燃烧热的定义，了解恒压燃烧热与恒容燃烧热的差别和换算。
2. 掌握氧弹式量热计的基本原理和使用方法。
3. 掌握雷诺图校正温度的方法。

二、实验原理

量热法是热化学测量的一个基本实验方法。在恒容或恒压的实验条件下，可以测得恒容过程热效应 Q_V（对应状态函数 ΔU）和恒压过程热效应 Q_p（对应状态函数 ΔH）。如果把参加反应的气体和反应生成的气体作为理想气体，那么根据热力学第一定律，它们之间存在如下关系：

$$Q_p = Q_V + RT\sum_B v_B(g) \tag{1}$$

$$\Delta H = \Delta V + \Delta(pV) \tag{2}$$

式中，v_B（g）为反应方程中各气体物质的化学计量数，产物取正值，反应物取负值；R 为气体常数；T 为反应进行时的热力学温度。

热化学中定义：一定温度下，1mol 物质完全氧化时的反应热称为燃烧热。通常 C、H 等元素的燃烧产物分别为 CO_2、H_2O 等。“完全氧化”的含义必须明确。譬如，碳氧化成 CO 不能认为完全氧化，必须氧化成 CO_2 才认为完全氧化。通过燃烧热的测定，可以求算化合物的生成热、键能和热力学能、焓变等状态函数。同时，该方法也是工业用燃料、环境样品等的热效应测量的基本方法，比如焦炭的热值。

本实验采用的氧弹热量计是一种环境恒温式热量计，它可以测定物质的恒容燃烧热。其基本原理是在一氧弹中，通高压电，引燃铁丝，点燃氧气气氛下的样品，放出的热量使氧弹及其周围的介质（水、测温器件、搅拌器等）温度升高；通过测量介质在燃烧前后温度的变化值，就可以求得该样品的恒容燃烧热。根据能量守恒定律，其关系式如下：

$$\frac{W_{样}}{M_{样}}Q_V - Q_l l = (W_{水}C_{水} + C_{计})\Delta T \tag{3}$$

式中，$W_{样}$、$M_{样}$、Q_V 分别为样品的质量、摩尔质量和恒容燃烧热；Q_l 和 l 分别为引燃铁丝的单位长度燃烧热和长度；$W_水$ 和 $C_水$ 分别为水的质量和比热容；$C_计$ 为热量计的水当量（即除水之外，热量计升高 1℃所需要的热量）；ΔT 为样品燃烧前后水温的变化值。引燃铁丝的单位燃烧热为－2.9J/cm，水的比热容为 4.18J/g。

为了保证样品完全燃烧，氧弹中须充高压氧气（或者其他氧化剂），因此要求氧弹密封、耐高压、耐腐蚀；同时粉末样品必须压成片状，以免充气时冲散样品，使燃烧不完全而引起实验误差；为了保证压片效果，粒状样品需要先研细（比如蔗糖）；液态样品需要专用容器来封装。完全燃烧是实验成功的第一步，第二步还必须尽量减少热量散失，释放的热量应全部传递给热量计本身及其周围的水介质。但由于热辐射、空气对流无法完全避免，因此，为了精确测定物质的燃烧热，样品燃烧前后水温变化值 ΔT 必须经过雷诺作图法进行校正，其方法如下所述。

将燃烧前后历次观察的水温-时间作图，连成折线图（图 1）。图中 b 为点火点，c 为观察到最高的温度读数点，但不能直接把 b、c 的温度差作为燃烧前后的 ΔT。假设系统和环境之间的热交换是均匀的，则水温-时间关系是线性的，通过拟合直线可以预估和并扣除系统环境热交换导致的温度变化。本实验中采用的校正方法为根据点火前的温度趋势 ab 线，用于评估点火前环境和系统的温度差以及搅拌的影响；根据点火后温度有稳定趋势做 dc 反向延长线，于 bc 中某点做一垂线 AB，与 ab、cd 线分别相交于 EF，可以通过水平平移 AB 线让 OFc 面积与 OEb 面积近似相等。有时热量计的绝热情况良好，热漏小，搅拌器功率大，就能使得燃烧后的温度最高点不出现，这种情况下 ΔT 仍然可以按照同法校正，如图 1(b) 所示。

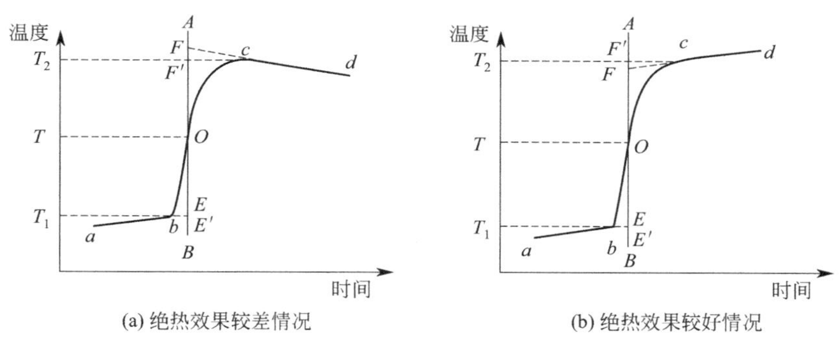

图 1　雷诺温度校正图

三、仪器与试剂

1. 仪器：台秤，氧弹热量计，氧气钢瓶，氧气减压阀，WGR-2 燃烧热套装仪器压片机，万用表，引燃铁丝，电子天平，直尺，容量瓶（1000mL），研钵。

2. 试剂：苯甲酸，蔗糖。

四、实验步骤

1. 通过苯甲酸样品测量 $C_计$

(1) 样品压片　用台秤称取 0.6～0.9g 左右的苯甲酸，在压片机上压成圆片状。注意样品片压得要适度，若压得太紧，点火时不易全部燃烧；压得太松，样品容易脱落。在分析天平上准确称重后，记录准确质量，备用。

(2) 充氧气　拧开氧弹盖放在专用支架上，将弹内洗净，擦干，检查螺丝是否松动，将已准确称重的样品片放入燃烧皿内。准确截取长度为 150mm 的燃烧铁丝，再将燃烧铁丝两端分别缠紧在弹盖的两电极上，将铁丝中部缠绕在直径 2～3mm 的圆珠笔芯或类似物上，绕成螺旋形（4～5 圈），拉紧圆珠笔芯让铁丝定型线圈。取下笔芯，注意线圈不能贴近铁坩埚，以免形成短路。将燃烧铁丝线圈贴近在样品片的表面 1～2mm 处，完全接触容易把铁丝陷入样品导致无法点火成功（见图 2）。用万用表检查电极与引燃铁丝是否接触良好（电阻值一般 6Ω 左右）。加入 10mL 水，提高水的饱和蒸气压，确保反应后生成的水是液相。按顺序装上密封圈（适当拉升），盖上氧弹口，充入 1.5MPa 的氧气作燃烧之用。再用万用表检查电极之间是否接触良好。移动过程中注意平稳，以保证药品仍然在坩埚内。

(3) 量热测量　将恒温套桶装入仪器内，注意卡槽是否对齐，用容量瓶准确量取自来水 2000mL 放入套桶，将氧弹小心放入水桶中央的卡槽内，检查电极是否准确对齐氧弹的位置。打开搅拌，记录仪设置每隔 30s 记录一次，记录温度变化，当温度中 5 个数据具有一定升温规律时（通常 6min 以上），长按下点火。仪器点火灯亮后会熄灭，反应体系温度迅速上升，直至两次读数差小于 0.005℃，而且连续 6 个数据之间的变化趋于规律则可以停止实验。如果点火 2min 内温度变化很小，说明样品未燃烧，点火失败，则须一切从头开始。实验停止后，取出氧弹，旋开氧弹出气口，放出余气；旋松氧弹盖，检查样品燃烧的结果。若氧弹中没有燃烧的残渣，表示燃烧完全；若氧弹中有许多黑色的残渣，表示燃烧不完全，实验失败。燃烧后剩下的铁丝长度用尺测量，以计算实际燃烧长度。氧弹热量计测量示意如图 3 所示。

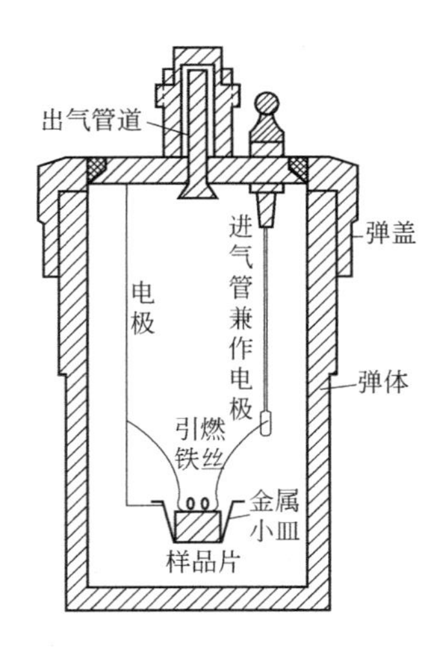

图 2　氧弹剖面图

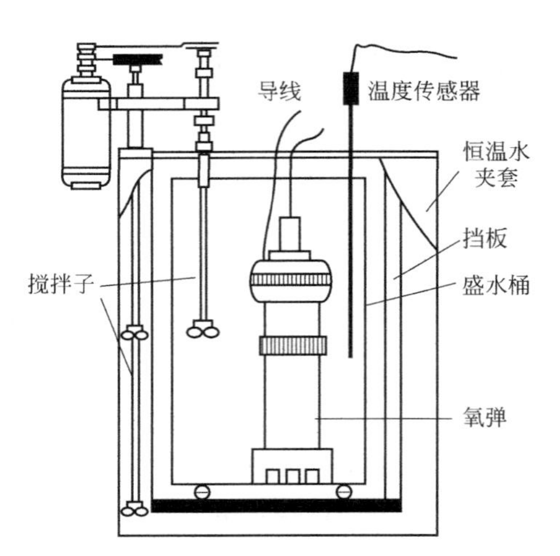

图 3　氧弹热量计测量示意

2. 测量蔗糖的燃烧热

称 1.0g 左右蔗糖，研磨成粉，同法进行上述实验操作。注意为了两次实验的一致性，做完一次实验后，应换水并擦干水桶和氧弹。

实验完毕，清理桌面。数据分析处理要求电脑作图。软件推荐 Origin。

3. 注意事项

① 称取样品不可过量，否则可能氧气不足，导致不能完全燃烧。

② 引燃铁丝不能与金属燃烧皿相接触，否则样品片不能正常引燃。

③ 氧弹充气后，应检查确定其不漏气及两电极通路。

④ 氧弹放入量热计前，先检查点火开关是否处于“关”的位置；点火结束应及时将其关掉。

⑤ 使用氧气钢瓶，一定要按照要求操作，注意安全。往氧弹内充入氧气时，一定不能超过指定的压力，以免发生危险。

五、数据记录与处理

1. 数据记录

实验数据记录于表1。

表1　实验数据记录表

样品名称：__________；　质量：__________g；　燃烧丝长度：__________mm；

剩余燃烧丝长度：__________mm；　室温：__________℃；

点火前		点火后		稳定后	
时间	温度	时间	温度	时间	温度

2. 做苯甲酸和蔗糖燃烧过程的雷诺校正温度图，分别确定两者的温度变化值 ΔT。

3. 计算仪器水当量和蔗糖的恒容燃烧焓 Q_V，写出热化学反应方程式，并计算其恒压燃烧焓 Q_p。

4. 根据仪器精度，分析实验误差。

六、思考题

1. 固体样品为什么要压成片状？

2. 实验测量得到的温度差值为何要经过雷诺作图法校正？

3. 如何用蔗糖的燃烧热数据来计算蔗糖的标准摩尔生成焓？

4. 本实验中，哪些为体系？哪些为环境？实验过程中有无热损耗？如何降低热损耗？

5. 使用氧气钢瓶和减压阀时有哪些注意事项？

七、附录

1. 参考数据

实验所需热力学参数见表2。

表 2　实验所需热力学参数

物质	恒压燃烧热/(kJ/mol)	测定条件（压力，温度）
苯甲酸	－3226.9	$p^{\ominus}$,25℃
蔗糖	－5640.9	$p^{\ominus}$,25℃

2. 药品使用注意事项

苯甲酸对人体皮肤、黏膜、眼睛等有损害，操作时应穿实验服，戴口罩、手套等。如发生皮肤沾染，用肥皂清洗沾染部位后，用水冲洗 10min 以上。离开实验室前务必洗手。实验室中的蔗糖不能食用。样品碎屑和残渣应倒入固体废物桶中。

3. 仪器

压片是本实验的关键操作，和绑燃烧丝一起决定试验的成败。固体样品需要由压片机来制片，以保证燃烧完全。压片机由压杆、压头、上下两个模具组成，其中压头是铰接在压杆上的小圆柱，上模具是带孔圆柱体，下模具分上下两个方向使用。下模具一个方向带平底凹槽，另外一个方向带台阶凹槽。压片时，先拼接上模具、下模具，其中下模具不带台阶的一面向上，保证上下模具接触完好，如图 4(b) 所示。把样品粉末倒入上模具的孔中，轻轻抖动模具，让样品进入上模具底部，把压头放入上模具的孔中，压片。压好的片在上模具的底部，需要把它取出。取出时，保持压头、上模具不动，调整下模具的方向。把带台阶的下模具转到上面，由于台阶的存在，此时上模具不能完全放入下模具底部，如图 4(c) 所示。继续施压，把样品压入下模具的孔隙中，即可用镊子取出。

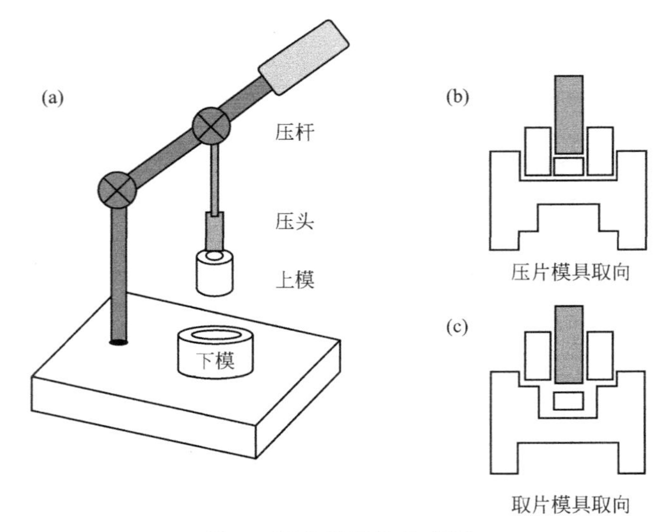

图 4　压片机结构示意图

参考文献

[1] 李森兰, 杜巧云, 王保玉．燃烧热测定实验研究 [J]．大学化学, 2001, 16(1): 51-57.

[2] 张建策, 毛力新．燃烧热测定实验的进一步改进 [J]．化工技术与开发, 2005 (06): 43-44.

[3] 李宇明, 王雅君, 姜桂元．Origin 软件数据提取及处理在物理化学实验中的应用——以萘的燃烧热测定为例 [J]．教育教学论坛, 2020, 496 (50): 384-386.

[4] 闫学海, 朱红．液体试样燃烧热的测定方法 [J]．化学研究, 2000 (04): 50-51.

实验二　环己烷-乙醇双液系气液平衡相图的测定

一、实验目的

1. 绘制环己烷-乙醇双液系的气液平衡相图，了解相图和相律的基本概念。
2. 掌握测定双组分液体的沸点及正常沸点的方法。
3. 掌握阿贝折光仪测量二元液体的折射率并确定其组成的方法。

二、实验原理

两种液态物质混合而成的二组分体系称为双液系。若两组分只能在一定比例范围内互相溶解，称为部分互溶双液系，两个组分若能按任意比例互相溶解，称为完全互溶双液系。液体的沸点是指液体的蒸气压与外界压力相等时的温度。在一定的外压下，纯液体的沸点有其确定值。但双液系的沸点不仅与外压有关，而且还与两种液体的相对含量有关。根据相律，自由度＝组分数－相数＋2，完全互溶双液系体系其自由度为2，因此，只要再确定一个变量，体系的状态就可用二维图形来表示。例如，在一定温度 T 下，可以画出体系的压力 p 和组分 x 的关系图，如体系的压力 p 确定，则可作温度 T 对 x 的关系图。

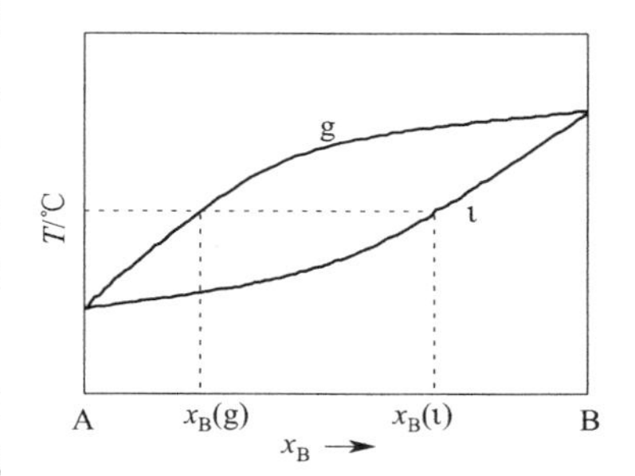

图 1　完全互溶双液系的相图

完全互溶双液系的 T-x 图可分为三类。如果液体与拉乌尔定律的偏差不大，在 T-x 图上溶液的沸点介于 A、B 二纯液体的沸点之间，见图 1。图中纵轴是沸点，横轴是组分 B 的摩尔分数 x_B，上面一条曲线是气相线，下面一条曲线是液相线。对应于同一沸点温度的两曲线上的两个点，就是互成平衡的气相点和液相点，从图中可以看出：x_B（g）恒小于 x_B（l），即气相中 A 的含量恒大于液相中 A 的含量，多次重复蒸馏，就可达到完全分离的目的。

实际溶液由于 A、B 二组分的相互影响，常与拉乌尔定律有较大偏差，图 2 是另两种典型的完全互溶双液系相图，这两种相图的特点是有极大值或极小值出现，且液相线和气相线的极值交于一点。相图中极值点处相应的温度称为恒沸点，因为具有该点组成的双液系在蒸馏时气相组成和液相组成完全一样，在整个蒸馏过程中的沸点也恒定不变。对应于恒沸点组成的溶液称为恒沸混合物。因此用纯蒸馏的方法不能将 A 和 B 完全分开。

本实验是回流冷凝法测定环己烷-乙醇体系的 T-x 图。其方法是在恒压下将不同组成的环己烷、乙醇溶液蒸馏，测定体系达到平衡状态时，气相馏出液和液相蒸馏液的组成，然后绘制 T-x 图。所用沸点仪如图 3 所示，是一只带回流冷凝管的长颈圆底烧瓶，冷凝管底部有一半球形小室，用以收集冷凝下来的气相样品，通过浸于溶液中的电热丝加热，既可减少溶液沸腾时的过热现象，又能防止暴沸。

平衡时气相和液相的组成可通过测定折射率的方法分析。折射率是物质的一个特征数值，在温度一定时，纯液体的折射率有确定值，而对于二元体系折射率还与组成有关。因

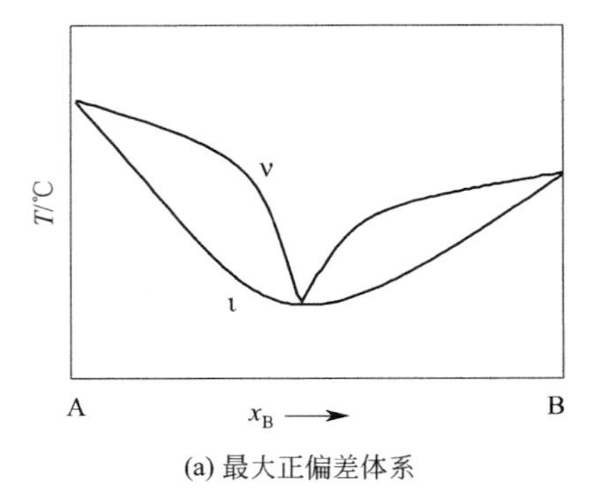

(a) 最大正偏差体系

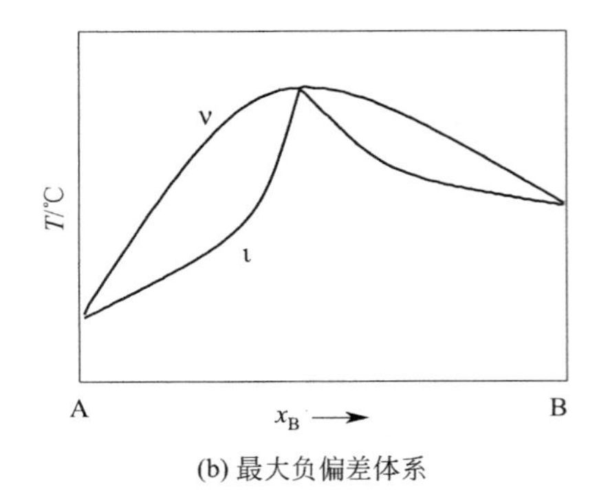

(b) 最大负偏差体系

图 2　完全互溶双液系的相图

此，通过测定一系列已知浓度溶液的折射率，绘制出在一定温度下该溶液的折射率-组成工作曲线，按内插法从折射率-组成工作曲线上就可查得未知溶液的组成。

三、仪器与试剂

1. 仪器：沸点仪，水银温度计（50～100℃，分度值 0.1℃），玻璃温度计（0～100℃，最小分度值 1℃），调压变压器（0.5kVA），数字式 Abbe 折光仪（棱镜恒温），超级恒温水浴，玻璃漏斗（直径 5cm），称量瓶（高型），长滴管，带玻璃磨口塞试管（5mL），烧杯（50mL，250mL）。

2. 试剂：环己烷，无水乙醇，丙酮。

实验室预先配制乙醇摩尔分数为 0.10mol/L，0.20mol/L，0.30mol/L，0.40mol/L，0.50mol/L，0.60mol/L，0.70mol/L，0.80mol/L 和 0.90mol/L 的环己烷-乙醇系列溶液 50mL。

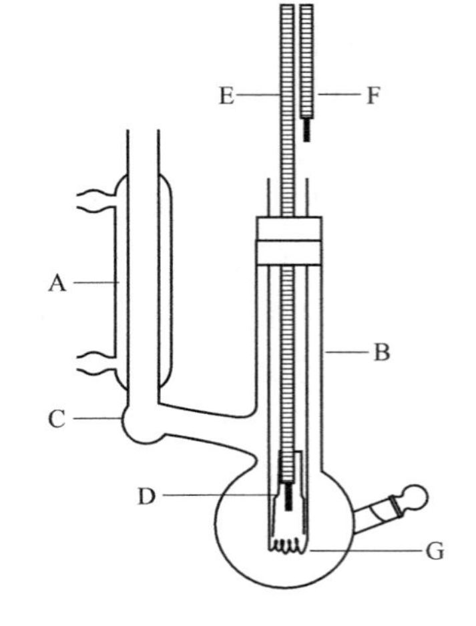

A—回流冷凝管；B—长颈圆底烧瓶；
C—球形小室；D—玻璃管；
E—测量温度计；F—辅助温度计；
G—燃烧丝

图 3　沸点仪

四、实验步骤

1. 安装沸点仪

根据图 3 所示，将已洗净、干燥的沸点仪安装好。检查带有温度计的橡皮塞是否塞紧。调节温度计温度探头与液面相切。电热丝要靠近烧瓶底部的中心。

2. 工作曲线绘制

① 配制无水乙醇摩尔分数为 0.10mol/L，0.20mol/L，0.30mol/L，0.40mol/L，0.50mol/L，0.60mol/L，0.70mol/L，0.80mol/L 和 0.90mol/L 的环己烷-乙醇溶液各 50mL。计算所需环己烷和乙醇的体积，并用移液管准确移取。为避免样品挥发带来的误差，操作应尽可能迅速。各溶液的确切组成可按实际移取结果精确计算。

② 调节超级恒温水浴温度，使阿贝折光仪上的温度计读数保持在某一定值。分别测定

上述 9 个溶液以及乙醇和环己烷的折射率。为适应季节的变化，可选择若干个温度进行测定，通常可为 25℃，30℃，35℃等。

③ 用较大的坐标纸绘制若干条不同温度下的折射率-组成工作曲线。

3. 测定二元液体的沸点

按照表 1 和表 2 所列数据的要求加入所要测定的溶液，打开冷凝水，注意工作部分电热丝应完全浸没于溶液中。先将电热丝加热器电流调节到 0.00A，再接通加热器电源，缓慢升高电流（大约 1.20A），并注意观察电热丝 L 上出现少量气泡时为止，让溶液缓慢加热。液体沸腾后，再调节加热器电流（大约 1.00A）和冷却水流量，使蒸汽在冷凝管中回流的高度保持在 2.0cm 左右。测温温度计的读数相对稳定后应再维持 3～5min 以使体系达到平衡。在这过程中，将小球中凝聚的液体不断倾入烧瓶。记下温度计的读数，并记录大气压力。实验结束后切断电源，停止加热。

① 取样。用干燥滴管自冷凝管口伸入小球，吸取其中全部冷凝液。用另一支干燥滴管由支管吸取圆底烧瓶内的溶液约 1mL。上述两者即可认为是体系平衡时气、液两相的样品。样品可以分别储存在带磨口塞的试管中。试管应放在盛有冰水的小烧杯内，以防样品挥发。样品的转移要迅速，并应尽早测定其折射率。操作熟练后，也可将样品直接滴在折射仪毛玻璃上进行测定。最后，将溶液倒入指定的储液瓶。

② 系列环己烷-乙醇溶液以及环己烷的折射率测定。测定前，必须将沸点仪洗净并充分干燥。按上述所述步骤分别测定各溶液的沸点及两相样品的折射率。如操作正确，系列溶液可回收供其他同学使用。

③ 用所测实验原始数据绘制沸点-组成草图，与文献值比较后决定是否有必要重新测定某些数据。

4. 注意事项

① 加热时，应先加溶液，并将加热器电流调至 0.00A，再通电，电热丝 L 严禁干烧，升高电压必须缓慢，并同时密切注意观察电热丝 L 上是否出现气泡，若电热丝 L 上出现气泡，应停止升高电压，让液体缓缓加热，以免液体暴沸，甚至冲出沸点仪伤人。

② 从沸点仪中取出的样品应尽快测定折射率，不宜久存。

③ 物质的折射率受温度的影响较大，因此在测定时温度波动应控制在±0.2℃范围内。

④ 每次加样测量完毕以后，必须让折光仪的棱镜上的残留液体挥发干净，再加下一次样品。若挥发较慢可用洗耳球吹气促进挥发。

⑤ 实验前后必须记录大气压力，如变化不大，可取其平均值作为实验时的大气压。

五、数据记录与处理

1. 实验数据记录（表 1、表 2）

表 1　实验数据列表（Ⅰ）

V(环己烷)/mL	30.00							
V(乙醇)/mL	0.3	0.3	0.5	0.5	1.0	1.0	2.0	2.0
实测沸点/℃								

续表

正常沸点/℃		
气相冷凝液	折射率	
	x(乙醇)	
液相样品	折射率	
	x(乙醇)	

表 2　实验数据列表（Ⅱ）

V(乙醇)/mL		20.00							
V(环己烷)/mL		0.5	0.5	1.0	1.0	2.0	2.0	4.0	4.0
实测沸点/℃									
正常沸点/℃									
气相冷凝液	折射率								
	x(乙醇)								
液相样品	折射率								
	x(乙醇)								

实验前大气压：______kPa，实验后大气压：______kPa，平均大气压：______kPa。

（1）正常沸点　在标准压力下测得的沸点称为正常沸点。通常外界压力并不恰好等于101.325kPa，因此，应对实验测得值作压力校正。校正公式是从特鲁顿（Trouton）规则及克劳修斯-克拉贝龙（Clausius-Clapeyron）方程推导而得。根据特鲁顿规则及克劳修斯-克拉贝龙近似公式可计算得不同大气压下溶液沸点的校正值 $\Delta t_{压}$：

$$\Delta t_{压}=\frac{(273.15+t_{AB})}{10}\frac{(p_0-p)}{p_0}$$

式中，t_{AB} 为实验时双液系的实测沸点；p_0 为标准大气压，kPa；p 为实验时的大气压，kPa。

（2）温度露茎校正　在作精密的温度测量时，需对温度计读数作校正。除了温度计的零点和刻度误差等因素外，还应作露茎校正。这是由于玻璃水银温度计未能完全置于被测体系而引起的。根据玻璃与水银膨胀系数的差异，校正值计算式为：

$$\Delta t_{露}=kh(t_{AB}-t_{环境})$$

式中，$k=1.6\times10^{-4}$ 为水银球对玻璃的相对膨胀系数；h 为露茎高度，以温度差值表示；t_{AB} 为双液系的实测沸点；$t_{环境}$ 为环境温度（即辅助温度计的读数）。

（3）经以上两项校正后溶液的正常沸点：

$$T_{沸}=t_{AB}+\Delta t_{压}+\Delta t_{露茎}$$

（4）由工作曲线查得的溶液组成及校正后的沸点列表（见表 3、表 4），将乙醇、环己烷以及系列溶液的沸点和气、液两相组成列表并绘制环己烷-乙醇的 T-x 相图。

（5）由 T-x 相图确定环己烷-乙醇二元溶液的最低恒沸点及恒沸混合物的组成。

2. 文献值

（1）环己烷-乙醇体系的温度-组成相图见图 4。

（2）环己烷-乙醇体系的折射率-组成关系见表 3。

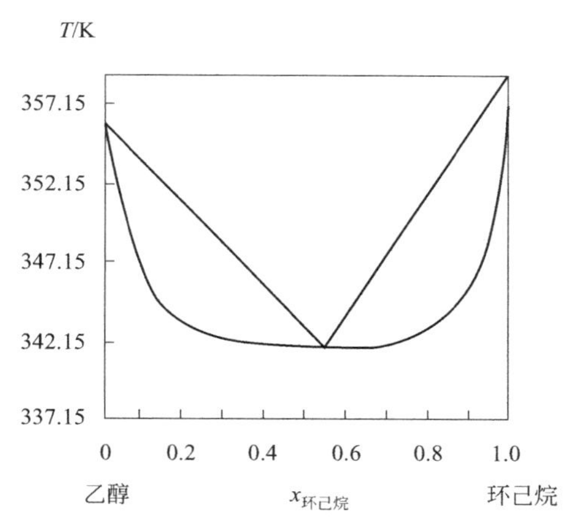

图 4　环己烷-乙醇体系的 T-x 相图

表 3　25℃时环己烷-乙醇体系的折射率-组成关系

$x_{乙醇}$	$x_{环己烷}$	折射率
1.0000	0.0000	1.35935
0.8992	0.1008	1.36867
0.7948	0.2052	1.37766
0.7089	0.2911	1.38412
0.5941	0.4059	1.39216
0.4983	0.5017	1.39836
0.4016	0.5984	1.40342
0.2987	0.7013	1.40890
0.2050	0.7950	1.41356
0.1030	0.8970	1.41855
0.0000	1.0000	1.42338

（3）根据表 4 作出环己烷-乙醇标准溶液的折射率-组成工作曲线。

表 4　环己烷-乙醇标准溶液的折射率

x(乙醇)	0.10	0.20	0.30	0.40	0.50	0.60	0.70	0.80	0.90	1.00
折射率(n_D)										

六、思考题

1. 在实验中有过热或分馏作用，相图会发生什么变化？如何在实验中尽量避免？
2. 在实验中，每次加入样品的量应非常精确吗？为什么？
3. 本实验的主要误差来源为？

七、附录

1. 101.325kPa 下参考数据

环己烷沸点：80.74℃。

乙醇沸点：78.5℃。

恒沸点：64.6℃。

恒沸组成：32%左右乙醇。

2. 药品使用注意事项

环己烷和乙醇均易燃烧，忌明火。如发生皮肤沾染，需用水冲洗沾染部位10min以上。离开实验室前务必洗手。使用过的溶液需倒入指定的废液回收桶，固体废物倒入指定回收箱。操作者需穿戴实验服、口罩、手套等。

参考文献

[1] 许新华，王晓岗，刘梅川．双液系气液平衡相图实验的新方法研究 [J]．实验室科学，2015，18（3）：29-29.

[2] 梅燕，马密霞．关于“完全互溶的双液系的气液平衡相图”实验的改进 [J]．邢台师范高专学报，1999，014（004）：68-70.

[3] 周爱秋，李英，刘福祥，等．完全互溶双液系平衡相图实验装置的微型化 [J]．实验室研究与探索，2002.

[4] 宣亚文，武文．互溶双液系气液平衡相图计算机绘制及其应用 [J]．周口师范学院学报，2007（05）：90-91.

[5] Timmermans J（Ed），The Physico-Chemical Constants of Binary Systems in Concentrated Solutions [J]. *London: Interscience Publishers*，1959（2）：36.

实验三　步冷曲线法绘制Sn-Bi二元合金相图

一、实验目的

1. 了解热分析法的测量技术。
2. 用热分析法测绘Sn-Bi二元合金相图。

二、实验原理

二元合金的熔点组成相图可用不同组成金属的冷却曲线求得。将一种合金或金属熔融后，使之逐渐冷却，每隔一定时间记录一次温度，这种表示温度-时间的关系曲线称为冷却曲线或步冷曲线。当熔融体系在均匀冷却过程中不发生相变，其温度将随时间连续均匀下降，这时会得到一条平滑的冷却曲线；如在冷却过程中发生了相变，则因放出相变热而使热损失有所抵偿，冷却曲线就会出现转折点或水平线段。转折点所对应的温度，即为该组成合金的相变温度。如以横轴表示混合物的组成，纵轴上标出开始出现相变的温度，把这些转折点所对应的温度连接起来，就可以绘制出二元合金相图。对于简单的低共熔二元体系（如Bi-Cd合金），具有图1所示的冷却曲线和相图。用热分析法测绘相图时，被测体系必须时时处于或接近相平衡状态，因此体系的冷却速度必须足够慢才能得到较好的结果。

本实验测绘的Sn-Bi二元合金相图不属于简单低共熔体系，当Sn含量在85%以上即出现固熔体。因此，本实验不能作出完整的相图。

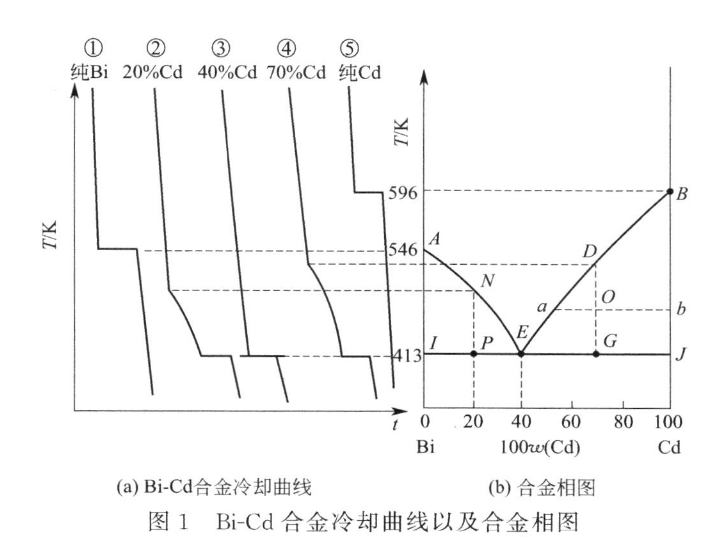

(a) Bi-Cd合金冷却曲线　　(b) 合金相图

图 1　Bi-Cd 合金冷却曲线以及合金相图

三、仪器与试剂

1. 仪器：JX-3D8 金属相图测量装置、8A 型金属相图（步冷曲线）实验加热装置（图 2）。
2. 试剂：Sn（s）和 Bi（s），出厂前预先真空封装在不锈钢样品管中。

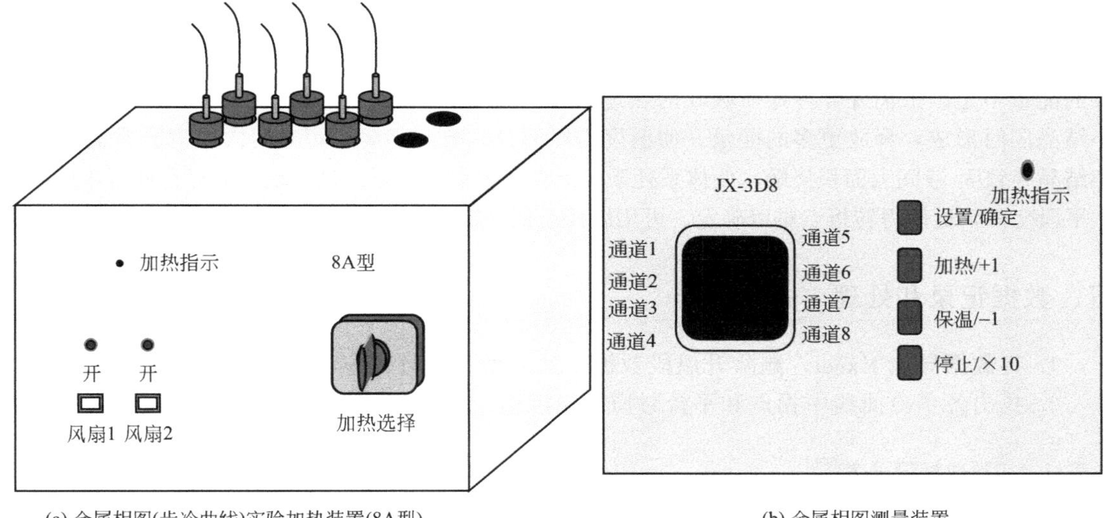

(a) 金属相图(步冷曲线)实验加热装置(8A型)　　(b) 金属相图测量装置

图 2　金属相图实验测量装置图

四、实验步骤

1. 测定被研究体系的步冷曲线

依次测得纯 Bi 及含 Bi80%、60%、40%、20%的 Sn、Bi 混合物及纯 Sn 的冷却曲线。

2. 具体方法

打开电脑，打开金属相图软件，改变显示坐标 x 轴的数值，将其调到 120min。打开

“文件”中的“串口”，选择其中一个“com”通道，点击“操作”，如此重复，直到状态一栏中有数字出现；在金属相图测量装置上面，按“设置/确定”按钮，此时显示屏上出现三个参数：目标（指实验中要加热到的目标温度）、加热（指实验中每个加热单元的加热功率，单位为 W）、保温（指实验中保温时每个单元的保温功率，单位为 W）。本实验目标温度设置为 320℃、加热功率为 250W、保温功率为 30W（设置实验参数时，用“确定”键选定要修改的参数，按“＋1”键，相应参数加 1，按“－1”键，相应参数减 1，按“×10”键，相应参数增大 10 倍，如果参数已为最大，按“×10”则置为零）。

参数设定完成后按“确定”可进行下一项设定，或返回测量状态。参数设置完毕后，按“加热”键仪器即开始对加热单元加热，此时测量装置与加热装置都会有小红灯亮起；加热到设定温度后，仪器将自动转化为保温状态，开始自动测量步冷曲线。在金属相图（步冷曲线）实验加热装置中，“风扇 1”与“风扇 2”勿开，对于“加热选择”，“1”是加热前六个通道，“2”是加热八个通道，我们应旋转到“1”；测量完毕依次保存数据、拷贝数据、关闭电脑及测量装置电源。

3. 注意事项

（1）在实验过程中，加热装置中的冷却风扇必须关闭，不可加速冷却。

（2）不可将样品管中的温度传感器拔出或随意触碰。

（3）本实验测绘的 Sn-Bi 二元合金相图不属于简单低共熔体系，当 Sn 含量在 85%以上即出现固熔体。因此，本实验不能作出完整的相图。

（4）由于过冷现象的存在，步冷曲线可能会出现一个低谷。这是由于少量固相析出，所释放的能量不足以抵消外界冷却所吸收的热量。体系进一步降低至相变温度以下，促使更多的微小结晶同时形成，释放更多的能量，使温度得以回升。有时甚至在短时间内出现异常高峰。微小结晶导致固-液间大面积接触，使体系处于接近真实平衡的状态。过冷现象的存在使得步冷曲线水平段变短，更使得转折点难以确定。可用线性近似外推的方法求得较为合理的相变温度。

五、数据记录和处理

1. 将数据导入 Excel，删除升温段数据，然后做各组分对应的步冷曲线（表 1）。
2. 找出各步冷曲线中拐点和平台对应的温度值，即为相变温度。

表 1　实验数据记录表

实验时间		实验环境温度、气压
步冷曲线编号	步冷曲线名称	温度 T/K
		□拐点　□平台
		□拐点　□平台
		□拐点　□平台
		□拐点　□平台
		□拐点　□平台
		□拐点　□平台
		□拐点　□平台
		□拐点　□平台
		□拐点　□平台
		□拐点　□平台

3. 以横坐标表示组成，纵坐标表示温度作出 Sn-Bi 二元合金相图。

六、思考题

1. 金属熔融体冷却时，冷却曲线上为什么会出现转折点？纯金属、低共熔金属及合金的转折点各有几个？曲线形状为何不同？

2. 试用相律分析低共熔点、熔点曲线及各区域内的相应自由度。

3. 通过步冷曲线绘制相图时，为什么有时选择平台，有时选择拐点？

4. 步冷曲线各段的斜率以及水平段的长短与哪些因素有关？

5. 根据实验结果，讨论各步冷曲线的降温速率控制是否得当。

6. 试从实验方法比较测绘气-液相图和固-液相图的异同点。

七、附录

1. 参考数据

参考数据如图 3 所示。

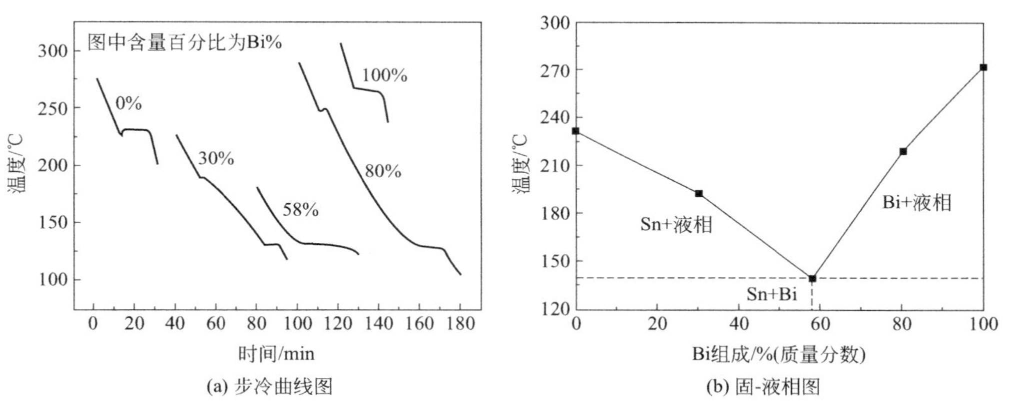

(a) 步冷曲线图　　(b) 固-液相图

图 3　参考数据示意

2. 仪器

本实验所使用的实验仪器为金属相图测量装置（JX-3D8）和金属相图实验加热装置，如图 2 所示。

打开仪器电源开关，打开电脑，单击电脑上的金属相图测量软件。打开导航栏中“文件”菜单中的“串口”，选择不同通道的串口，单击“开始”，状态栏中出现数字，则实验开始进行。如果出现不能测试的情况，请选择另外一个串口进行实验。然后将坐标轴中 X 轴的数值改为 120min，然后单击“确定”。

金属相图测量装置仪器的电源打开后，仪器显示屏上会出现数字，按下“设置”按钮，显示屏上会显示“目标、加热、保温”三个参数。分别单击仪器上的按钮将其设置为“目标：320，加热：250，保温：30”。设置完毕后，按下“加热”按钮，仪器开始对加热单元进行加热。此时，加热装置和测量装置都会有小红灯亮起。

对于金属相图实验加热装置，只需要将“加热选择”旋钮旋转到“1”即可。

加热到一定温度后，仪器将自动转化为保温状态。开始自动测试步冷曲线，当步冷曲线测试到出现第二个平台后，停止并保存数据，之后使用 Excel 或 Origin 软件进行数据处理。

注意事项：

（1）仪器探头经过了精密校准，为保证测量精确探头请勿互换。

（2）仪器不要放置在有强电磁场干扰的区域内。

（3）因仪器精度高，测量时应单独放置，不可将仪器叠放，也不要用手触摸仪器外壳。

（4）样品管受热后，管子必须摆放直立，不能歪斜。

3. 拓展阅读

2004 年，Yeh 和 Cantor 等提出了高熵合金（High-entropy alloys，HEA）这一概念，是由 5 种或 5 种以上等量或大约等量金属形成的合金。由于高熵合金可能具有许多理想的性质，因此在材料科学及工程上相当受到重视。以往的合金中主要的金属成分可能只有 1～2 种。与传统合金相比，高熵合金具有强度高、硬度高、优异的耐腐蚀性、优异的热稳定性、耐辐照性阻力等特点。高熵合金应用领域示意如图 4 所示，高熵合金发展历史示意如图 5 所示。

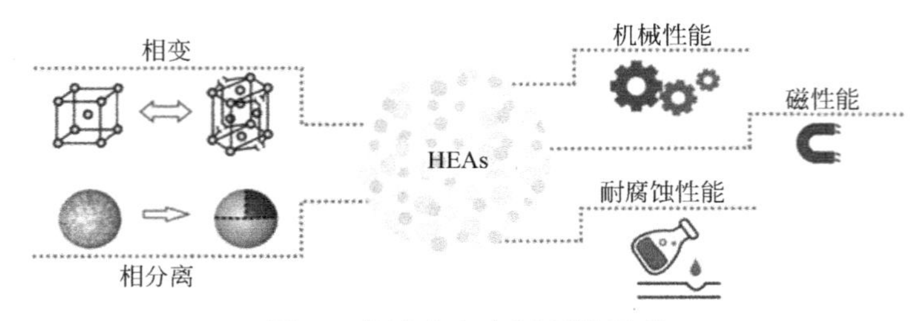

图 4　高熵合金应用领域示意

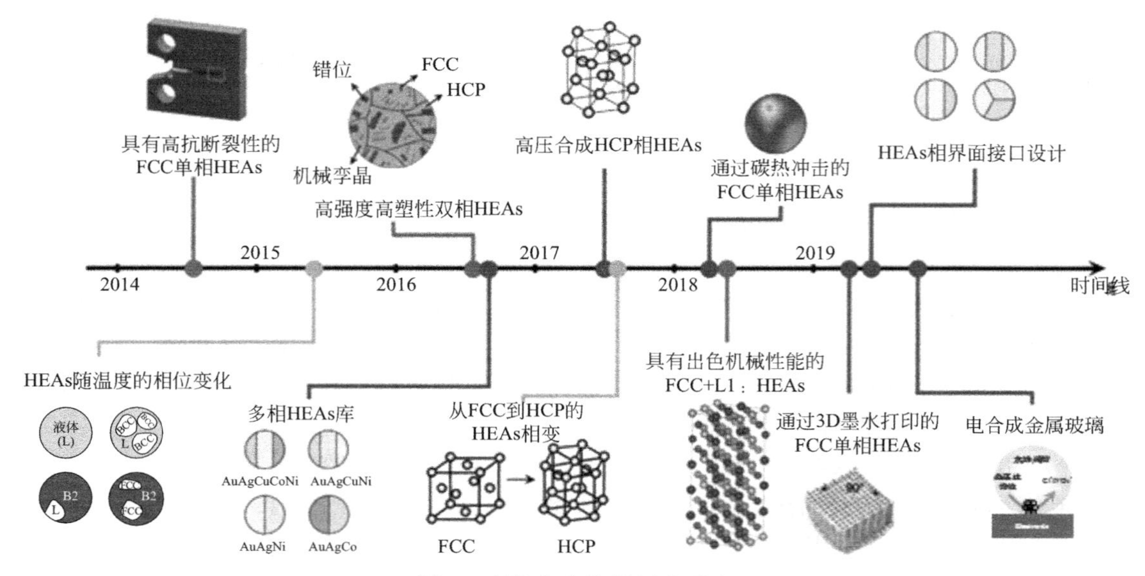

图 5　高熵合金发展历史示意

参考文献

[1] 复旦大学等. 物理化学实验. 2版 [M]. 北京: 高等教育出版社, 2004.

[2] 曹红燕. Sn-Bi合金体系相图的探索研究 [J]. 实验技术与管理, 2005 (07): 34-36.

[3] Chang X, Zeng M, Liu K, et al. Phase Engineering of High-Entropy Alloys [J]. Advanced Materials, 2020, 32 (14): 1907226.

实验四　五水硫酸铜的差热分析

一、实验目的

1. 掌握差热分析法的实验原理及操作技术。
2. 用差热分析法对 $CuSO_4 \cdot 5H_2O$ 进行差热分析，并定性解释所得的差热现象。

二、实验原理

差热分析（DTA）是一种热分析方法，可用于鉴别物质并考察其组成结构以及转化温度、热效应等物理化学性质，它广泛地应用于许多科研及生产部门。

许多物质在加热或冷却过程中，当达到某一温度时，往往会发生熔化、凝固、晶型转变、分解、化合、吸附、脱附等物理化学变化，并伴随着焓的改变，因而产生热效应，其表现为该物质与该外界环境之间有温度差。差热分析是在程序控制温度下，测量物质与参比物之间的温度差与温度关系的一种技术。差热分析曲线描述样品与参比物之间的温差（ΔT）随温度或时间的变化关系。在测定之前，首先要选择一种对热稳定的物质作为参比物（亦称基准物）。在温度变化的整个过程中，该参比物不会发生任何物理或化学变化，没有任何热效应出现。通常选用的参比物为经过灼烧或烘过的 Al_2O_3、MgO、SiO_2 等物质。

将样品与参比物一起置入一个程序可控的升温或降温的电炉中，然后分别记录参比物的温度以及样品与参比物之间的温差，随着测定时间的延续就可以得到差热分析曲线图（图1）。如果试样和参比物的比热容大致相同，当试样没有发生热效应时，参比物和试样的温度基本相同，此时得到的是一条平滑的直线，称为基线，如图1的 *OA* 和 *CD* 线段。如果试样发生变化引起热效应，那么参比物和试样就会产生温度差，在差热分析曲线上就会有峰出现，如 *ABC* 和 *DEF* 线段。同时，差热分析中一般规定放热峰为正峰，此时样品的焓变小于零，温度高于参比物；吸热峰为负峰，出现在基线的另一侧。

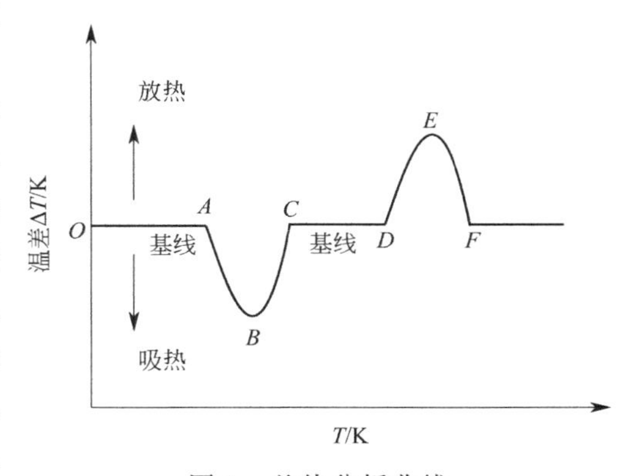

图1　差热分析曲线

1. 谱图分析

从差热图上可以看到差热峰的数目、位置、方向、高度、宽度、对称性以及峰的面积等。峰的数目就是在测定温度范围内，待测样品发生变化的次数；峰的位置标志样品发生变化的温度；峰的方向表明热效应的正负性；峰面积则是热效应大小的反映。在完全相同的测定条件下，许多物质的差热谱图具有特征性，因此可以通过对比已知物的差热图来鉴别物质的种类。而对峰面积进行定量处理，则可确定某一变化过程的热效应大小。峰的高度以及峰的对称性除与测定条件有关外，往往还与样品变化过程的各种动力学因素有关，由此可以计算某些类型反应的活化能和级数。

差热峰的位置可参照图 2 所示方法来确定。正常情况下［图 2(a)］，其起始温度 T_e 和终点温度可由两曲线的外延交点确定，峰面积就是基线上的阴影面积，峰顶温度 T_p 从曲线最高点作横坐标的垂线即可得到。由于 T_e 大体代表了开始变化的温度，因此常用 T_e 表征峰的位置，对于很尖锐的峰，其位置也可以用峰顶温度 T_p 表示。

在实际测定中，由于样品与参比物间往往存在比热容、热导率、粒度、装填疏密程度等方面的差异，再加上样品在测定过程中可能发生收缩或膨胀，差热线就会发生漂移，其基线不再平行于时间轴，峰的前后基线也不在一条直线上，差热峰也可能因此而不尖锐，这时可以通过作切线的方法来确定转折点及峰面积，如图 2(b) 所示，图中阴影部分就为校正后的峰面积。

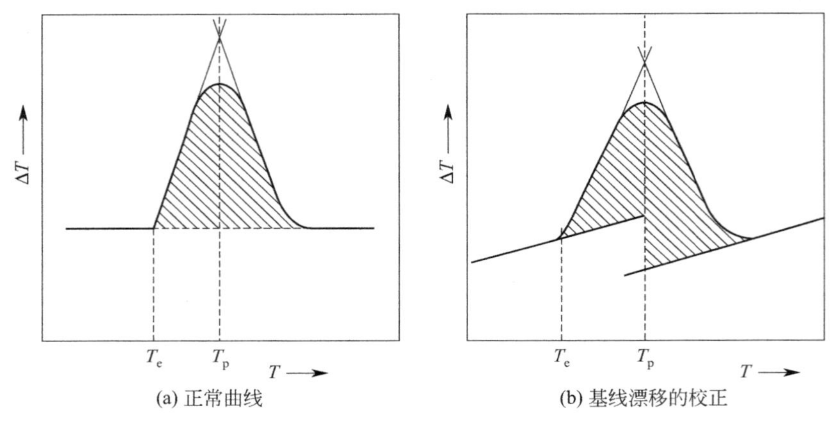

图 2　差热峰位置和面积的确定

2. 实验装置

最简单的差热分析装置如图 3 所示，样品和参比物分别装填在玻璃坩埚内并置于保持器的两个孔中。将两对同样材料制成的热电偶的热端分别插入样品和参比物中，热电偶上两个相同的线头接在一起，见图 3 中 1 点（或置于空气中），另两端连在放大器上，由于这两对热电偶所产生的热电势方向正好相反，在样品没有发生变化时，它与参比物处在同一温度，这两对热电偶的热电势大小一样而互相抵消，记录仪图上出现与时间轴平行的直线。一旦样品发生变化，产生热效应，则两热电偶这时所处的温度不同，两热电偶的热电势大小不一样，在记录仪图上出现峰值。

测定时，将保持器放在电炉内，通过调变压器，调整加热功率，使体系按所规定的速率匀速升温，并每隔一定的时间记录一次参比物的温度，这样就可以绘制出像图 1 那样的差热图，ΔT 为温差电势，T 为参比物温度。

现代成套的差热分析仪可以自动控制升温速率或降温速率，并自动记录差热信号和参考点温度，这种差热分析仪将温度及温差换成了电信号，故还可以将信号输送到自动积分仪或计算机，对测定数据进行处理。

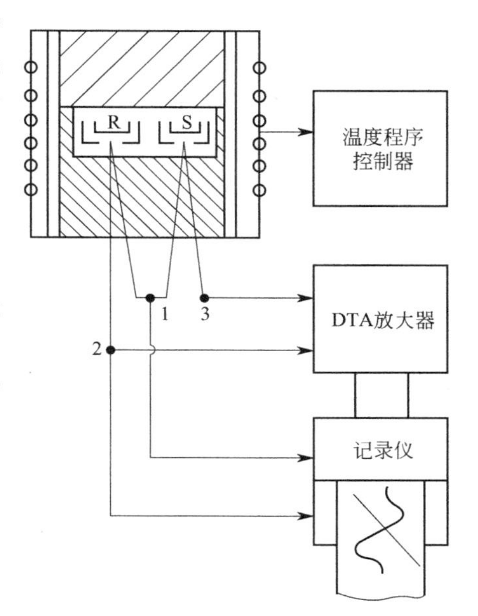

图3　差热分析装置原理示意

R—参比物；S—试样

3. 测定条件的选择

（1）升温速率的选择　升温速率对测定结果有明显的影响，一般来说速率低时，基线漂移小，所得峰形显得矮而宽，可以分辨出靠得很近的峰，但每次测定时间较长；升温速率高时，峰形比较尖锐，测定时间较短，而基线漂移明显，与平衡条件相距较远，出峰温度误差较大，分辨能力下降。

为便于比较，在测定一系列样品时，应采用相同的升温速率。

升温速率一般采用 2～20℃/min。在特殊情况下，最慢可为 0.1℃/min，最快可达 200℃/min，而最常用的是 8～12℃/min。

（2）参比物的选择　测定时应尽可能选用与样品的比热容、热导率相近的材料作为参比物。

（3）气氛及压力的选择　许多试样的测定受气氛及压力的影响很大，例如，碳酸钙、氧化银的分解温度分别受气氛中二氧化碳、氧气的分压的影响，液体或溶液的沸点或冰水与外压的关系则十分明显；许多金属在空气中测定会被氧化等。因此，应根据待测样品的性质，选择适当的气氛和压力。现代差热分析仪的电炉备有密封罩，并装有若干气体阀门，便于抽空及通入指定的气体。为方便起见，本实验在大气中进行。

（4）样品的预处理及用量　一般的非金属固体样品均应经过研磨，使成 100～200 目的微细颗粒，这样可以减少死空间，改善导热条件，但不应过度研磨，因为可能会破坏晶体晶格。对于那些会分解而释放出气体的样品，颗粒则应大些。参比物的颗粒度以及装填松紧度都应与样品尽可能一致。

样品用量应尽可能少，这样可以得到比较尖锐的峰并能分辨靠得很近的相邻峰。样品过多往往形成大包，并使相邻的峰互相重叠而无法分辨。当然样品也不能过少，因为它受仪器灵敏度以及稳定性的制约。一般用量为 0.3～1.5g。如样品体积太小，不能完全覆盖热电偶，或样品容易因烧结、熔融而结块，可掺入一定量的参比物或其他热稳定材料。

三、仪器与试剂

1. 仪器：ZCR-Ⅲ差热实验装置［差热分析炉（电炉）、差热实验仪］。
2. 试剂：α-Al_2O_3、$CuSO_4 \cdot 5H_2O$。

四、实验步骤

1. 打开电脑、差热实验仪的电源开关。

2. 装样。用小锉刀将坩埚里面的样品轻轻转出来，多转几次使之变干净。先称量空坩埚质量，然后用镊子夹住小坩埚往里面填装 $CuSO_4 \cdot 5H_2O$，填装的高度大约为 1/3，再将坩埚在桌面轻轻抖几下，使其填充均匀，再称量。

3. 轻轻抬起炉体后，逆时针旋转炉体（90°），露出样品托盘，分别用镊子将试样、参比物坩埚放在两只托盘上，以炉体正面为基准，左托盘放置 $CuSO_4 \cdot 5H_2O$（分析纯）、右托盘放置 α-Al_2O_3（分析纯），顺时针转回炉体（90°），当炉体定位杆对准定位孔时，向下轻轻放下炉体，打开冷却水。

4. 打开软件界面，单击“通信”，选择其中一个，直到“联机状态”变为绿色；单击“仪器设置”中的“控温参数设置”，弹出一个对话框，设置“定时”为 0s，“升温速率”为 2℃/min，“目标温度”为 320℃，“控温传感器”选择“T_0”，单击“修改”，最后单击“开始控温”。

5. 填写“样品名称及质量”这一栏，且试样物质量与参比物质量一样，最后将自己的姓名、学号、班级、指导老师依次填入。

6. 实验完毕单击“停止控温”并保持数据，在“数据处理”中选中“DTA 峰面积”，弹出一个对话框，选择“是”，将鼠标分别单击峰的起始位置与结束位置，电脑自动算出峰面积，其他峰面积也是按照此步骤。最后截屏，粘贴在 Word 文档中，打印出来。

7. 注意事项

（1）用镊子取放坩埚时要轻拿轻放，特别小心。

（2）不可把样品弄翻（样品洒入托盘内会造成仪器无法使用）。

（3）托、放炉体时不得挤压、碰撞放坩埚的托架（该托架实际是测温探头，价格昂贵，损坏无法修复）。

（4）样品坩埚和参比物坩埚在加热炉中的摆放位置不能调换。

（5）待测样品与参比物的粒度应大致相同（约 200 目）。

五、数据记录与处理

1. 记录时应写明测定条件：参比物名称、用量、仪器型号、气氛、室温、升温速率。
2. 指明硫酸铜变化的次数。
3. 找出各峰的开始温度和峰温度以及峰面积。
4. 根据硫酸铜的化学性质，讨论各峰所代表的可能反应，写出反应方程式。

实验数据记录于表 1。

表 1　实验数据记录表

参比物名称：__________；　用量：__________；　仪器型号：__________；气氛：__________；

室温：__________；　升温速率：__________

峰序号	出峰温度	峰高	峰面积
1			
2			
3			

六、思考题

1. 差热分析与简单热分析有何异同？

2. 影响差热分析结果的主要因素有哪些？

3. 在什么情况下，升温过程与降温过程所做的差热分析结果相同？在什么情况下只能采用升温过程？在什么情况下采用降温过程为好？

七、附录

1. 参考数据

出峰三次，大致出峰位置分别为45～90℃，90～130℃，173～260℃。

2. 仪器

差热分析仪器由电脑、测量仪和加热装置构成（图4）。

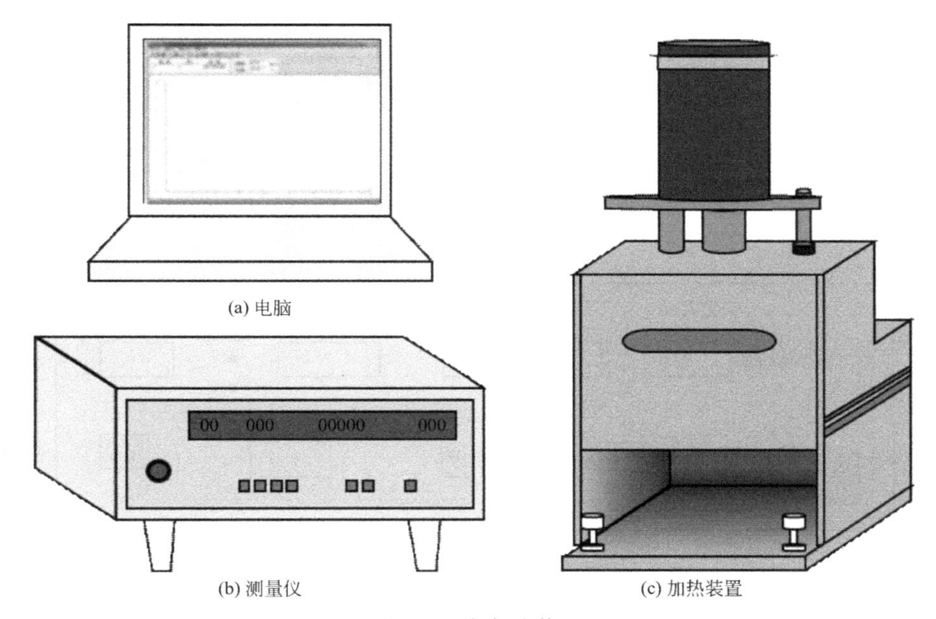

(a) 电脑
(b) 测量仪
(c) 加热装置

图4　差热实验装置

具体各部分结构示意如图5～图7所示，仪器软件界面如图8所示。

3. 拓展阅读

1899年英国的罗卜兹-奥斯坦第一次采用示差法进行了仪器改造，他采用标准物质与被测物质进行比较的方法，记录两者温度差，得到电解铁的DTA曲线，被认为是第一条现代意义上的DTA曲线。随着电子技术的发展，差热分析仪器无论在结构上还是在性能上都有了很大改进，最大限度上脱离了手工操作、记录等烦琐手续，实现了温度控制和记录的自动化，降低了外界干扰，提高了测试精度。目前的仪器测试范围可为－190～2000℃，可控制测试气氛和压力，并可和其他仪器组合使用。

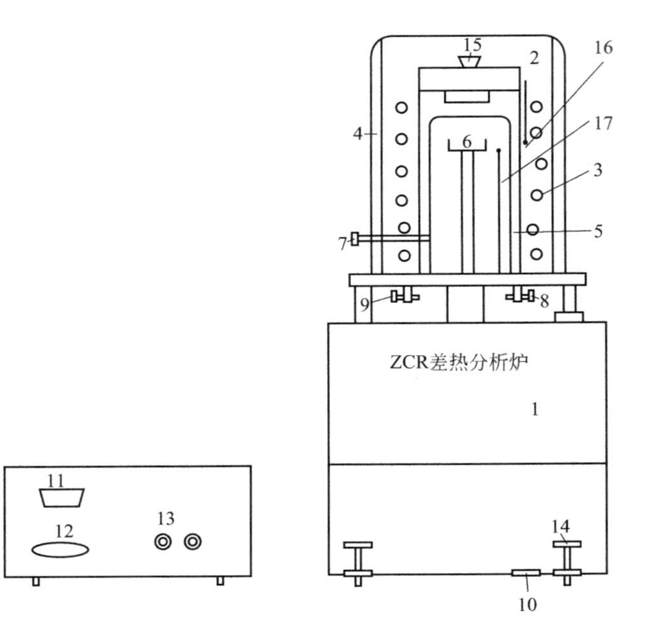

图 5　差热分析电炉结构示意

1—电炉座（内含配件盒：两手分别抠住炉座前板标贴两侧凹槽处稍用力即可打开）；
2—炉体；3—电炉丝；4—保护罩；5—炉管；6—坩埚托盘及差热热电偶；7—炉管调节螺栓；
8—炉体固紧螺栓；9—炉体定位（右）及升降杆（左）；10—水平仪；11—热电偶输出接口；
12—电源插座；13—冷却水接口；14—水平调节螺丝；15—炉膛端盖；
16—炉温热电偶；17—参比物测温热电偶

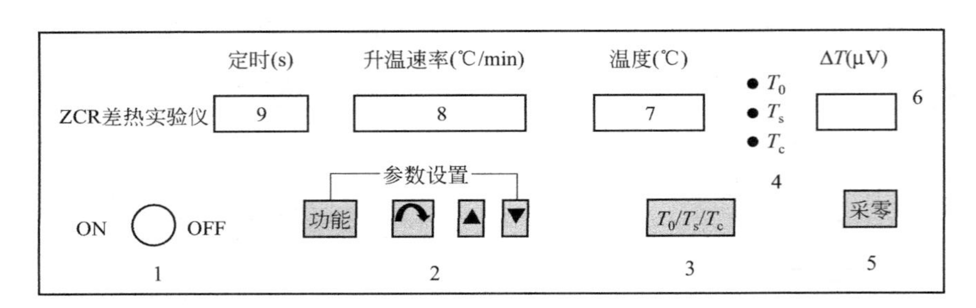

图 6　差热实验仪前面板示意

1—电源开关：差热分析炉和差热分析仪总电源开关。2—参数设置；
功能：选择参数设置项目（定时、升温速率、差热分析炉最高炉温设置），
只有在 T_c 指示灯亮时，按此键参数设置才起作用。

（移位键图标）：移位键。选择参数设置项目位。

▲、▼：加、减键。增加或减少设置数值。

3—$T_0/T_s/T_c$：温度显示键。T_0—参比物温度；
T_s—加热炉温度；T_c—设定差热分析最高控制温度。4—指示灯：
T_0、T_s、T_c 仅其中某一指示灯亮时，温度显示器显示值
即为与之对应的温度值，三只指示灯同时亮时，显示器显示值为
冷端温度（作热电偶自动冷端补偿用）。5—采零：清除 ΔT 的初始偏差。
6—ΔT（μV）：DTA 显示窗口。7—温度显示（℃）：T_0、T_s、T_c 及
冷端温度显示窗口 0～1100℃。8—升温速率（℃/min）：升温速率窗口
1～20℃/min。9—定时（s）：定时器显示窗口 0～99s（10s 内不报警）

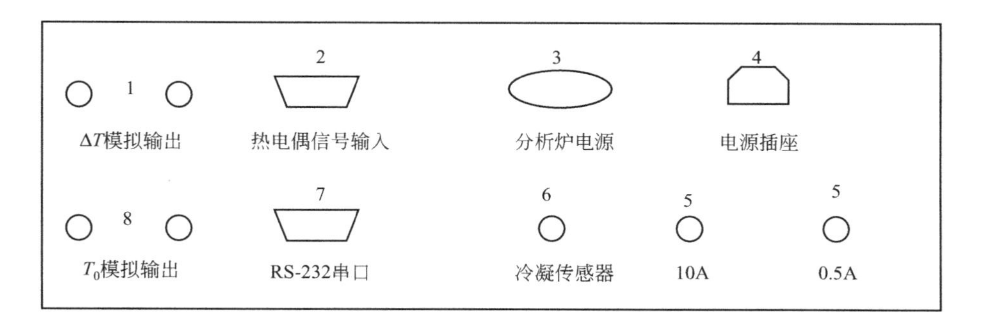

图 7 差热实验仪后面板示意

1—ΔT 模拟输出：ΔT 模拟信号输出，可与记录仪连接使用；2—热电偶信号输入：与分析炉热电偶输出相连接；3—分析炉电源：提供分析电炉的加热电源；4—电源插座：提供差热分析仪和差热分析炉的总电源；5—保险丝：0.5～10A；6—冷凝传感器；7—RS-232 串口；8—T_0 模拟输出

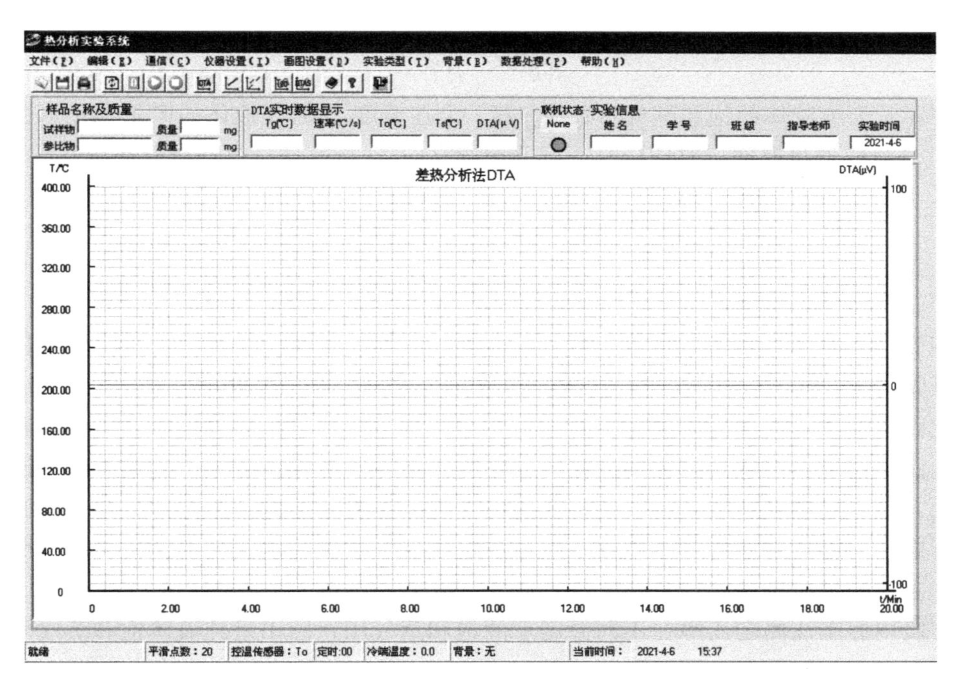

图 8 软件界面

参考文献

[1] 潘云祥，冯增媛，吴衍荪．差热分析（DTA）法研究五水硫酸铜的失水过程［J］．无机化学学报，1988（03）：104-108.

[2] 陈动．五水硫酸铜结晶水的热失重分析［J］．辽宁化工，2014，43（12）：1472-1474.

[3] 鲁彬，于化江，武克忠．五水硫酸铜脱水机理的热力学求算［J］．河北师范大学学报（自然科学版），2001，25（2）：211-213.

实验五　饱和蒸气压法测定乙醇的汽化热

一、实验目的

1. 掌握升温法测定纯液体饱和蒸气压的原理和方法。
2. 测定不同温度下乙醇的饱和蒸气压，并求其平均摩尔汽化热和正常沸点。
3. 掌握真空系统使用的常规方法和要求。

二、实验原理

在一定温度下，纯液体与其蒸气达到相平衡状态时的压力，称为该温度下液体的饱和蒸气压。液体的饱和蒸气压与温度的关系可用克劳修斯-克拉贝龙方程来表示。

$$\frac{\mathrm{d}\ln p}{\mathrm{d}T}=\frac{\Delta_{\mathrm{vap}}H_{\mathrm{m}}}{RT^2} \tag{1}$$

式中，p 为纯液体的饱和蒸气压；$\Delta_{\mathrm{vap}}H_{\mathrm{m}}$ 为在温度 T 时纯液体的摩尔汽化热；R 为气体常数；T 为热力学温度。对式(1) 不定积分得：

$$\ln p=-\frac{\Delta_{\mathrm{vap}}H_{\mathrm{m}}}{RT}+C \tag{2}$$

式中，C 为不定积数。

当远离临界温度且温度变化较小时，$\Delta_{\mathrm{vap}}H_{\mathrm{m}}$ 可视为常数，可当作平均摩尔汽化热；由式(2) 可知，$\ln p$ 对 T^{-1} 作直线，直线的斜率为 $\Delta_{\mathrm{vap}}H_{\mathrm{m}}/R$，因此可以求出 $\Delta_{\mathrm{vap}}H_{\mathrm{m}}$。

测定液体饱和蒸气压的方法主要有以下 3 种。静态法：在某一温度下，直接测量饱和蒸气压。此法适用于蒸气压比较大的液体。动态法：在不同外界压力下，测定液体的沸点。饱和气流法：在一定温度和压力下，把干燥的惰性气体缓慢地通过被测液体，使气流为该液体的蒸气所饱和，再用物质将气流吸收，然后测定气流中被测物质蒸气的含量，根据分压定律便可计算出被测物质蒸气的饱和蒸气压。此法一般适用于蒸气压比较小的液体。

本实验用静态法测定乙醇在不同温度下的饱和蒸气压，图 1 是纯液体饱和蒸气压测定装置。实验中需要保证测量数据是单组分系统。实验的气路中，三叉管由样品管和 U 形管组成。U 形管左边 a 管需要保证是单组分系统，右边是压力测量和调节系统，不能也不需要保证是单组分系统。实验前 ac 弯管中有空气，不是单组分系统，所以前面需要通过真空泵抽气，保证 ac 管最后仅剩下样品的饱和蒸气，又当 U 形管的液面处于同一水平时，ac 弯管内液面上的蒸气压与 b 管压力相等，这时 b 管压力等同于实验温度下该液体的饱和蒸气压。体系气液两相平衡的温度称为该液体在此外压下的沸点。当外压是一标准大气压时，液体的蒸气压与外压相等时的温度，称为该液体的正常沸点。b 管上连接一冷凝管，使得蒸气不会过分挥发，避免导致实验后段样品过少而需要重新添加样品。a 管和 b、c 管均装被测液体，其中 a 管为样品，U 形管起封闭作用。

本实验中压力的调节方法主要通过缓冲储气罐和压力微调部分来实现。阀门 1 连接大气，主要用于实验前大气压采零和实验中增加 b 管压力，使得 U 形管 b 段液面下降。阀门 2 为连通阀，主要用于实验中降低 b 管压力，使得 U 形管 b 段液面上升，让液体重新沸腾等。阀门 3 主要用于真空泵抽气和缓冲储气罐密封。缓冲储气罐的缓冲作用主要是保证气路安全，储气功能通过第一次抽气得到大量低气压的气体，当后面需要调节 b 段气压时，打开阀门 2，用缓冲储气罐实现抽气效果而不用再开一次真空泵。正常操作情况下，本实验仅需开一次真空泵。实验中，阀门 1 的控制是难点，外压接近 100kPa，管内气压为 5～15kPa，压力相差 20 倍左右，而管内气体的调节体积非常小，导致阀门 1 调节非常容易失败，需要谨慎操作。如果操作失败，导致 b 管气体进入 ac 段或者 ac 段连通，实验失败，需要根据情况重新抽气和调整液面。操作样品管时，需保证管内压力为大气压。

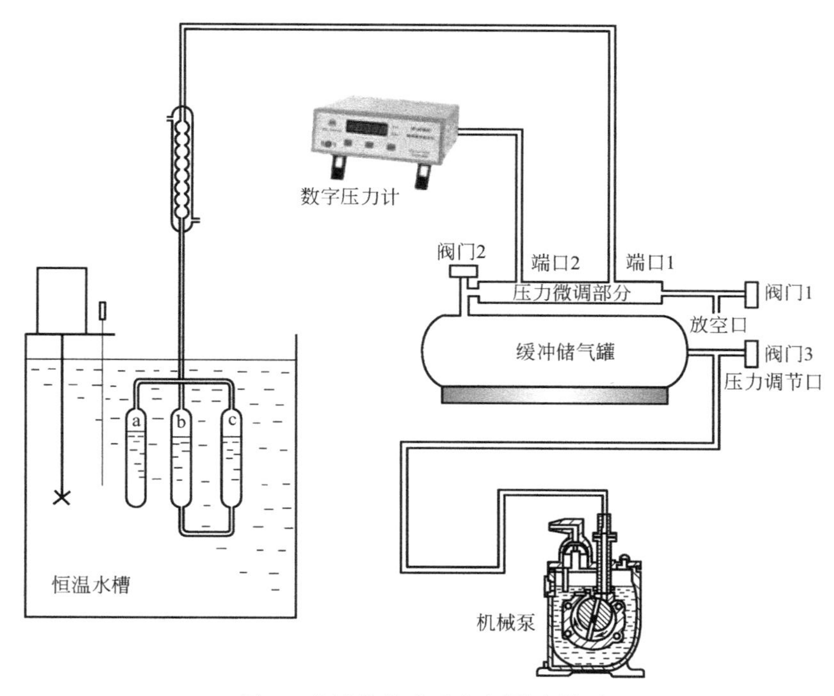

图 1　纯液体饱和蒸气压测定装置

三、仪器与试剂

1. 仪器：纯液体蒸气压测定装置，真空泵，SYP-Ⅲ 恒温水浴 1 套，大气压计。
2. 试剂：无水乙醇。

四、实验步骤

1. 安装实验仪器装置

将待测液体装入平衡管中，a、b、c 管体积均为 2/3 左右（注意体积预估平衡后的位置即可，抽气前不要求调平，抽气环节液面高度会发生变化。液体装入过少，液封不住，实验操作难度提升，而液体装入过多则上弯管容易倒吸连起来），然后按图 1 连接好实验仪器装置。打开全部阀门，对真空记录仪采零，同时记录实际大气压。计算中的实际气压需要用实际大气压数值加上真空记录仪的（负）值。调节恒温槽温度到设定温度。

2. 排除 ac 弯管空气并检查系统气密性

关闭进气阀门 1，打开抽气阀门 3、连通阀门 2，开动真空泵，抽气减压至压力计读数为－90kPa 以下，压力变化非常缓慢为止。抽气过程中注意观测现象，当暴沸出现 1min，压力达到要求时，关闭阀门 2 和阀门 3。压力计的读数仍然在缓慢变化的原因为乙醇暴沸的蒸气不断进入系统。如果抽气过程中未能看到此现象，检查下阀门开关是否正确。如果抽完气后，暴沸迅速停止，液面下降明显，表明系统漏气，应仔细检查，消除漏气原因。

3. 测定饱和蒸气压

在完成 2 操作并确认不漏气后。当体系温度恒定后，即可开始测量饱和蒸气压。缓慢旋转进气阀门 1 放入空气，直至 U 形管中液面缓缓移动，当液面平齐时适当旋转活塞，关闭进气阀门 1，立即记录温度与压力计的读数（注意：放入空气切不可太快，以免空气进入 *ac* 弯管。U 形管中内外压力差大约 20 倍，操作很容易失败，一定小心。如果发生空气倒灌，或 *c* 管液面低于 *b* 管液面，则须根据情况开阀门 2 抽气或者调节液面后真空泵重新抽气）。单次测量结束后，打开阀门 2，让液体重新沸腾，之后关闭阀门 2，重新调平气压，实验要求每个温度做 3 次数据取平均，三次数据间差别不超过 0.1kPa 。

将恒温水的温度升高 3～5℃。温度升高过程中，液体的饱和蒸气压增大，液体会不断沸腾。如果有轻微漏气，液面可能会下降，需注意通过控制阀门 2 确保该过程中 *b* 管液面不要太低。当体系温度恒定后，再次放入空气使 U 形管液面平齐，记录温度和压强。然后依次每升高 3～5℃，每个温度测定 3 次数据取平均值，总共测 5 个温度。

实验完毕，清理试验台，倒出样品液回收，检查仪器电源和循环水。

4. 注意事项

（1）实验前先明确各个阀的作用，根据实验现象判断阀开关是否有错误。

（2）必须充分排净 *ac* 弯管空间中全部空气，使 *a* 管液面上空只含液体的蒸气分子。*ac* 管必须放置于恒温水液面以下，恒温水要进行循环，否则其温度与水浴温度不稳定。

（3）打开进气阀门 1 时，切不可太快，以免空气通过 *b* 管倒灌入 *ac* 段。实验中需要全程确保 *b* 管气体不进入 *ac* 段，如果发生倒灌，则必须重新排除空气，这是实验操作过程中唯一失败的原因。

（4）实验操作过程中一次测量结束后需要重新沸腾，以确保测量的是饱和蒸气压，操作过程尽量快，避免偏离平衡态的蒸汽集聚导致偏移平衡态。

五、数据记录与处理

1. 记录实验数据。实验数据记录于表 1。

表 1　实验数据记录表

室温______℃；　　采零时大气压______Pa

实验温度			压力计读数	乙醇的饱和蒸气压/Pa	
t/℃	T/K	T^{-1}	/Pa	p/Pa	lnp

2. 由表 1 的数据绘出蒸气压 p 对温度 T 的曲线（p-T 图）。

3. 以 $\ln p$ 对 T^{-1} 作图，求出此直线的斜率，并由斜率算出乙醇在此温度间隔中的平均摩尔汽化热 $\Delta_{vap}H_m$。

4. 根据 3 的拟合方程，代入标准大气压数据，得到乙醇的正常沸点。

5. 根据拟合的线性关系分析偏差，计算误差并进行分析。

六、思考题

1. 本实验原理中采用了哪些近似？实验中采用了哪些办法来降低误差？
2. 本实验如果用降温法测定乙醇的饱和蒸气压，操作方法有何不同？
3. 本方法是否适用于测定溶液的饱和蒸气压？
4. 引起本实验误差的因素有哪些？实验中应该怎样注意？

七、附录

1. 相关数据

乙醇的饱和蒸发焓为 41.50kJ/mol，正常沸点为 78.15℃。

2. 药品使用注意事项

使用无水乙醇时，应远离火种、热源，避免与氧化剂接触，避免与皮肤、眼睛接触。操作者需穿实验服，戴口罩、手套等。

参考文献

[1] 衣守志，王强，马沛生．饱和蒸气压测定方法评述 [J]．天津科技大学学报，2001 (02)：1-4.
[2] 林敬东，闫石，韩国彬，等．液体饱和蒸气压测定实验的改进 [J]．实验室研究与探索，2012，31 (03)：19-20.
[3] 复旦大学等．物理化学实验．3 版 [M]．北京：高等教育出版社，2004.

实验六　凝固点降低法测定摩尔质量

一、实验目的

1. 使用电阻型精密温度传感器，用凝固点降低法测定萘和未知样品的摩尔质量。

2. 观察纯溶剂和溶液的冷却、凝固过程，加深对稀溶液依数性质的理解。

二、实验原理

固体溶剂与溶液成平衡的温度称为溶液的凝固点。含非挥发性溶质的双组分稀溶液的凝固点低于纯溶剂的凝固点。凝固点降低是稀溶液依数性质的一种表现。当确定了溶剂的种类和数量后，溶剂凝固点降低值仅取决于所含溶质分子的数目。对于理想溶液，根据相平衡条件，稀溶液的凝固点降低与溶液成分关系由范特霍夫（van't Hoff）凝固点降低公式给出：

$$\Delta T_f=\frac{R(T_f)^2}{\Delta_f H_m(A)}\times\frac{n_B}{n_A+n_B} \tag{1}$$

式中，ΔT_f为凝固点降低值；T_f 为纯溶剂的凝固点；$\Delta_f H_m(A)$为纯溶剂的摩尔凝固热；n_A 和n_B 分别为溶剂和溶质的物质的量。当溶液浓度很稀时，$n_B \leqslant n_A$

$$\Delta T_f \approx \frac{R(T_f)^2}{\Delta_f H_m(A)}\times\frac{n_B}{n_A}=\frac{R(T_f)^2}{\Delta_f H_m(A)}\times M_A b_B=K_f b_B \tag{2}$$

式中，M_A 为溶剂的摩尔质量；$b_B=\frac{n_B}{W_A}$为溶质的质量摩尔浓度；K_f 为溶剂的质量摩尔凝固点降低常数。

如果已知溶剂的凝固点降低常数K_f，并测得此溶液的凝固点降低值 ΔT_f，以及溶剂和溶质的质量 W_A、W_B，则溶质的摩尔质量由下式求得

$$M_B=K_f\frac{W_B}{\Delta T_f W_A} \tag{3}$$

应该注意，如溶质在溶液中有解离、缔合、溶剂化和配合物形成等情况时，不能简单地运用公式（3）计算溶质的摩尔质量。显然，溶液凝固点降低法可用于溶液热力学性质的研究，例如电解质的电离度、溶质的缔合度、溶剂的渗透系数和活度系数等。

纯溶剂的凝固点是它的液相和固相共存时的平衡温度。若将纯溶剂逐步冷却，理论上其冷却曲线（或称步冷曲线）应如图 1(1) 所示。但实际过程中往往发生过冷现象，即在过冷而开始析出固体时，放出的凝固热才使体系的温度回升到平衡浓度，待液体全部凝固后，温度再逐渐下降，其步冷曲线呈图 1(2) 的形状。过冷太甚会出现如图 2 (1) 的形状。

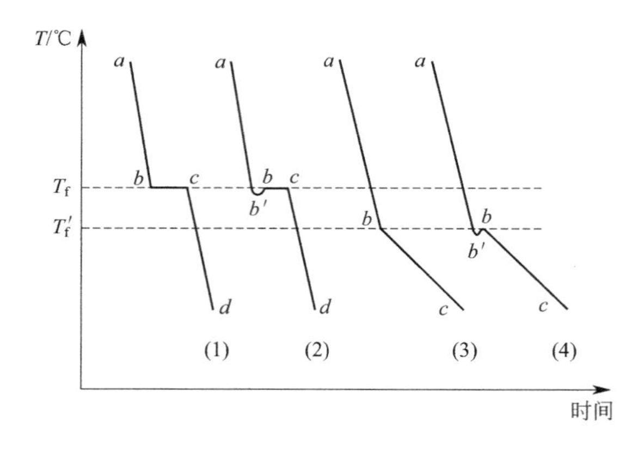

图 1　纯溶剂和溶液的冷却曲线（图中为 T_f 和 T_f'）

溶液凝固点的精确测量难度较大。当将溶液逐步冷却时，其步冷曲线与纯溶剂不同，见图 1(3)、(4) 和图 2(2)。由于溶液冷却时有部分溶剂凝固而析出，使剩余溶液的浓度逐渐增大，因而剩余溶液与溶剂固相的平衡温度也会逐渐下降，出现如图 1(3) 的形状。通常发生稍有过冷现象，则出现如图 1 (4) 的形状，此时可将温度回升的最高值近似地作为溶液的凝固点。若过冷太甚，凝固的溶剂过多，溶液的浓度变化过大，则出现图 2(2) 的形状，测得的凝固点将偏低，影响溶质摩尔质量的测定结果。因此在测量过程中应该设法控制适当的过冷程度，一般可通过控制寒剂的温度、搅拌的速度等方法来达到。

图 1 是纯溶剂和溶液的冷却曲线图。曲线 (1) 为纯溶剂的理想冷却曲线，从 a 点处液体无限缓慢地冷却，达到 b 点时，开始析出纯溶剂的固体；在析出固相过程中温度不再变化，曲线上出现一段平台 bc，此时液体和晶体平衡共存；如果继续冷却，全部液相纯溶剂将凝结成固相，温度再下降。在纯溶剂的冷却曲线上，这个不随时间而变的平台相对应的温度 T_f称为该纯溶剂的凝固点。曲线 (2) 是实验条件下纯溶剂的冷却曲线。因为实验做不到无限慢地冷却，而是较快速强制冷却，在温度降到 T_f时不凝固，出现过冷现象。一旦固相出现，温度又回升而出现平台。曲线 (3) 是溶液的理想冷却曲线。与曲线 (1) 不同，当温度由 a 处冷却，达到T_f' 时，溶液中才开始析出纯溶剂的固体，此时$T_f' < T_f$。随着纯溶剂固体的析出，溶液浓度不断增大，溶液的凝固点也不断下降，于是 bc 并不是一段平台，而是一段缓慢下降的斜线。因此，溶液的凝固点是指刚有纯溶剂固体析出（即 b 点）的温度 T_f'。曲线 (4) 是实验条件下的溶液冷却曲线，可以看出，适当的过冷使溶液凝固点的观察变得容易（温度降到T_f' 以下b'点又回升的最高点 b）。

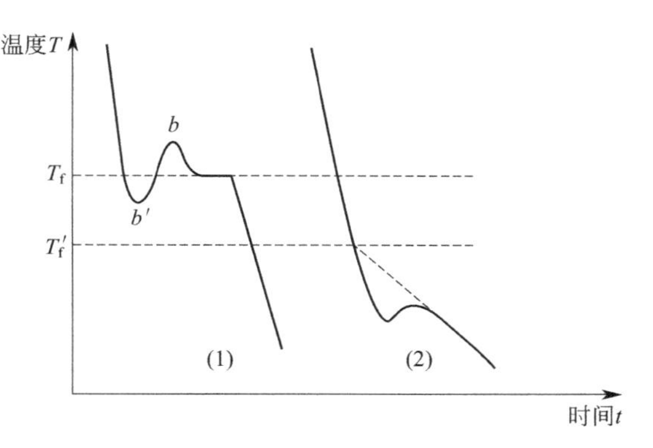

图 2　外推法确定纯溶剂和溶液的凝固点

当冷冻剂的温度低于凝固点温度以上时，过冷现象将变得十分严重，纯溶剂和溶液的冷却曲线将分别如图 2 中的曲线 (1) 和曲线 (2)。在这种情况下，应通过外推法求得凝固点温度：对纯溶剂冷却曲线 (1)，应以平台段温度为准；对溶剂冷却曲线 (2)，可以将固相的冷却曲线向上外推至液相段相交，并以此交点温度作为凝固 T_f'。

三、仪器与试剂

1. 仪器：SWC-LGD 凝固点实验装置（一体化）（南京桑力电子设备厂），采样计算机系统，Pt-100 温度传感器，低温恒温槽，电子天平，0.1℃刻度水银温度计，恒温夹套，凝固点管，移液管 (25mL)，称量瓶，大烧杯 (1000mL)，硅橡胶管，1mL 玻璃注射器及针头。

2. 试剂：萘，环己烷，未知样品，乙二醇（冷却循环液成分）。

凝固点实验装置如图 3 所示。

图 4 是 SWC-LGD 凝固点实验装置（一体化）的前面板示意图，各部件的功能说明如下所述。

图 3　凝固点实验装置

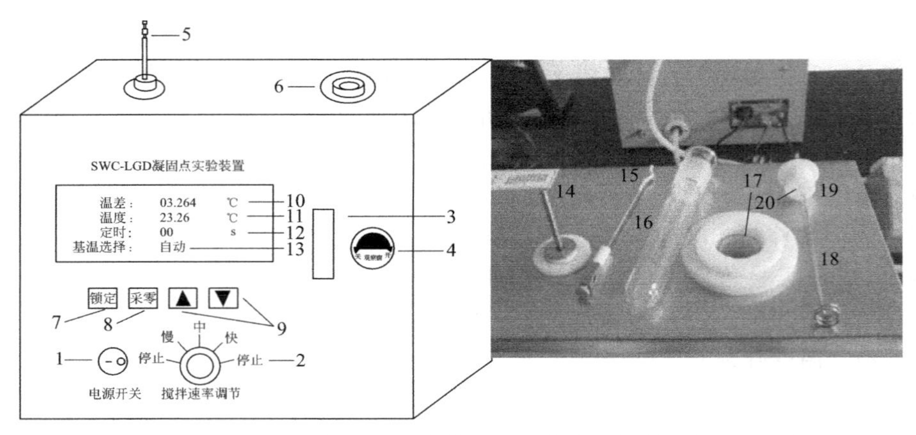

图 4　SWC-LGD 凝固点实验装置（一体化）的前面板示意图

1—电源开关。

2—搅拌速率调节旋钮。

3—样品管观察窗。

4—观察窗启闭旋钮。

5—搅拌器导杆。

6—凝固点测定。

7—锁定键：锁定选择的温差比较基准温度（简称基温）；按下此键，采零和基温自动选择均不起作用，基温选择为锁定状态。

8—采零键：用以消除仪表当时的温差值，使温差值显示“0.000”，按下采零键时的实际温度就是基温。

9—定时键：设定时间 0～99s 增减键。

10—温差显示：显示温差值，温差测量范围 19.999℃，温差值系指实际温度与基温的差值。

11—温度显示：显示传感器测得的实际温度值。

12—定时显示：显示设定的时间间隔。

13—基温选择：显示基温选择状态。在高精度测量温差的状态下，仪器不可能在全部温度范围内以这样高的精度显示绝对温度值，正如同无法在一根－20～100℃的温度计上刻线至0.001℃一样。仪器内置有一系列温差比较基准温度，分别为－20℃、0℃、20℃、40℃，“自动”状态表示仪器自动选择最接近实际温度的那个温差比较基准温度，并将两者的差值显示为温差数据，比如实际温度为15.36℃，则温差比较基准温度自动选择为20℃（注意：不是0℃，温差显示为－4.635℃）。“锁定”状态表示将仪器当前选择的基温固定并且不再改变，在全部温度测量范围内均采用这个基温作为温差比较基准温度，此时基温自动选择功能和采零功能均失效。

14—搅拌器导杆。

15—搅拌器横向连杆。

16—样品管。

17—恒温空气夹套。

18—搅拌棒。

19—样品管盖。

20—温度传感器插孔。

四、实验步骤

1. 检查电源、温度传感器接口和数据传输线串行口是否正确连接。开启低温恒温槽电源，调节温度为4.0℃左右。启动冷却剂循环泵，使冷却剂循环进入实验装置的恒温空气夹套中。

2. 用移液管准确吸取50mL环己烷，加入样品管，注意不要使环己烷溅在管壁上。将样品管盖和搅拌棒在样品管上装配好，一起小心地放入恒温空气夹套中（不要用力塞，以免挤碎玻璃磨口）。

3. 按图5方式连接搅拌器导杆和搅拌棒：先将搅拌器横向连杆的挂钩钩住搅拌棒上端的圆环，略微提起搅拌棒，再将横向连杆的尾端圆孔套入搅拌器导杆至导杆的凹槽处（上、下凹槽皆可），适当拧紧紧固螺丝使横向连杆能水平转动而不滑落。转动样品管盖到合适位置，使搅拌棒上下运行的阻力最小。

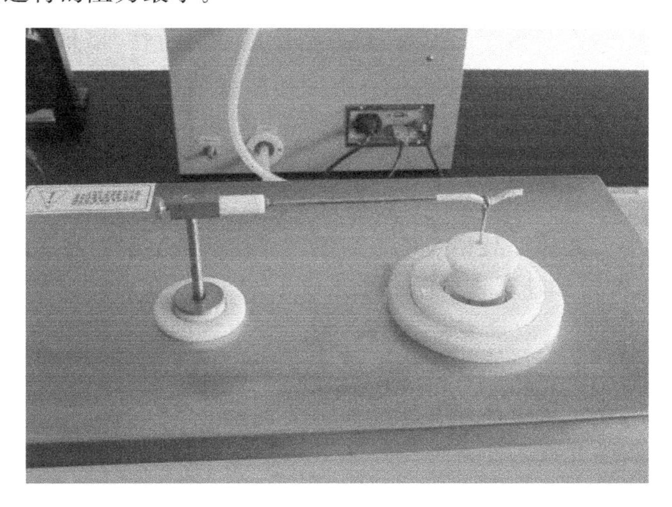

图5　搅拌棒与搅拌器导杆的连接方式

4. 将温度传感器放入样品管中，通过观察窗观察温度传感器在样品中的浸没深度，调节橡胶密封圈的高低，使温度传感器顶部离样品管底部5～10mm，且处于与样品管管壁平行的中心位置和搅拌棒的底部圆环内。放入温度传感器的动作要缓慢，同时观察其顶部位置，防止顶破样品管。

5. 开启凝固点实验装置电源，将搅拌速率调节旋钮先旋转至“慢”，观察搅拌动作是否顺畅，搅拌棒有无歪斜及剧烈摩擦等不良情况。如有无不良情况，停止搅拌，拧紧横向连杆的紧固螺丝。在计算机上点开“凝固点实验数据采集处理系统Ⅱ软件界面”，点击“设置-通信口-COM1”设定数据通信通道，点击“设置-设置坐标系-设定合适的温度-时间坐标值（纵坐标 T 范围 4～8℃，横坐标时间 90min）”。

6. 调节搅拌速率至“慢”，当样品温度降低到9.5℃以下后，按“锁定键”，使基温选择由“自动”变为“锁定”，基温固定为0℃。注意：自此开始的以下各实验步骤直至整个实验结束，基温选择均必须保持“锁定状态”，不得采零和重置基温。

7. 点击“数据通信-清屏-开始通信”，计算机开始实时采集温度-时间变化曲线（通信指示灯闪烁）。观察冷却曲线，温差值可先下降至过冷温度后再升高，此时温差显示值应稳定不变，此即为纯溶剂环己烷的凝固点温度。但是，由于种种原因造成溶剂不纯，温差显示值会缓慢变小，保持慢速搅拌，持续记录温差-时间曲线，直至样品开始结晶后60min。在此期间要注意观察搅拌连杆的运动状况，防止大块结晶导致连杆脱落卡死，如有这些情况发生应立即停止搅拌，松开连杆，手动上下拉动搅拌棒将大块结晶弄碎，然后继续进行实验。实验结束后，将搅拌速率调节旋钮拨至“停”，点击“数据通信-停止通信”，保存实验数据（用*.NGD和*.XLS两种文件格式分别保存）。

8. 松开横向连杆紧固螺丝，取出样品管，使样品自然升温融化，注意不要将温度传感器从样品管中拔出。将样品管放入恒温空气夹套中并连接好搅拌系统，调节搅拌速率至“慢”，重复上述过程。

9. 按附录中方法计算环己烷样品的纯度，并取平均值。

10. 松开横向连杆紧固螺丝，取出样品管，用手捂热，使管内固体完全融化。准确称取0.2～0.3g萘，投入样品管中，待其完全溶解后（注意管壁、搅拌棒和温度传感器上黏附的粉末），将样品管放入恒温空气夹套中并连接好搅拌系统，低温冷却剂温度适当调节到1～2℃。调节搅拌速率至“慢”。当实际温度显示为小于8℃以后，搅拌速度调节至“中”，记录温差-温度曲线，直至过冷结束后10min。由冷却曲线依次获得该溶液的凝固点温度。重复三次。松开横向连杆紧固螺丝，取出样品管，用手捂热，使管内固体完全融化，溶液倒入废液缸中回收。将样品管、搅拌棒和温度传感器清洗干净。

11. 领取未知样品一份，配制质量分数不大于1%的环己烷溶液，液体样品用注射器抽取，然后注入样品管中。未知样品加入量根据加入样品前后注射器与样品的质量，用差量法计算。按步骤10重新测定和计算该样品的摩尔质量。

12. 整理相关实验数据，记录实验表格，上传实验数据。关闭电源开关，关闭计算机。松开横向连杆紧固螺丝，取出样品管，用手捂热，使管内固体完全融化，溶液倒入废液缸中回收。将样品管、注射器、搅拌棒和温度传感器清洗干净。

注意事项：未经教师允许，不得将搅拌速率调节旋钮拨至“快”，以免损坏横向连杆和击碎样品管。

五、数据记录与处理

1. 实验数据记录于表1。

表1　实验数据记录表

室温：______；　　大气压：______

<table>
<tr><th rowspan="2">质量 m/g
(差量法称重)</th><th rowspan="2">环己烷体积
V/mL</th><th colspan="2">凝固点 T_f/℃</th><th rowspan="2">凝固点降低
ΔT_f/℃</th></tr>
<tr><th>纯溶剂</th><th>溶液</th></tr>
<tr><td>萘</td><td></td><td rowspan="2">1
2
3
平均</td><td>1
2
3
平均</td><td></td></tr>
<tr><td>未知样品</td><td></td><td>1
2
3
平均</td><td></td></tr>
</table>

2. 环己烷的凝固点为6.540℃，质量摩尔凝固点降低常数：$K_f=20.0\text{K}/(\text{kg}\cdot\text{mol})$。环己烷密度 $\rho_t(\text{g/cm}^3)=0.7971-0.8879\times10^{-3}t(℃)$，计算环己烷质量。

3. 根据附录中的方法计算环己烷中杂质的含量，并将其从后面的计算中扣除。

4. 计算萘的摩尔质量及误差范围，与按其分子式计算的摩尔质量比较，分析产生误差的原因。

5. 计算未知样品的摩尔质量，注明样品编号。

六、思考题

1. 为什么要控制过冷程度？如何控制过冷程度？

2. 列举凝固点降低公式的适用条件。为了提高实验的准确度，是否可以用增加溶质浓度的办法来增加 T 值。

七、附录

1. 溶剂中微量杂质的凝固点降低法测量

设已结晶的溶剂分数为 X。如果外界温度保持恒定，并且搅拌速度保持稳定，那么 X 就与结晶时间 t 呈线性关系。令

$$X=kt \tag{4}$$

式中，k 为一个常数。假定初始液体A中杂质B的摩尔分数为 x_B^i，则在时间 t 时，杂质B的摩尔分数变为

$$x_B^t=\frac{n_B}{(1-kt)n_A+n_B}\approx\frac{n_B}{(1-kt)n_A}\approx\frac{n_B}{(1-kt)(n_A+n_B)}=\frac{x_B^i}{1-kt} \tag{5}$$

因为稀溶液的条件为：$n_A\gg n_B$。

根据稀溶液的凝固点公式，在时间 t 时有

$$x_B^t = \frac{\Delta_S^l H_{m,A}^*}{RT_A^{*2}}(T_A^* - T_A) \tag{6}$$

式中，$\Delta_S^l H_{m,A}^*$ 为纯液体 A 的摩尔熔化焓；T_A^* 为纯液体 A 的凝固点温度；T_A 为在时间 t 时未结晶的液体 A 的分数为（$1-kt$）时的凝固点温度。由此得到初始液体 A 中杂质 B 的摩尔分数x_B^i 的表达式为

$$x_B^i = \frac{\Delta_S^l H_{m,A}^*}{RT_A^{*2}}(1-kt)(T_A^* - T_A) \tag{7}$$

实验测量的数据是 t-T_A 之间的关系。在上式中，$\dfrac{\Delta_S^l H_{m,A}^*}{RT_A^*}$可由纯 A 的性质决定，为一常数；未知量为$x_B^i$、$k$、$T_A^*$（括号中的$T_A^*$，指实验测量中应测出的纯 A 的凝固点温度，因为 A 本身不纯，因此在降温曲线上无法直接确定哪个温度是T_A^*）。

为求算出x_B^i，采用三实验点计算法，即等时间间隔地测定 $T_1=T(t_1)$、$T_2=T(t_1+\tau)$、$T_3=T(t_1+2\tau)$，求解联立方程组可得

$$x_B^i = \frac{\Delta_S^l H_{m,A}^*}{RT_A^{*2}} \frac{2\tau(T_1-T_2)(T_2-T_3)(T_1-T_3)}{[(T_2-T_3)-(T_1-T_2)][(t_1+2\tau)(T_2-T_3)-t_1(T_1-T_2)]} \tag{8}$$

测量t_1 应从过冷效应之后、结晶开始时开始（即从过冷后温度开始回升的瞬间开始计时），并且应在 $X=kt$ 的广大范围内，在固体和液体混合物充分搅拌一致的情况下进行。由测量值 t_1、τ、T_1、T_2、T_3 即可计算出液体 A 中的初始杂质含量 x_B^i，并可换算为杂质的质量摩尔浓度为

$$\begin{aligned} b_B^i &= \frac{x_B^i}{M_A} = \frac{\Delta_S^l H_{m,A}^*}{RT_A^{*2} M_A} \frac{2\tau(T_1-T_2)(T_2-T_3)(T_1-T_3)}{[(T_2-T_3)-(T_1-T_2)][(t_1+2\tau)(T_2-T_3)-t_1(T_1-T_2)]} \\ &= \frac{1}{K_f} \frac{2\tau(T_1-T_2)(T_2-T_3)(T_1-T_3)}{[(T_2-T_3)-(T_1-T_2)][(t_1+2\tau)(T_2-T_3)-t_1(T_1-T_2)]} \end{aligned} \tag{9}$$

式中，M_A 为纯 A 的摩尔质量；K_f 为纯液体 A 的凝固点降低系数。

2. 药品使用注意事项

本次实验使用的药品对人体皮肤、黏膜、眼睛等有损害，操作时应穿实验服，戴口罩、手套等。如发生皮肤沾染，用肥皂清洗沾染部位后，用水冲洗 10min 以上。离开实验室前务必洗手。

参考文献

[1] Matthews G P. Experimental physical chemistry [J] . Oxford: Clarendon Pr, 1985, 46-52.

[2] Moare J P. Freeging point measurement [J] . J Chem Educ, 1960, 37 (3) : 146-147.

[3] 金丽萍，邬时清 . 物理化学实验 [M] . 上海：华东理工大学出版社，2016.

[4] 许新华，王晓岗，王国平．物理化学实验 [M]．北京：化学工业出版社，2017.

实验七　溶解热的测定

一、实验目的

1. 用电加热补偿法测定硝酸钾在水中的积分溶解热与溶质浓度间的函数关系。
2. 由实验数据计算溶液的微分溶解热和积分稀释热。

二、实验原理

溶质溶解于溶剂中所产生的热效应称为溶解热，通常包括溶质晶格的破坏和溶质分子或离子的溶剂化。其中，晶格的破坏常为吸热过程，溶剂化常为放热过程，总的热效应的大小和方向由这两个热量的相对大小所决定。温度、压力以及溶质、溶剂的性质、用量等都是影响溶解热大小的因素。对溶质在纯溶剂或者溶液中的溶解过程伴随的热效应的定量研究，已经通过引入积分溶解热和微分溶解热的概念而得到系统化的分析。

积分溶解热 $\Delta H_{\mathrm{I.S.}}$（I. 表示 intergral，积分；S. 表示 solution，溶液）与溶液浓度有关。某个特定浓度时的积分溶解热定义为：恒温恒压下，1mol 溶质溶解在 $n$mol 的纯溶剂中形成该浓度溶液的过程中产生的热效应。因为压力是恒定的，若只考虑系统做体积功，则反应热即为焓变。由此可知，在水中的 $\Delta H_{\mathrm{I.S.}}$ 就等于下面过程的焓变：

$$KNO_3(s)+nH_2O(l)=\!=\!=[KNO_3,nH_2O]$$

符号 $[KNO_3,nH_2O]$，表示 1mol KNO_3 溶于 $n$mol H_2O 所形成的溶液。例如，在 T、p 恒定条件下，1mol KNO_3 溶于 500g H_2O 过程的热就是 $2\mathrm{mol/dm^3}$ 浓度溶液的积分溶解热。

微分溶解热的定义为：$\left[\dfrac{\partial(\Delta H_{\mathrm{S}})}{\partial n_2}\right]_{T,P,n_1}$。

ΔH_{S} 是在 T、p 恒定条件下，n_2 mol 溶质溶于 n_1 mol 溶剂过程的焓变；根据积分溶解热定义，$\Delta H_{\mathrm{I.S.}}$ 应为 1mol 溶质溶解在（n_1/n_2）mol 溶剂中时发生的热效应，则 $\Delta H_{\mathrm{S}}=n_2\Delta H_{\mathrm{I.S.}}$。微分溶解热可以看作 T、p 恒定条件下，将 1mol 溶质溶于某一确定浓度的无限量的溶液中产生的热效应，由于溶液的数量巨大，多加入 1mol 溶质不会改变溶液的浓度。

假定在 T、p 恒定条件下，1000g（体积为 $1\mathrm{dm^{-3}}$）水中已经溶解有 m mol 溶质，溶液摩尔浓度为 $c=m$ $\mathrm{mol/dm^3}$，此时向该溶液中再加入极微量的 dm mol 溶质，所引起的焓变为 $\mathrm{d}(m\Delta H_{\mathrm{I.S.}})$。根据微分溶解热的定义：

$$\left[\frac{\partial(\Delta H_{\mathrm{S}})}{\partial n_2}\right]_{T,p,n_1}=\left[\frac{\partial(m\Delta H_{\mathrm{I.S.}})}{\partial m}\right]_{T,p,n_1}=\left[\frac{\partial\left(\dfrac{m}{V}\Delta H_{\mathrm{I.S.}}\right)}{\partial\left(\dfrac{m}{V}\right)}\right]_{T,p,n_1}=\left[\frac{\partial(c\Delta H_{\mathrm{I.S.}})}{\partial c}\right]_{T,p} \tag{1}$$

上式可以展开为：

$$\left[\frac{\partial(\Delta H_{S})}{\partial n_{2}}\right]_{T,p,n_{1}}=\Delta H_{I.S.}+c\left[\frac{\partial(\Delta H_{I.S.})}{\partial c}\right]_{T,p} \tag{2}$$

该方程右边两项均与溶质的浓度有关，因此微分溶解热也是溶液浓度的函数。

当溶质的数量不变时，向溶液中加入溶剂就产生稀释作用（或冲淡作用），其热效应可以用积分稀释热（积分冲淡热）和微分稀释热（微分冲淡热）进行度量。

积分稀释热的定义是：恒温恒压下，向含有1mol溶质、浓度为c_1的溶液中加入足够量的溶剂，使得溶液浓度变为c_2，该过程的热效应称为在浓度c_1、c_2之间的积分稀释热，符号为$\Delta H_{I.D.,c_1\rightarrow c_2}$（I表示intergral，积分，D表示dilution，稀释液）。根据焓函数是状态函数的性质，显然有

$$\Delta H_{I.D.,c_1\rightarrow c_2}=\Delta H_{I.S.}(c_2)-\Delta H_{I.S.}(c_1) \tag{3}$$

微分稀释热的定义为：

$$\left[\frac{\partial(\Delta H_{S})}{\partial n_{1}}\right]_{T,p,n_{2}}$$

其中各项变量的定义与前文中相同。

显然是溶剂、溶质数量的函数，则其全微分为：

$$d(\Delta H_{S})=\left[\frac{\partial(\Delta H_{S})}{\partial n_{1}}\right]_{T,p,n_{2}}dn_1+\left[\frac{\partial(\Delta H_{S})}{\partial n_{2}}\right]_{T,p,n_{1}}dn_2 \tag{4}$$

在组成不变的条件下对上式积分，$\left[\frac{\partial(\Delta H_{S})}{\partial n_{1}}\right]_{T,p,n_{2}}$、$\left[\frac{\partial(\Delta H_{S})}{\partial n_{2}}\right]_{T,p,n_{1}}$均为常数，则

$$\Delta H_{S}=\left[\frac{\partial(\Delta H_{S})}{\partial n_{1}}\right]_{T,p,n_{2}}n_1+\left[\frac{\partial(\Delta H_{S})}{\partial n_{2}}\right]_{T,p,n_{1}}n_2 \tag{5}$$

两边同时除以n_2，得到

$$\frac{\Delta H_{S}}{n_2}=\left[\frac{\partial(\Delta H_{S})}{\partial n_{1}}\right]_{T,p,n_{2}}\frac{n_1}{n_2}+\left[\frac{\partial(\Delta H_{S})}{\partial n_{2}}\right]_{T,p,n_{1}} \tag{6}$$

定义$\frac{n_1}{n_2}=n_0$，则

$$\Delta H_{I.S.}=\left[\frac{\partial(\Delta H_{S})}{\partial n_{1}}\right]_{T,p,n_{2}}n_0+\left[\frac{\partial(\Delta H_{S})}{\partial n_{2}}\right]_{T,p,n_{1}} \tag{7}$$

积分溶解热$\Delta H_{I.S.}$可由实验测定，由不同浓度下的$\Delta H_{I.S.}$-n_0关系可以推算微分溶解热、微分稀释热和积分稀释热。

在图1中，AC线是$\Delta H_{I.S.}$-n_0曲线在A点的切线，斜率为对应该浓度溶液的微分稀释热。

$$\left[\frac{\partial(\Delta H_{S})}{\partial n_{1}}\right]_{T,p,n_{2}}=\frac{AD}{CD} \tag{8}$$

而切线的截距就是微分溶解热，即

$$\left[\frac{\partial(\Delta H_{S})}{\partial n_{2}}\right]_{T,p,n_{1}}=OC \tag{9}$$

从$n_{0,1}\rightarrow n_{0,2}$的稀释过程的积分稀释热为：

$$\Delta H_{I.D.,n_{0,1}\rightarrow n_{0,2}}=BG-EG \tag{10}$$

由图1可知，积分溶解热随n_0而变化，当n_0很大时，积分溶解热趋于不变。随n_0的

增加，微分稀释热 $\left[\frac{\partial(\Delta H_S)}{\partial n_1}\right]_{T,p,n_2}$ 减小，微分溶解热 $\left[\frac{\partial(\Delta H_S)}{\partial n_2}\right]_{T,p,n_1}$ 增加。当 $n_0 \to \infty$ 时，微分稀释热为 0，微分溶解热为积分溶解热。

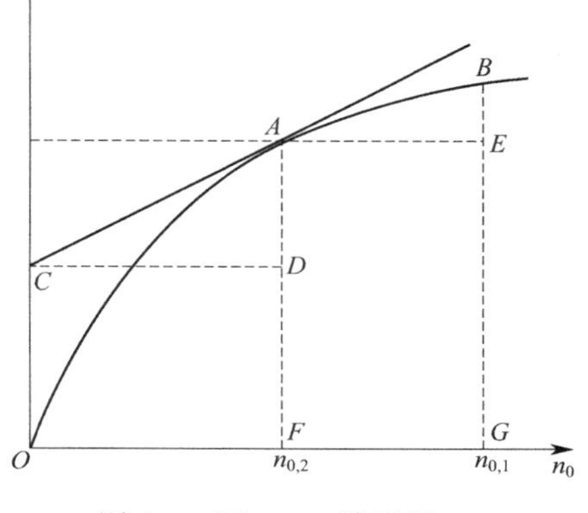

图 1 $\Delta H_{I.S.}$-n_0 关系图

欲求溶解过程的各种热效应，应先测量各种浓度下的积分溶解热。本实验测量硝酸钾溶解在水中的溶解热。硝酸钾在水中的溶解过程是吸热过程，当系统绝热时（如实验在杜瓦瓶中进行），系统温度的下降可以由电加热方法予以恢复初始温度，而溶解热就等于系统恢复所吸收的电加热能量 $IVt = I^2Rt$。本实验展示了吸热反应在量热学测量方面的独特优势。当反应吸收热量后，系统的冷却效应可以用电加热的方法予以平衡补偿，从而保持系统温度不变。因此，在研究过程中，我们就不需要知道量热计和溶液的比热容值，后者与温度、浓度等各种因素有关，很难计算和测量。所以，电加热补偿法比常规的绝热量热法更加方便。本实验数据的采集和处理均可由计算机自动完成。

三、仪器与试剂

SWC-RJ 溶解热（一体化）测定装置（包括杜瓦瓶、电加热器、Pt-100 温度传感器、电磁搅拌器、SWC-ⅡD 数字温度温差仪、数据采集接口及溶解热 2.50 软件）（南京桑力电子设备厂），配套计算机，电子天平（精度 0.0001g）、台秤（精度 0.1g）、研钵 1 只、干燥器 1 只、小漏斗 1 只、小毛刷 1 把、秒表 1 只、称量瓶 8 只，硝酸钾（AR）、去离子水。

图 2 是 SWC-RJ 溶解热（一体化）测定装置的实物图。Pt-100 温度传感器接口在仪器后面板上。

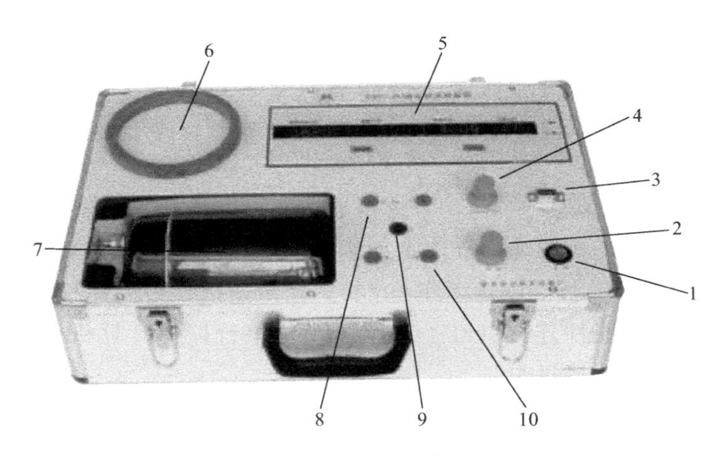

图 2 SWC-RJ 溶解热（一体化）测定装置

1—电源开关；2—调速旋钮；3—串行口；4—加热功率旋钮；5—显示面板；6—电磁搅拌器；7—杜瓦瓶和加热器；8—正极接线柱；9—接地接线柱；10—负极接线柱

将杜瓦瓶和加热器取出放置在电磁搅拌器上后，仪器的前面板如图 3 所示。

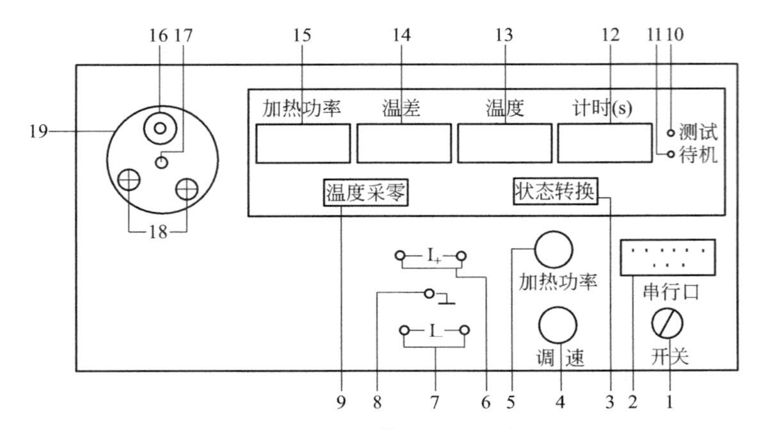

图 3 SWC-RJ 溶解热（一体化）测定装置前面板示意

1—电源开关；2—串行口：计算机接口，根据需要与计算机连接；3—状态转换键：测试与待机状态之间的转换；4—调速旋钮：调节磁力搅拌器的转速；5—加热功率旋钮：根据需要调节所需输出加热的功率；6—正极接线柱：负载的正极接入处；7—负极接线柱：负载的负极接入处；8—接地接线柱；9—温度采零：在待机状态下，按下此键对温差进行清零；10—测试指示灯：灯亮表明仪器处于测试工作状态；11—待机指示灯：灯亮表明仪器处于待机工作状态；12—计时显示窗口：当仪器进入测试状态时，计时器开始工作；13—温度显示窗口：显示被测物的实际温度值；14—温差显示窗口：显示温差值；15—加热功率显示窗口：显示输出的加热功率值；16—加料口；17—传感器插入口；18—加热丝引出端；19—固定架：固定溶解热反应器

四、实验步骤

1. 将 8 个称量瓶编号。

2. 将硝酸钾（约 30g）进行研磨，再烘干，放入干燥器中备用。

3. 分别称量约 2.5g、1.5g、2.5g、3.0g、3.5g、4.0g、4.0g、4.5g 硝酸钾，放入 8 个称量瓶中。称量方法：首先用 0.1g 精度的台秤，在每个称量瓶中加入需要量的硝酸钾；然后在 0.0001g 精度的电子天平上，分别称量每份样品（硝酸钾＋称量瓶）的精确重量；称好后放入干燥器中备用。在将硝酸钾加入水中时，不必将硝酸钾完全加入，称量瓶中残留的少量硝酸钾通过后面的称量予以去除。也可以用称量纸直接称量，并做好编号标记，注意将较大的硝酸钾颗粒剔除，以免堵塞加料漏斗管口，影响实验结果。

4. 使用 0.1g 精度天平称量 216.2g 去离子水放入杜瓦瓶内，放入磁力搅拌磁子，拧紧瓶盖，将杜瓦瓶置于搅拌器固定架上（注意加热器的电热丝部分应全部位于液面以下）。

5. 用电源线将仪器后面板的电源插座与 220V 电源连接，用配置的加热功率输出线将加热线引出端与正、负极接线柱连接（红-红、蓝-蓝），串行口与计算机连接，Pt-100 温度传感器接入仪器后面板传感器接口中。

6. 将温度传感器擦干置于空气中，将 O 形圈套入传感器，调节 O 形圈使传感器浸入蒸馏水约 100mm，把传感器探头插入杜瓦瓶内（注意：不要与瓶内壁相接触）。

7. 打开电源开关，仪器处于待机状态，待机指示灯亮，如图 4 所示。

8. 启动计算机，启动溶解热 2.50 软件，选择数据采集及计算窗口，如果默认的坐标系不能满足我们绘图的要求，点击“设置”“设置坐标系”，重新设置合适的坐标系，否则绘制的图形不能完整地显示在绘图区。在此窗口的坐标系中纵轴为温差，横轴为时间。

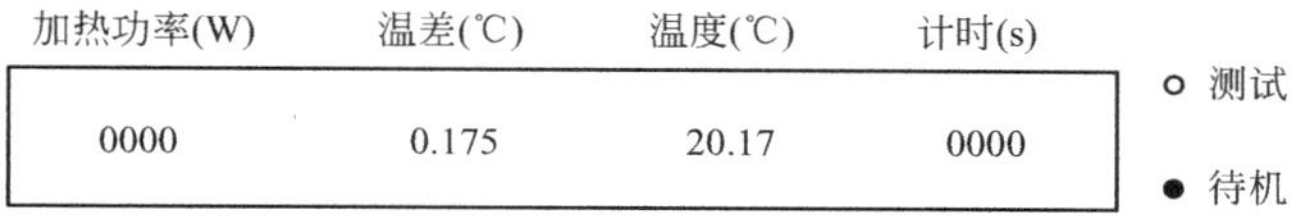

加热功率(W)	温差(℃)	温度(℃)	计时(s)
0000	0.175	20.17	0000

○ 测试

● 待机

图4 待机状态

9. 根据自己的计算机选择串行口。在“设置”“串行口”中选择COM1（串行口1，默认口）或COM2（串行口2）。

10. 按下状态转换键，使仪器处于测试状态（即工作状态，工作指示灯亮）。调节加热功率调节旋钮，使功率$P=1.5W$左右。调节调速旋钮使搅拌磁子为实验所需要的转速。观察水温的测量值，控制加热时间，使得水温最终高于环境温度0.5℃左右（因加热器开始加热初时有一滞后性，故当水温超过室温0.4℃后，即可按下状态转换键，使仪器处于待机状态，停止加热）。

11. 观察水温的变化，当在1min内水温波动低于0.02℃时，即可开始测量。点击“操作”“开始绘图”，仪器自动清零，立刻打开杜瓦瓶的加料口，插入小漏斗，按编号加入第一份样品，盖好加料口塞，软件开始绘制曲线，在数据记录表格中填写所需数据，观察温差的变化或软件界面显示的曲线，等温差值回到零时，加入第二份样品，依次类推，加完所有的样品。注：如手工绘制曲线图时，每加一份料前仪器必须清零，加料时同步记录计时时间。

12. 最后一份样品的温差值回到零后，实验完毕，先停止软件绘图，点击“操作”“停止绘图”命令。保存实验数据和实验曲线。

13. 实验结束，按状态转换键，使仪器处于待机状态。将加热功率调节旋钮和调速旋钮左旋到底，关闭电源开关，拆去实验装置。上传实验数据和实验曲线至实验中心网站，关闭计算机。清理台面和清扫实验室。

五、数据记录及处理

1. 计算积分溶解热和摩尔比值

（1）启动溶解热2.50软件，在数据采集及计算窗口里，打开保存的实验数据，输入每组样品的质量、分子量、水的质量、电流和电压值（或功率值），注意顺序不能搞错，否则结果不正确。

（2）点击“操作”“计算”“Q、n值”命令，软件自动计算出时间、积分溶解热（软件显示为Q）和摩尔比值（软件显示为n）。

2. 计算其他反应热

（1）在溶解热Q-N曲线图窗口中，输入8组点坐标。人工输入：点击“操作”，输入点坐标，然后手工输入前面软件处理计算的Q、n值；软件自动输入：点击“操作”“自动输入”，软件自动将数据采集及计算窗口处理的最终数据输入到填写坐标区域内。

（2）点击“操作”“绘Q-N曲线”命令，计算机根据8个坐标值拟合一条曲线。

（3）若实验误差过大，可通过“操作”“校正Q-N曲线”命令进行校正。

（4）点击“操作”“计算”“反应热”命令，输入相应物质的量值，软件自动计算出微分溶解热、微分稀释热和积分稀释热。

(5) 求出 n_0＝80、100、200、300 和 400 处的微分溶解热和微分稀释热，以及 n_0 从 80→100，100→200，200→300，300→400 的积分稀释热。保存并输出。

3. 手工计算 (若无计算机处理)

(1) 计算 n_{H_2O}。

(2) 计算每次加入硝酸钾后的累计质量 m_{KNO_3} 和通电时间 t。

(3) 计算每次溶解过程中的热效应。

$$Q = IUt = Kt(J) \tag{11}$$

式(11) 中

$$K = IU \tag{12}$$

(4) 将计算出的 Q 值进行换算，求出当把 1mol 硝酸钾溶于 n_0 mol 水中的积分溶解热 $\Delta H_{I.S.}$：

$$\Delta H_{I.S.} = \frac{Q}{n_{KNO_3}} = \frac{Kt}{m_{KNO_3}/M_{KNO_3}} = \frac{101.1Kt}{m_{KNO_3}} \tag{13}$$

(5) 将以上数据列表并作 $\Delta H_{I.S.}$-n_0 图，从图中求出 n_0＝80、100、200、300 和 400 处的微分溶解热和微分稀释热。以及 n_0 从 80→100，100→200，200→300，300→400 的积分稀释热。

六、思考题

1. 本实验装置是否适用于放热反应的热效应的测定？
2. 利用本实验装置能否测定溶液的比热容？
3. 请设计由测定溶解热的方法求 $CaCl_2(s) + 6H_2O(l) = CaCl_2 \cdot 6H_2O(s)$ 的反应热。

七、附录

药品使用注意事项：硝酸钾是强氧化剂，与有机物接触能引起燃烧和爆炸。若不慎触碰到皮肤，应用大量水冲洗。废液倒入指定的废液桶中。操作者需穿实验服、戴口罩、手套等。

参考文献

[1] 郑传明，吕桂琴．物理化学实验 [M]．北京：北京理工大学出版社，2015.
[2] 邱金恒，孙尔康，吴强．物理化学实验 [M]．北京：高等教育出版社，2010.
[3] 许新华，王晓岗，王国平．物理化学实验 [M]．北京：化学工业出版社，2017.

实验八　氨基甲酸铵分解反应热力学函数的测定

一、实验目的

1. 通过本实验学习用等压法测定氨基甲酸铵的分解平衡压力的方法。

2. 通过本实验计算等压反应热效应 $\Delta_r H_m^\ominus$、$\Delta_r G_m^\ominus$、$\Delta_r S_m^\ominus$。

二、实验原理

氨基甲酸铵（NH_2COONH_4）是一种白色固体，受热容易分解，在密闭体系中反应很容易达到平衡。其分解平衡可用下式表示：

$$NH_2COONH_4(s) \rightleftharpoons 2NH_3(g) + CO_2(g) \tag{1}$$

在实验条件下，可以把气体看成理想气体，则反应的标准平衡常数可表示为：

$$K_p^\ominus = \left[\frac{p(NH_3)}{p^\ominus}\right]^2 \left[\frac{p(CO_2)}{p^\ominus}\right] \tag{2}$$

式中，$p(NH_3)$、$p(CO_2)$ 分别为 NH_3、CO_2 的分压；$p^\ominus$ 为标准大气压。

体系的总压 p 等于 $p(NH_3)$ 和 $p(CO_2)$ 之和：

$$p = p(NH_3) + p(CO_2) \tag{3}$$

根据化学反应式可得：

$$p(NH_3) = \frac{2}{3}p \tag{4}$$

$$p(CO_2) = \frac{1}{3}p \tag{5}$$

代入式(2) 得：

$$K_p^\ominus = \frac{4}{27}\left(\frac{p}{p^\ominus}\right)^3 \tag{6}$$

因此，通过测定体系达到平衡时的总压力 p 即可计算出平衡常数$K_p^\ominus$。

温度对平衡常数的影响可用范特荷夫等压方程表示：

$$\frac{d\ln K_p^\ominus}{dT} = \frac{\Delta_r H_m^\ominus}{RT} \tag{7}$$

式中，T 为热力学温度；$\Delta_r H_m^\ominus$ 为等压反应热效应。由式(7) 积分：

$$\ln K_p^\ominus = -\frac{\Delta_r H_m^\ominus}{RT} + C \tag{8}$$

式中，C 为积分常数。大量实验证明，当温度变化范围不大时，$\Delta_r H_m^\ominus$ 可视为常数，即若以 $\ln K_p^\ominus$ 对 T^{-1} 作图应为一直线（图 1 ）。其斜率为$-\dfrac{\Delta_r H_m^\ominus}{R}$，由此可求 $\Delta_r H_m^\ominus$。

根据某温度下的平衡常数 $K_p^\ominus$，可按式(9) 计算该温度下的反应标准自由能变化 $\Delta_r G_m^\ominus$：

$$\Delta_r G_m^\ominus = -RT\ln K_p^\ominus \tag{9}$$

在一定温度下：

$$\Delta_r G_m^\ominus = \Delta_r H_m^\ominus - T\Delta_r S_m^\ominus \tag{10}$$

$$\Delta_r S_m^\ominus = (\Delta_r H_m^\ominus - \Delta_r G_m^\ominus)/T \tag{11}$$

利用实验温度范围内反应的平均等压热效应（$\Delta_r H_m^\ominus$）和某温度常数与温度的关系下的标准自由能变化（$\Delta_r G_m^\ominus$）近似地计算出该温度下的标准熵变（$\Delta_r S_m^\ominus$）。

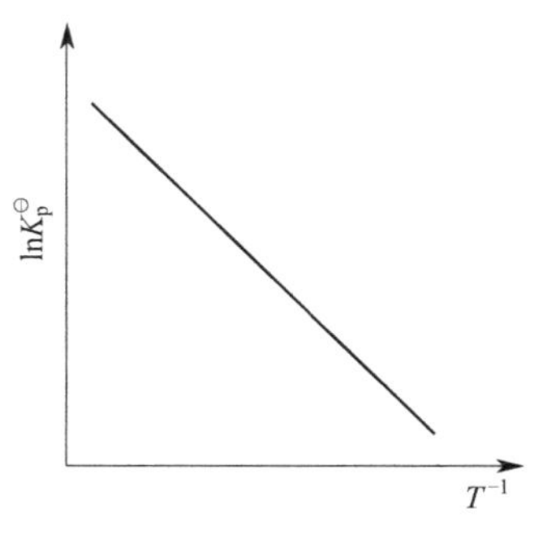

图 1　$\ln K_p^\ominus$ 与T^{-1} 的线性

由实验测出一定温度范围内某温度下反应体系的平衡压力，便可由式(6)、(9)、(10)、(11) 分别求出平衡常数 $K_p^{\ominus}$ 及热力学函数 $\Delta_r H_m^{\ominus}$、$\Delta_r G_m^{\ominus}$、$\Delta_r S_m^{\ominus}$。本实验用图 2 装置测定氨基甲酸铵分解反应达到平衡时反应体系的总压力。等压计 U 形管两臂以硅油做封闭液。当两臂的液面处于同一水平时，压力计的读数即为反应体系的总压力。

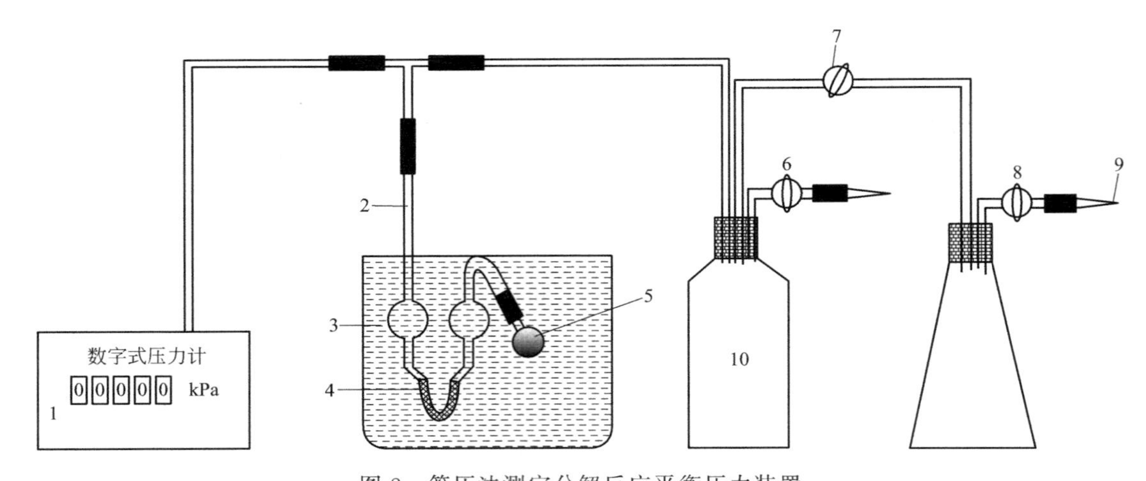

图 2　等压法测定分解反应平衡压力装置

1—压力计；2—平衡管；3—恒温水；4—硅油；5—氨基甲酸铵；6～8—活塞；9—尖嘴；10—安全瓶

三、仪器与试剂

1. 仪器：等压力法测定分解反应平衡压力的装置，真空泵，恒温水浴器。
2. 试剂：氨基甲酸铵。

四、实验步骤

1. 检查系统气密性，将烘干的小球泡（装氨基甲酸铵用）与系统连接好，关闭进气活塞 6，打开抽气活塞 7 与放空活塞 8，这时真空泵与系统连接。开动真空泵，将系统中的空气排出，几分钟后关闭活塞 7，停止抽气。待 10min 后，若压力计读数保持不变，则表示系统不漏气。否则应仔细检查，消除漏气原因。

2. 取下小球泡，将氨基甲酸铵粉末装入盛样小球中，并将盛样小球重新安装好（注：盛样小球重新安装好后，应注意检查系统的气密性，否则抽气时不仅会导致空气进入反应体系，达不到一定的真空度，甚至会将恒温水吸入系统）。然后将等压计放在盛恒温水的大烧杯中，大烧杯置于恒温水浴器上，使恒温水能够循环（注：氨基甲酸铵的分解反应是吸热反应，反应热效应很大，温度对平衡常数的影响很大。实验中必须严格控制恒温水的温度，使温度波动小于 ±0.1℃，等压计必须全部浸入恒温水液面以下，恒温水要进行循环，否则水浴温度不稳定）。调节恒温水的温度至比室温高 2℃左右。

3. 重新启动真空泵，将系统中的空气排出，约 10min 后可认为残留的空气分压已降至实验误差以下，不影响测试结果，关闭活塞 7 停止抽气。确信系统不漏气后，通入恒温水。小心开启活塞 6，视反应激烈程度，将空气逐渐、分次、缓缓放入系统，既不能使反应体系中产生的气体逸出反应体系，也不能使空气通过硅油而进入反应体系，如果空气进入反应体系中，则必须重新抽真空排除空气。当等压计U形管两臂油面平齐时，暂停加气；反应一段时间后，若不再放入空气，等压计两端硅油液面高度保持不变，压力计读数也保持不变，即可认为该温度下反应已达到平衡，记录压力计的读数及恒温水的温度。

4. 用同样方法，每次升高3～4℃，测定不同温度下反应体系的平衡压力。至少测5组数据（表2）。

5. 试验完毕后，将空气缓缓放入系统，直至系统压力与外压相等。

五、数据记录与处理

1. 根据表1数据绘制压力-温度曲线。

表1 实验数据记录表

温度/℃	
压力/kPa	

2. 由式(6)计算25℃、30℃、35℃时的平衡常数$K_p^\ominus$。

3. 以$\ln K_p^\ominus$对T^{-1}作图，按式(8)由斜率求平均等压反应热效应$\Delta_r H_m^\ominus$。

4. 按式(10)及式(11)计算25℃、30℃、35℃的标准自由能变$\Delta_r G_m^\ominus$及标准熵变$\Delta_r S_m^\ominus$。

表2 实验数据处理结果

T/K	T^{-1}	平衡压力/Pa	$K_p^\ominus$	$\ln K_p^\ominus$	$\Delta_r H_m^\ominus$/(kJ/mol)	$\Delta_r G_m^\ominus$/(kJ/mol)	$\Delta_r S_m^\ominus$/(kJ/mol)
298							
303							
308							
313							
318							

六、思考题

1. 应该怎样选择等压计的密封液？
2. 为什么在实验中不能使空气混入反应体系？
3. 本实验与乙醇的饱和蒸气压测定相比，其操作方法有何不同？

七、附录

药品的注意事项：氨基甲酸铵为有毒物品，毒性分级为中毒，操作者需穿实验服，戴口罩、手套等。

参考文献

[1] 刘颖，柳翱，于宝杰．一种新的氨基甲酸铵分解平衡实验装置［J］．吉林工学院学报（自然科学版），2002(02)：30-32.

[2] 叶勇，文军，糜亮，等．铵盐热分解平衡压力测量装置，CN106769645A [P]．2017.

实验九　电解质溶液的电导率测定

一、实验目的

1. 掌握电导率仪的使用方法。
2. 通过实验验证强、弱电解质溶液电导率与浓度的关系。
3. 掌握电导法测定弱电解质的电离平衡常数的原理和方法。

二、实验原理

导电物体的电阻 R 与该物体的长度 l 成正比、与其横截面积 A 成反比

$$R=\rho\frac{l}{A} \tag{1}$$

常数 ρ 称为电阻率（单位：$\Omega\cdot m$），其倒数 κ 称为电导率（单位 $\Omega^{-1}\cdot m^{-1}$ 或 S/m），而电阻的倒数称为电导 L（单位：Ω^{-1} 或 S）。一般对金属导体使用电阻率的概念，而对电解质使用电导率的概念。上述物理量之间的关系可以重新表达为：

$$R=\rho\frac{l}{A}=\frac{l}{\kappa A}=\frac{1}{L} \tag{2}$$

$$\kappa=\frac{1}{R}\times\frac{l}{A}=\frac{l}{A}L \tag{3}$$

如果需要测定一个溶液的电导率，必须首先测定电导池的几何尺寸，即 l 和 A。这可以采用已知电导率溶液标定的方法，常用的标定溶液为 KCl 溶液。由此得到的标定数据称为电导池常数 $K_{池}$

$$K_{池}=\frac{l}{A}=\kappa_{已知}R_{已知} \tag{4}$$

电导池常数在电导电极出厂前已经经过标定，但是在电极使用过程中仍然会发生变化，因此必须经常进行核查。由于实验中更多地采用了电导率仪，因此也可以在电导率仪上进行电导池常数的复核工作。在电导池常数已经确定的情况下，使用电导率仪就可以很方便地测定电解质溶液的电导率，水的电导率应从电解质溶液电导率的测定值中扣除。图 1 为氯化钾溶液和乙酸溶液的电导率与溶液浓度的关系。

由于电解质溶液的电导率与浓度的相关性很强，因此电导率并不是比较各种电解质导电能力的合适指标。因此我们引入摩尔电导率 Λ_m［单位：$(S\cdot m^2)/mol$］，定义为：

$$\Lambda_m=\frac{\kappa}{c} \tag{5}$$

实验测定的 KCl 和 HAc 的摩尔电导率与浓度的关系如图 2 所示。

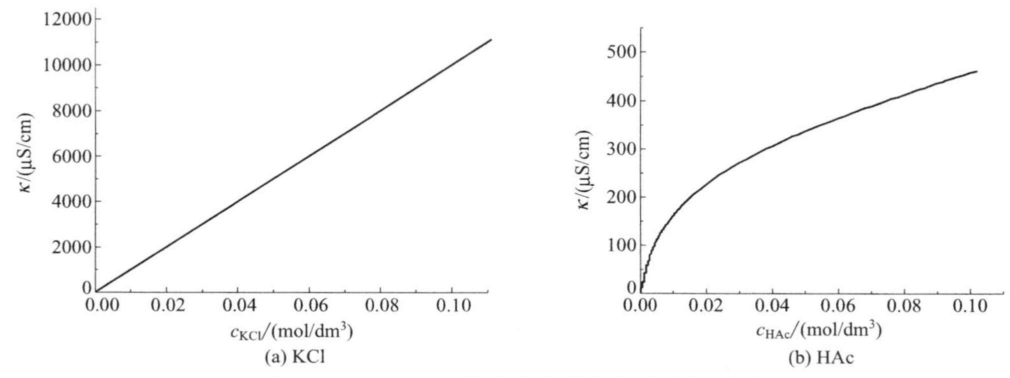

图 1　KCl 和 HAc 溶液的电导率与浓度的关系

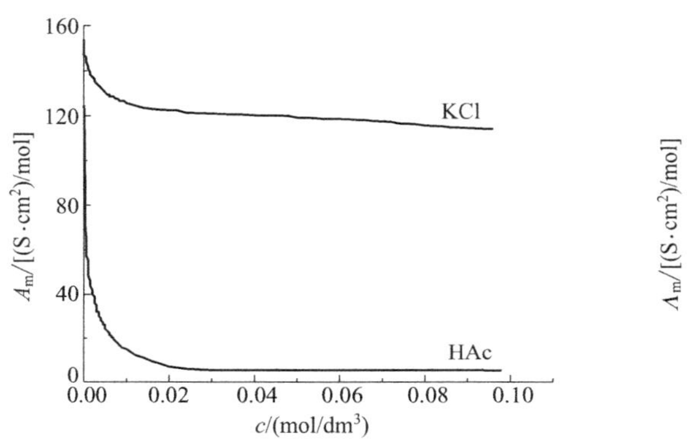

图 2　KCl 和 HAc 溶液的摩尔电导率与浓度的关系

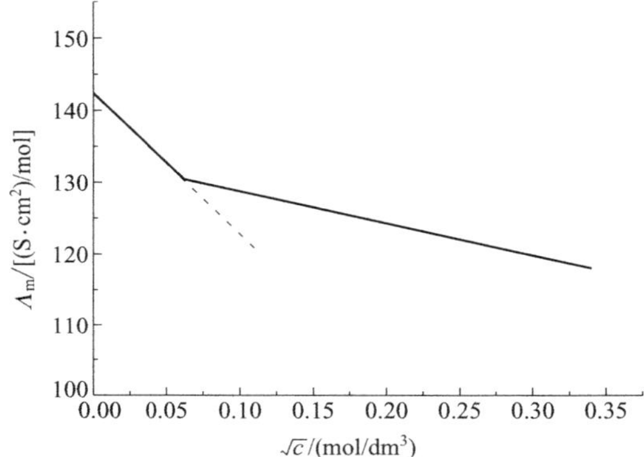

图 3　KCl 溶液的 Kohlrausch 定律

随着溶液的不断稀释，摩尔电导率趋向一个极限值 Λ_∞，称为极限摩尔电导率。Kohlrausch 发现，对于强电解质溶液，摩尔电导率与浓度的依赖关系可以表示为如下的经验公式：

$$\Lambda_m = \Lambda_\infty - \kappa\sqrt{c} \tag{6}$$

根据 Kohlrausch 定律，Λ_m-$\sqrt{c}$ 作图应得到一条直线，该直线与纵坐标的交点即为极限摩尔电导率 Λ_∞（图 3）。

弱电解质的极限摩尔电导率无法用外推法求出，但是可以用 Kohlrausch 离子独立移动定律进行计算：

$$\Lambda_\infty = v^+\lambda_+^\infty + v^-\lambda_-^\infty \tag{7}$$

λ_+^∞、λ_-^∞ 分别是正、负离子的极限摩尔电导率。

弱电解质是不完全解离的，因此其电导率比强电解质要低。弱电解质的解离度可以用摩尔电导率与极限摩尔电导率的比值来表示

$$\alpha = \frac{\Lambda_m}{\Lambda_\infty} \tag{8}$$

根据 Ostwald 稀释定律，对于乙酸的电离过程，其经验平衡常数可以表示为

$$K = \frac{\alpha^2 c}{1-\alpha} = \frac{\Lambda_m^2 c}{(\Lambda_\infty - \Lambda_m)\Lambda_\infty} \tag{9}$$

重新整理得到

$$\frac{1}{\Lambda_m} = \frac{1}{\Lambda_\infty} + \frac{\Lambda_m c}{K\Lambda_\infty^2} \tag{10}$$

以$\frac{1}{\Lambda_m}$-$\Lambda_m c$ 作图可以得到一直线（图 4），由直线的截距就可求出弱电解质的极限摩尔电导率，进而求出弱电解质的解离度和电离过程经验平衡常数 K。

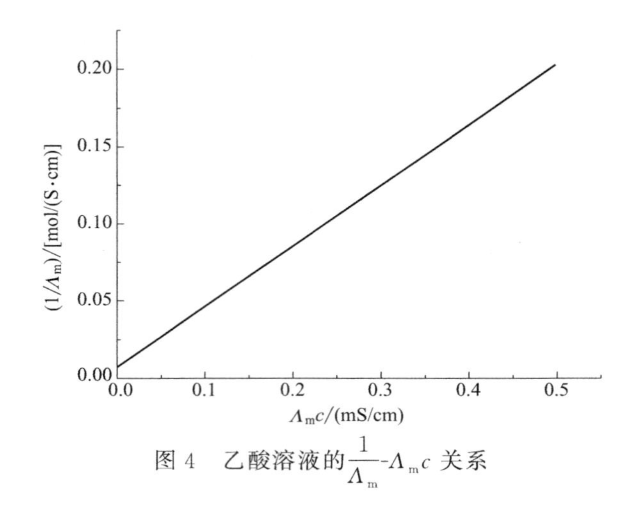

图 4　乙酸溶液的$\frac{1}{\Lambda_m}$-$\Lambda_m c$ 关系

三、仪器与试剂

1. 仪器：电导率仪、电导电极、电子天平（精度 0.0001g）、恒温水槽、低温恒温水槽（公用）、250mL 容量瓶 4 只、500mL 容量瓶 4 只、25mL 定容移液管 2 支、5mL 定容移液管 2 支、1mL 定容移液管 1 支、洗瓶、洗耳球。

2. 试剂：KCl、1mol/L 乙酸溶液、去离子水。

四、实验步骤

1. 配制 KCl 溶液

（1）0.1mol/L KCl 溶液：准确称取 1.8638g 经预先干燥的 KCl，加水溶解后定量转移至 250mL 容量瓶中，置于 25.0℃恒温水槽中恒温，用 25.0℃的水稀释至刻度摇匀。

（2）0.05mol/L KCl 溶液：准确称取 0.9319g 经预先干燥的 KCl，加水溶解后定量转移至 250mL 容量瓶中，其余步骤同（1）。

（3）0.01mol/L KCl 溶液：准确移取 25mL 0.1mol/L KCl 溶液于 250mL 容量瓶中，其余步骤同（1）。

（4）0.005mol/L KCl 溶液：准确移取 25mL 0.05mol/L KCl 溶液于 250mL 容量瓶，其余步骤同（1）。

（5）0.001mol/L KCl 溶液：准确移取 5mL 0.1mol/L KCl 溶液于 500mL 容量瓶，其余步骤同（1）。

（6）0.0005mol/L KCl 溶液：准确移取 5mL 0.05mol/L KCl 溶液于 500mL 容量瓶，其余步骤同（1）。

（7）0.0001mol/L KCl 溶液：准确移取 1mL 0.05mol/L KCl 溶液于 500mL 容量瓶，其余步骤同（1）。

2. 电导电极的电导池常数

将电导率仪电源打开，仪器预热 10min。将电导率仪上的“常数”旋钮置于 1.00，作满刻度校正。在 100mL 锥形瓶中放入适量 0.01mol/L KCl 溶液，并置于 25.0℃恒温水槽中恒温。电导电极用 0.01mol/L KCl 溶液淋洗 3 次，然后置于已恒温的 0.01mol/L KCl 溶液中，测得电导率，根据附录参考数据计算电导池常数 $K_{池}$。根据测得的电导池常数重新校正电导率仪，然后测定去离子水的电导率。

3. 测定电导率

在 25.0℃依次测定 0.05mol/L、0.01mol/L、0.005mol/L、0.001mol/L、0.0005mol/L、0.0001mol/L KCl 溶液的电导率。

4. 配制 HAc 溶液

（1）0.1mol/L HAc 溶液：准确移取 25mL 1mol/L HAc 溶液于 250mL 容量瓶中，置于 25.0℃恒温水槽中恒温，用 25.0℃的水稀释至刻度摇匀。

（2）0.05mol/L HAc 溶液：准确移取 25mL 1mol/L HAc 溶液于 500mL 容量瓶中，其余步骤同上。

（3）0.01mol/L HAc 溶液：准确移取 25mL 0.1mol/L HAc 溶液于 250mL 容量瓶中，其余步骤同上。

（4）0.005mol/L HAc 溶液：准确移取 25mL 0.05mol/L HAc 溶液于 250mL 容量瓶中，其余步骤同上。

（5）0.001mol/L HAc 溶液：准确移取 5mL 0.1mol/L HAc 溶液于 500mL 容量瓶中，其余步骤同上。

（6）0.0005mol/L HAc 溶液：准确移取 5mL 0.05mol/L HAc 溶液于 500mL 容量瓶中，其余步骤同上。

（7）0.0001mol/L HAc 溶液：准确移取 1mL 0.05mol/L HAc 溶液于 500mL 容量瓶中，其余步骤同上。

5. 测定电导率

在 25.0℃依次测定 0.1mol/L、0.05mol/L、0.01mol/L、0.005mol/L、0.001mol/L、0.0005mol/L、0.0001mol/L HAc 溶液的电导率。

6. 注意事项

（1）换待测液测定前，必须将电导电极和电导池洗净、擦干，以免影响测定结果。

（2）移液时要小心，不要把液体溅出量杯。

（3）在测定前，一定要用待测溶液多次润洗电导池和电极。

（4）实验过程中严禁用手触及电导池内壁和电极。

五、数据记录与处理

1. 数据记录

（1）测定 KCl 溶液的电导率，记录在表 1 中。

表 1　实验数据记录表（Ⅰ）

室温：______℃；　　大气压：______kPa；　　实验温度：______℃

c/(mol/L)	κ/(S/m)				Λ_m/[(S·m²)/mol]	$\sqrt{c}$/(mol/L)$^{1/2}$
	1	2	3	平均值		
0.1						
0.05						
0.01						
0.005						
0.001						
0.0005						
0.0001						

（2）测定 HAc 溶液的电导率，记录在表 2 中。

表 2　实验数据记录表（Ⅱ）

室温：______℃；　　大气压：______kPa；　　实验温度：______℃

c/(mol/L)	κ/(S/m)				Λ_m/[(S·m²)/mol]	$\frac{1}{\Lambda_m}$/[mol/(S·m²)]	$c\Lambda_m$/(S/m)	α	K
	1	2	3	平均值					
0.1									
0.05									
0.01									
0.005									
0.001									
0.0005									
0.0001									

2. 根据实验数据绘制 KCl 和 HAc 溶液的 κ-c 曲线。

3. 计算各浓度的摩尔电导率，绘制 KCl 和 HAc 溶液的 Λ_m-c 曲线。

4. 以 KCl 溶液的 Λ_m-$\sqrt{c}$ 作图，拟合得到一条直线，由该直线与纵坐标的交点求出 25.0℃时 KCl 的极限摩尔电导率 Λ_∞，与文献值对比，并计算误差。

5. 以 HAc 的 $\frac{1}{\Lambda_m}$-$\Lambda_m c$ 作图，拟合得到一直线，由直线的截距求出 25.0℃时 HAc 的极限摩尔电导率，与文献数据计算值对比。根据实验数据求出 HAc 在各浓度下的解离度 α 和 25.0℃时电离过程经验平衡常数 K。

六、思考题

1. 弱电解质溶液在浓度很稀时，几乎完全电离，为什么仍然不能用 Kohlrausch 定律外推求出极限摩尔电导率？

2. 在什么情况下，实验测定的电导率数据必须扣除水的电导率值？

七、附录

1. 参考数据

25℃下乙酸解离平衡常数的文献值为 $K=1.75\times10^{-5}$。

表 3　测定电极常数的 KCl 标准溶液

电极常数/cm^{-1}	0.1	0.01	1	10
KCl 近似浓度/(mol/L)	0.001	0.01	0.01/0.1	0.1/1

测定电极常数的 KCl 标准溶液见表 3，KCl 溶液的电导率见表 4，水溶液中离子的极限摩尔电导率见表 5。

表 4　KCl 溶液的电导率　　单位：S/m

T/℃	c/(mol/L)			
	1.000	0.1000	0.0200	0.0100
0	0.06541	0.00715	0.001521	
5	0.07414	0.00822	0.001752	
10	0.08319	0.00933	0.001994	0.000776
15	0.09252	0.01048	0.002243	0.000896
16	0.09441	0.01072	0.002294	0.001020
17	0.09631	0.01095	0.002345	0.001147
18	0.09822	0.01119	0.002397	0.001173
19	0.10014	0.01143	0.002449	0.001199
20	0.10207	0.01167	0.002501	0.001225
21	0.10400	0.01191	0.002553	0.001251
22	0.10594	0.01215	0.002606	0.001278
23	0.10789	0.01239	0.002659	0.001305
24	0.10984	0.01264	0.002712	0.001332
25	0.11180	0.01288	0.002765	0.001359
26	0.11377	0.01313	0.002819	0.001386
27	0.11574	0.01337	0.002873	0.001413
28		0.01362	0.002927	0.001441
29		0.01387	0.002981	0.001468
30		0.01412	0.003036	0.001496
35		0.01539	0.003312	0.001524
36		0.01564	0.003368	0.001552

表 5　水溶液中离子的极限摩尔电导率　　单位：$(S \cdot cm^2)/mol$

离子	0	18	25	50
H^+	255	315	349.8	464
K^+	40.7	63.9	73.5	114
Na^+	26.5	42.8	50.1	82
NH^+	40.2	63.9	73.5	115
Ag^+	33.1	53.5	61.9	101
$1/2Ba^{2+}$	34.0	54.6	63.6	104
$1/2Ca^{2+}$	31.2	50.7	59.8	96.2
OH^-	105	171	198.3	284
Cl^-	41.0	66.0	76.3	116
NO_3^-	40.0	62.3	71.5	104
CH_3COO^-	20.0	32.5	40.9	67.0
$1/2SO_4^{2-}$	41.0	68.4	80.0	125
$1/4[Fe(CN)_4]^{2-}$	58.0	95.0	110.5	173

2. DDS-307A 电导率仪的使用

DDS-307A 电导率仪如图 5 所示，仪器后面板如图 6 所示。

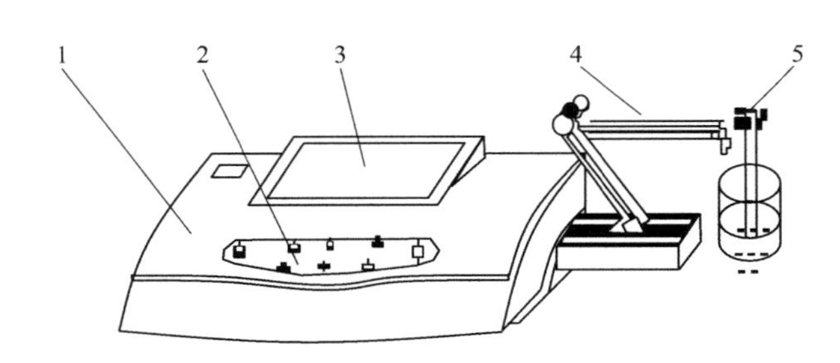

图 5　DDS-307A 电导率仪

1—机箱；2—键盘；3—显示屏；4—多功能电极架；5—电极

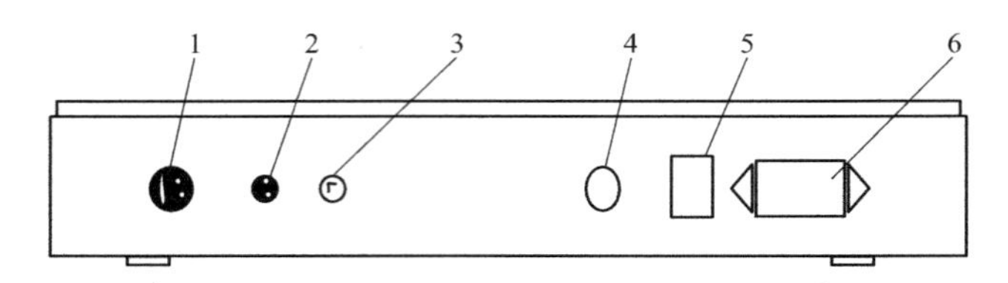

图 6　仪器后面板

1—测量电极插座；2—参比电极接口；3—温度电极插座；4—保险丝；5—电源开关；6—电源插座

仪器键盘说明如下所述。

(1) "电导率/TDS" 键，此键为双功能键，在测量状态下，按一次进入 "电导率" 测量状态，再按一次进入 "TDS" 测量状态；在设置 "温度" "电极常数" "常数调节" 时，按此键退出功能模块，返回测量状态。

(2) "电极常数" 键，此键为电极常数选择键，按此键上部 "△" 为调节电极常数上升；按此键下部 "▽" 为调节电极常数下降；电极常数的数值选择为 0.01、0.1、1、10。

(3) "常数调节" 键，此键为常数调节选择键，按此键上部 "△" 为调节常数数值上升；按此键下部 "▽" 为调节常数数值下降。

(4) "温度" 键，此键为温度选择键，按此键上部 "△" 为调节温度数值上升；按此键下部 "▽" 为调节温度数值下降。

(5) "确认" 键，此键为确认键，按此键为确认上一步操作。

电导常数的标定——标准溶液标定法。

根据电极常数选择合适的标准溶液（见表 3），标准溶液的电导率值见表 4。

(1) 将电导电极接入仪器，断开温度电极（仪器不接温度传感器），仪器则以手动温度作为当前温度值，设置手动温度为 25.0℃；

(2) 用蒸馏水清洗电导电极；将电导电极浸入标准溶液中；

(3) 控制溶液温度恒定为：(25.0±0.1)℃；

(4) 把电极浸入标准溶液中，读取仪器电导率值 $K_{测}$。

(5) 按下式计算电极常数 J：$J=K/K_{测}$。

式中，K 为溶液标准电导率（查表 4 可得）。

3. 药品使用注意事项

乙酸：水溶液呈弱酸性且腐蚀性强，蒸气对眼和鼻有刺激性作用，小心操作，需穿实验服，戴口罩、手套等。

参考文献

[1] 宋立新．弱电解质电离平衡常数测定方法的改进 [J]．河南大学学报（医学版），2005（03）：78.
[2] 王国平，张培敏，王永尧．中级化学实验．2版 [M]．北京：科学出版社，2019.
[3] 芮晓庆．pH法与电导率法测定HAc中电离常数的对比分析探究 [J]．云南化工，2020，47（04）：118-119.

实验十　电导率法测定醋酸的电离常数

一、实验目的

1. 了解溶液电导、电导率、摩尔电导率的基本概念。
2. 掌握使用电导率法测定弱电解质电离平衡常数的方法。

二、实验原理

电解质溶液属第二类导体，它是靠正负离子的定向迁移传递电流。溶液的导电本领，可用电导率来表示。研究溶液电导率时常采用摩尔电导率，它与电导率和浓度的关系为：

$$\Lambda_m=\frac{\kappa}{c} \tag{1}$$

式中，Λ_m 为摩尔电导率，$(m^2 \cdot S)/mol$；κ 为电导率，S/m；c 为溶液浓度，mol/m^3。

Λ_m 随浓度变化的规律，对强弱电解质各不相同，对强电解质稀溶液可用下列经验式：

$$\Lambda_m=\Lambda_m^{\infty}-A\sqrt{c} \tag{2}$$

式中，Λ_m^{∞} 为无限稀摩尔电导率；A 为常数。将Λ_m^{∞} 对$\sqrt{c}$作图，外推可求得Λ_m^{∞}。

弱电解质电离产生的离子浓度很低，因此摩尔电导率 λ_m 和无限稀释摩尔电导率 Λ_m^{∞} 相差较大，因此，浓度为 c 时弱电解质的电离度 α 为：

$$\alpha=\frac{\Lambda_m}{\Lambda_m^{\infty}} \tag{3}$$

对于AB型弱电解质如 CH_3COOH，在溶液中达到电离平衡时，电离平衡常数 K_c、溶液浓度 c、电离度 α 之间有如下关系：

$$K_c=\frac{c\alpha^2}{1-\alpha} \tag{4}$$

合并式(3)、式(4) 即得：

$$K_c=\frac{c\Lambda_m^2}{\Lambda_m^{\infty}(\Lambda_m^{\infty}-\Lambda_m)} \tag{5}$$

结合式(1) 并线性化处理得：

$$\kappa=(\Lambda_{m}^{\infty})^{2}K_{c}\frac{1}{\Lambda_{m}}-K_{c}\Lambda_{m}^{\infty} \tag{6}$$

以 κ 对 Λ_{m}^{-1} 作图为一直线，直线斜率为

$$\beta=(\Lambda_{m}^{\infty})^{2}K_{c} \tag{7}$$

其中 Λ_{m}^{∞} 的值可根据离子独立运动规律求出：

$$\Lambda_{m}^{\infty}=\gamma_{+}\lambda_{m,+}^{\infty}+\gamma_{-}\lambda_{m,-}^{\infty} \tag{8}$$

式中，γ_{+} 和 γ_{-} 分别为 1mol 电解质在溶液中产生 γ_{+} mol 阳离子和 γ_{-} mol 阴离子；$\lambda_{m,+}^{\infty}$、$\lambda_{m,-}^{\infty}$ 分别为阳离子和阴离子的无限稀释的摩尔电导率（其值可查相关表）。例如，25℃下 H^{+} 的 $\lambda_{m,+}^{\infty}$ 值为 0.03498（$m^{2}\cdot S$)/mol，$CH_{3}COO^{-}$ 的 $\lambda_{m,-}^{\infty}$ 值为 0.00409（$m^{2}\cdot S$)/mol，则在 25℃ 下醋酸水溶液无限稀释摩尔电导率 Λ_{m}^{∞}（HAc，25℃）= 0.03498 + 0.00409 = 0.03907($m^{2}\cdot S$)/mol；同理可得，Λ_{m}^{∞}(HAc，30℃)=0.0414($m^{2}\cdot S$)/mol。代入式(5) 即可算得 K_{c}。

三、仪器与试剂

1. 仪器：梅特勒托利多实验室电导率仪 FE30，SYP-Ⅲ恒温水浴 1 套（南京桑力电子设备厂），50.00mL 移液管 2 个，150mL 锥形瓶，烘箱。

2. 试剂：0.010mol/L KCl 溶液，0.1000mol/L HAc 标准溶液，去离子水，25mL 试管一支。

四、实验步骤

1. 锥形瓶用自来水、去离子水依次进行清洗，之后放入烘箱，调节温度 150℃，烘干备用（该部分在老师课堂讲解前完成）。

2. 调节恒温槽到 25.00℃（如水温高于 25.00℃，调节到 30.00℃；注意：如果使用了温度校正功能，则可以不调节温度，温度校正设置详见说明书），采用 0.0100mol/L KCl 溶液在 25mL 试管中对电极常数进行校正，记录电极校正常数，校正完测量校正是否正确。

3. 粗测 25℃ 0.1mol/L 的醋酸电导，如在 500μS/cm 左右，说明醋酸和校正良好。用移液管准确量取 100.00mL 上述 HAc 标准溶液于干燥锥形瓶中，在水浴中恒温到温度、电导稳定后，测定其电导率。每 1min 读 1 次，平行读 3 次，3 次电导率比较接近（误差为 $\pm 0.005\times 10^{-3}$ S/m)，取其平均值。

4. 单个温度测定完毕后，先用醋酸的移液管移出 50.00mL 醋酸，后再移入 50.00mL 去离子水。准确稀释一倍后，采用 3 测量电导率。

5. 依次用特定移液管移出 50.00mL 样品，并加入 50.00mL 电导水，待温度、电导稳定后，测定其电导率，一共需测量 5 个浓度的样品。

6. 试验完成，清理仪器，关闭电源，处理废液。

7. 注意事项：该方案下实验不可逆，故中途失误，需从头开始配制溶液，要求操作尽量没有中间失误。此外，注意平衡常数和标准平衡常数的区别。

五、数据记录与处理

1. 将实验数据统一为国际单位制，根据公式计算各个浓度醋酸的摩尔电导率 Λ_m 及 Λ_m^{-1}，填入表 1。

表 1　电导率相关参数计算

实验温度：______ ℃

浓度 c/(mol/L)	κ_1/(S/m)	κ_2/(S/m)	κ_3/(S/m)	$\kappa_{平均}$/(S/m)	Λ_m/[(S·m^2)/mol]	$\Lambda_m c$	Λ_m^{-1}
0.100							
0.050							
0.025							
0.0125							
0.0625							

2. 用 $\Lambda_m c$ 对 $1/\Lambda$ 作图或进行线性回归，求出相应的斜率和截距，求出平均电离常数 K_c，比较误差。注意单位问题，有效数据保留 3 位。

3. 计算实验结果的相对误差和方差。

六、思考题

1. 为什么测量电导率之前需要对电导率仪进行校正？如何校正？
2. 电导池常数如何测量？能否根据公式，测量电导池长度和电极面积？
3. 本实验中，醋酸浓度需要准确知道吗？为什么？
4. 醋酸平衡常数与浓度之间存在什么样的关系？与温度呢？
5. 溶液电导率和浓度、温度之间存在什么样的关系？

七、附录

1. 相关参考数据：已知 K_c(HAC，25℃)=1.75×10^{-5}，K_c(HAC，30℃)=1.80×10^{-5}。

2. 电导率仪的校正和使用参考实验九。

3. 药品使用注意事项

醋酸其水溶液呈弱酸性且腐蚀性强，蒸气对眼和鼻有刺激性作用。使用时，应注意穿实验服，戴口罩、手套等。

参考文献

[1] 陆晨刚．电导法测定醋酸电离平衡常数的实验探究 [J]．化学教学，2018 (07)： 79-81+ 85.

[2] 陈玉焕，张姝明，王桂香，等．电导法测定醋酸的电离平衡常数实验的改进 [J]．大学化学，2016，31 (06)：58-61.

[3] 罗一芳，吴文中. 冰醋酸稀释过程电导率变化的理论分析与实证 [J]. 化学教学，2019，(11)：70-74.

实验十一　电动势法测定化学反应的热力学函数

一、实验目的

1. 通过本实验掌握对消法测定可逆电池电动势的原理和方法。

2. 通过本实验测定不同温度下待测可逆电池的电动势，并由此计算其化学反应的热力学函数 $\Delta_r G_m$、$\Delta_r H_m$、$\Delta_r S_m$ 及 K_a。

3. 通过本实验掌握用图解微分进行数据处理的方法。

二、实验原理

本实验是测定反应 $Zn(s)+PbSO_4(s)\longrightarrow ZnSO_4+Pb(s)$ 的热力学函数，该反应设计成一个可逆电池：

$$Zn(Hg)\,|\,ZnSO_4(aq)\,|\,PbSO_4(s)\,|\,Pb(Hg)$$

根据电化学原理，在恒温恒压的可逆操作条件下，电池所做的电功是最大有用功。通过测定电池的电动势 E（略去锌汞合金和铅汞合金的生成热），根据不同温度下电动势数据，即可得到电池反应的 $\Delta_r G_m$。

$$\Delta_r G_m = -W_{f,max} = -zFE \tag{1}$$

式中，z 为反应式中电子的计量系数；F 为法拉第常数；E 为电池的电动势。

因为

$$\Delta_r G_m - \Delta_r H_m = T\left(\frac{\partial \Delta_r G}{\partial T}\right)_p = -T\Delta_r S_m \tag{2}$$

故

$$\Delta_r H_m = -nFE + nFT\left(\frac{\partial E}{\partial T}\right)_p \tag{3}$$

$$\Delta_r S_m = zF\left(\frac{\partial E}{\partial T}\right)_p \tag{4}$$

$$\ln K_a = \ln Q_a - \frac{\Delta_r G_m}{RT} \tag{5}$$

式中，K_a 为反应的平衡常数；Q_a 为活度商。

按照化学反应设计成一个电池，测量一系列不同温度下电池的电动势，以电动势对温度作曲线。从曲线的斜率可以求得任一温度 T 的 $\frac{\partial E}{\partial T}$ 值。利用式(1)、(3)、(4)、(5) 即可求得该反应的热力学函数 $\Delta_r G_m$、$\Delta_r H_m$、$\Delta_r S_m$ 及平衡常数 K_a。

根据热力学原理，只有在恒温、恒压、可逆条件下式(1) 才成立，这就不仅要求电池反应本身是可逆的，而且电池也必须在可逆条件下工作，即充电和放电过程都必须在非常接近平衡状态下进行，只允许有无限小的电流通过。不能直接用伏特计来量度电池的电动势，因为当伏特计与电池接通后，由于电池中发生化学变化，有电流流出，电池中溶液浓度不断改变，电动势也会有变化。另外，电池本身也有内阻，所以用伏特计量出的只是外电路的电位降，而不是可逆电池的电动势。因此，测量可逆电池的电动势时电路中应该几乎没有电流通过。根据欧姆定律：

$$U=(R_0+R_i)I \tag{6}$$

式中，R_0 是外阻；R_i 是内阻。

对于外电路：

$$U_0=R_0 I \tag{7}$$

因为式(6)、式(7) 中 I 相等，所以

$$\frac{U_0}{U}=\frac{R_0}{R_0+R_i} \tag{8}$$

当$R_0 \gg R_i$ 时

$$U \approx U_0 \tag{9}$$

直流电位差计是根据波根多夫对消法实验原理设计的，其简单工作原理见图 1，AB 为均匀的电阻线，工作电池 E_W 相通，被测电池的负极与工作电池的负极并联，正极则经过检流计 G 接到滑动装置，形成闭合回路。移动滑动点的位置便会找到某一点如 C 点，当电钥 K 闭合时，检流计中几乎没有电流通过，此时电池的电动势恰好和 AC 线段所代表的电位差在数值上相等而方向相反。

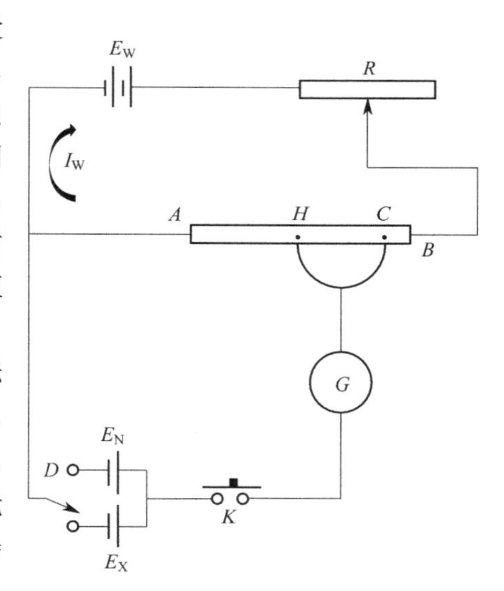

图 1　对消法测定电动势原理示意

为了求得 AC 线段的电位差，可以将 D 向上与标准电池 E_N 接通。由于标准电池的电动势是已知的，而且能保持恒定，因此同样方法可以找出另一点 H，使检流计中几乎没有电流通过。则 AH 段的电位差就等于 E_N。因为电位差与电阻线的长度成正比，故待测电池的电动势为：

$$E_X=E_N\frac{AC}{AH} \tag{10}$$

在一定温度下标准电池的电势一定，293.15K 时为 1.01855V，所以

$$E_X=1.01855\frac{AC}{AH} \tag{11}$$

AH 段上的电位差等于 E_N，故 E_X 等于 AC 段的电位差。

三、仪器与试剂

1. 仪器：UJ 25 电位差计（图 3），检流计，工作电池，待测电池，超级恒温槽。
2. 试剂：Pt，Zn，Pb，Hg(l)，$PbSO_4$(s)，$ZnSO_4$ 溶液。

四、实验步骤

1. 装制电池

实验电池的构造如图 2 所示。在 H 形管底焊接两根铂丝，作为电极的导线。管的两边分别装入锌汞合金和铅汞合金，在铅汞合金上部悬浮的是 $PbSO_4$ 固体。整个电池管中充满 $ZnSO_4$ 溶液。H 形管的横臂上塞有洁净的玻璃毛，以防止悬浮的 $PbSO_4$ 固体混入锌半电池管。在管口塞上橡皮塞并用蜡密封，使其浸入恒温槽中不会发生渗漏。将塞子钻个孔，安装一根玻璃管，使溶液热膨胀时有伸缩余地。

汞合金的制备方法：分别取一定量的金属汞，在通风橱里热一下，向其中加入金属锌（或铅），制成锌汞合金（或铅汞合金），冷却后，先用蒸馏水洗汞合金，再用 $ZnSO_4$ 溶液洗 2～3 次，用角匙将汞合金移入电池管中，要使铂丝全部浸没。

配制 0.20mol/L $ZnSO_4$ 溶液，加入锌汞合金上。而铅汞合金上则加入 $PbSO_4$ 悬浮液（取 100mL 0.20mol $ZnSO_4$ 溶液，加入约 2g $PbSO_4$ 研磨，使其混合均匀）。加时注意不要让 $PbSO_4$ 流到锌极上。

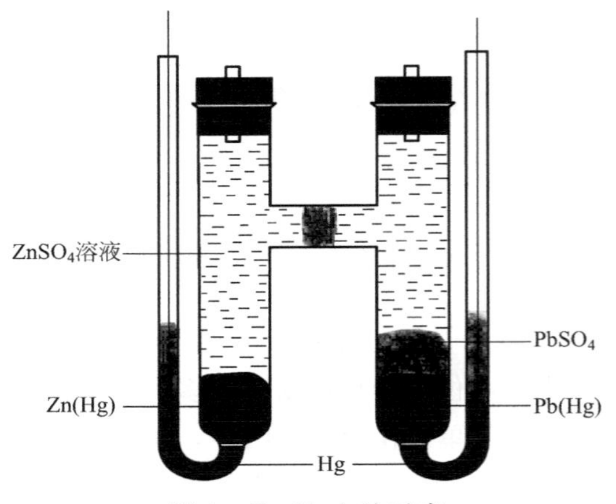

图 2　Zn-Pb 电池示意

2. 测定不同温度下电池的电动势

（1）根据实验原理连接好实验仪器装置。

（2）校正标准电池的电动势：20℃时标准电池的电动势为 1.01855V，当实验环境温度不是 20℃时，应根据下列近似公式校正：

$$\frac{\Delta U_t}{\mu V}=-40(t-20) \tag{12}$$

式中，t 为环境温度。

（3）标定工作电流：具体方法参阅附录中电位差计一节（图 3）。

（4）将上述电池置于恒温水槽内，达到热平衡后（恒温水温度是否稳定，波动小于 ±0.1℃。恒温水达到指定温度后，需再等 10～15min，电池才能达到热平衡）测量其电动势，并记录温度。再升温，测电动势（每次测定后，应重新检查是否保持标准化）。温度范围在 15～50℃，每隔 4～5℃测一次，至少测 5 种温度下的电动势。

3. 注意事项

（1）检查待测电池极性是否接错，各接点接触是否可靠。

（2）恒温水温度是否稳定，波动是否小于 ±0.1℃。恒温水达到指定温度后，需再等 10～15min，电池才能达到热平衡。

（3）切忌按键时间大于 1s 或频繁按键。

（4）每次测定后，应重新检查是否保持标准化。

（5）要防止电池振动，如电池摇动后，要稳定 30min 后再测量。

五、数据记录与处理

1. 将测得的电动势 E 对 T 作图，并由图上的曲线求取 20℃、25℃、30℃、35℃、40℃五个温度下的 E 和 dE/dT 值。dE/dT 值可用镜像法作曲线的切线，由切线的斜率求得。

2. 利用方程式（1）、（2）、（3）、（4）计算 25℃、30℃ 、35℃时该电池反应的 $\Delta_r G_m$、$\Delta_r H_m$、$\Delta_r S_m$ 的数值。

3. 根据所得 $\Delta_r G_m$，计算该反应的平衡常数 K_a 值，利用平衡移动实验原理解释实验结果。

六、思考题

1. 本实验采用的方法适用于测定哪一类化学反应的热力学函数？
2. 为什么不用伏特计直接测量电池的电动势？
3. 为什么要标定电位差计的工作电流？
4. 标准电池在实验中起什么作用？

七、附录

1. 各温度下电动势参考值 (表 1) 及热力学函数计算值

表 1　参考数据

温度/℃	10.5	17.1	20.2	25.0	30.8	34.9
电动势/V	0.52071	0.5164	0.5142	0.5111	0.5071	0.50421

25℃时，

$$\Delta G_n(T, p) = -nFE = -2\times 96500\times 0.5111 = -98.642(\mathrm{J/mol})$$

$$\Delta_r S_m = nF\left(\frac{\partial E}{\partial T}\right)_p = 2\times 96500\times\left(\frac{0.5111-0.5177}{25-15}\right) = 2\times 96500\times(-6.6\times 10^{-4})$$

$$= -127.38\mathrm{J/K} = -0.1274(\mathrm{kJ/K})$$

$$\Delta_r H_m = -nFE + nFT\left(\frac{\partial E}{\partial T}\right)_p = \Delta_r G_m + T\Delta_r S_m$$

$$= -98.642 - 298.15\times 0.1274 = -136.63\mathrm{kJ/mol}$$

2. 药品使用注意事项

操作者需穿实验服，戴口罩、手套等。本实验使用的汞为液态金属，一旦打碎就会蒸发，这时要关掉室内所有加热装置，在上面撒上硫黄粉末。

3. 仪器使用方法

（1）开机：用电源线将仪表后面板的电源插座与 220V 电源连接，打开电源开关（ON），预热 15min 再进入下一步操作。

（2）以内标为基准进行测量

校验。

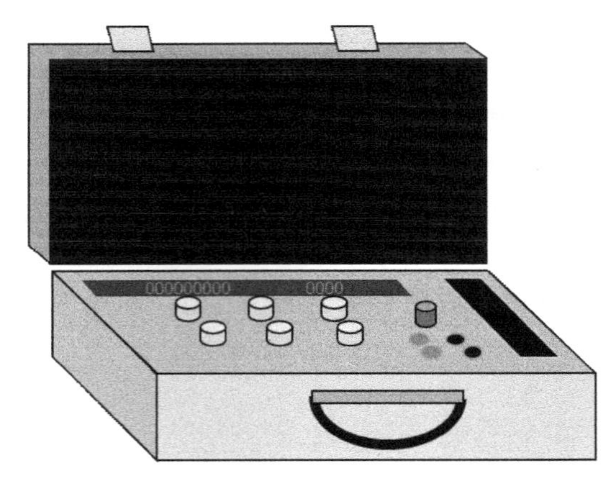

图 3　电位差计

① 将“测量选择”旋钮置于“内标”。

② 将测试线分别插入测量插孔内，将“100”位旋钮置于“1”，“补偿”旋钮逆时针旋到底，其他旋钮均置于“0”，此时，“电位指标”显示“1.00000”V，将两测试线短接。

③ 待“检零指示”显示数值稳定后，按一下“归零”键，此时，“检零指示”显示为“0000”。

测量。

① 将“测量选择”置于“测量”。

② 用测试线将被测电动势按“+”“−”极性与“测量插孔”连接。

③ 调节“10^{0}～10^{-4}”五个旋钮，使“检零指示”显示数值为负且绝对值最小。

④ 调节“补偿旋钮”，使“检零指示”显示为“0000”，此时，“电位显示”数值即为被测电动势的值。

（3）以外标为基准进行测量

校验。

① 将“测量选择”旋钮置于“外标”。

② 将已知电动势的标准电池按“+”“−”极性与“外标插孔”连接。

③ 调节“10^{0}～10^{-4}”五个旋钮和“补偿”旋钮，使“电位指示”显示的数值与外标电池数值相同。

④ 待“检零指示”数值稳定后，按一下归零键，此时，“检零指示”显示为“0000”。

测量。

① 拔出“外标插孔”的测试线，再用测试线将被测电动势按“+”“−”极性接入“测量插孔”。

② 将“测量选择”置于“测量”。

③ 调节“10^{0}～10^{4}”五个旋钮，使“检零指示”显示数值为负且绝对值最小。

参考文献

[1] 聂雪，屈景年，曾荣英，等．电动势法测定化学反应的热力学函数实验的改进 [J]．衡阳师范学院学报，2013 (03)：54-57.

[2] 刘颖，柳翱．电化学法测定化学反应热力学函数变化值 [J]．长春工业大学学报：自然科学版，2009，30

(003): 258-261.
[3] 邓型深．电池电动势的测定及应用实验的实施 [J]．高校实验室工作研究，2018 (002): 36-38.
[4] 胡俊平，刘妍，毕慧敏，等．物理化学实验项目改进创新——以“原电池电动势的测定及在热力学上的应用”为例 [J]．化学教育，2016, 37 (010): 32-34.

实验十二　电动势法测定溶液的 pH 值

一、实验目的

1. 了解电动势法测定溶液 pH 值的原理和方法。
2. 掌握用玻璃电极和醌氢醌电极测定溶液 pH 值的实验技术。

二、实验原理

pH 值是水化学中常用的和最重要的检验项目之一。pH 值与氢离子浓度 $\alpha(H^+)$ 的关系由下式表示

$$pH=-\lg\alpha(H^+) \tag{1}$$

一般情况下，以氢离子的浓度表示

$$pH=-\lg c(H^+) \tag{2}$$

电动势法可以精确测定溶液的 pH 值，只需要选择一个对氢离子可逆的电极作为氢离子指示电极，以甘汞电极作为参比电极，待测溶液为电解质溶液组成电池，通过测定电池的电动势从而求得溶液的 pH 值。常用的氢离子指示电极有标准氢电极、玻璃电极、醌氢醌电极等。玻璃电极、醌氢醌电极使用较方便，下面分别介绍它们的测量原理。

1. 用玻璃电极法测定溶液的 pH 值

玻璃电极法基本上不受色度、浊度、胶体物质、氧化剂、还原剂及盐度的干扰，可准确和再现至 0.1 pH 单位，较精密的仪器甚至可准确到 0.01 pH。因此，玻璃电极法是目前测定溶液的 pH 值最常用的方法。

用玻璃电极作指示电极，饱和甘汞电极（SCE）作参比电极，同时插入被测溶液中，组成电池：

(一)玻璃电极｜被测溶液‖饱和甘汞电极(+)

当氢离子活度发生变化时，玻璃电极和参比电极之间的电动势也随着变化，电动势变化符合下列公式：

$$E=E_0-2.3026\frac{RT}{F}pH \tag{3}$$

式中，R 为气体常数；T 为绝对温度（$273+t$℃）；F 为法拉第常数（96495C/mol）；E_0 为电极系统零电位；pH 为玻璃电极外溶液 pH 值和内溶液 pH 值之差。

因为，298.15K 时，

$$\varphi_{SCE}=0.2412V \tag{4}$$

而玻璃电极的电极电势为

$$\varphi_G=\varphi_G^{\ominus}-0.05916\ \mathrm{pH} \tag{5}$$

所以由玻璃电极和饱和甘汞电极组成的电池的电动势只随溶液的 pH 改变而改变。298.15K 时该电池的电动势 U 为：

$$U=\varphi_{SCE}-\varphi_G=0.2412-(\varphi_G^{\ominus}-0.05916\ \mathrm{pH}) \tag{6}$$

$$U=0.2412-\varphi_G^{\ominus}+0.05916\ \mathrm{pH} \tag{7}$$

$\varphi_G^{\ominus}$ 可用一个已知 pH 的标准缓冲溶液（如邻苯二甲酸氢钾溶液）代替待测溶液来标定。若令标准缓冲溶液的 pH 值为 $\mathrm{pH_s}$，其电动势为 U_s，则

$$U_s=0.2412-(\varphi_G^{\ominus}-0.05916\ \mathrm{pH_s}) \tag{8}$$

同理，若待测溶液的 pH 值为 $\mathrm{pH_x}$，其电动势为 U_x，则

$$U_x=0.2412-(\varphi_G^{\ominus}-0.05916\ \mathrm{pH_x}) \tag{9}$$

将以上两式相减并整理得：

$$\mathrm{pH_x}=\mathrm{pH_s}+\frac{U_x-U_s}{0.05916} \tag{10}$$

在一定温度下 $\mathrm{pH_s}$ 是已知的，因此，通过测定 U_x 和 U_s，即可得到溶液的 pH 值。

2. 用醌氢醌电极测定溶液 pH 值的实验原理

醌氢醌电极制备简单，只要将待测溶液以醌氢醌饱和，再插入一光亮铂丝到溶液中即可。醌氢醌（QH_2Q）是等摩尔的氢醌（H_2Q，对苯二酚）和醌（Q）形成的化合物，微溶于水，在水溶液中部分分解：

$$C_6H_4O_2\cdot C_6H_4(OH)_2(\text{醌氢醌})\longrightarrow C_6H_4O_2(\text{醌})+C_6H_4(OH)_2(\text{氢醌})$$

氢醌为一弱酸，它在溶液中形成如下电离平衡：

$$C_6H_4(OH)_2\longrightarrow C_6H_4O_2^{2-}+2H^+$$

氢醌离子也可以氧化成醌：

$$C_6H_4O_2^{2-}\longrightarrow C_6H_4O_2+2e^-$$

若醌氢醌电极为负极，则电极反应如下：

$$C_6H_4(OH)_2\longrightarrow C_6H_4O_2+2H^++2e^-$$

若醌氢醌电极为正极，则电极上所进行的是上式的逆反应，氢醌的氧化电极电位为

$$E_{Q/H_2Q}=E_{Q/H_2Q^{\ominus}}-\frac{RT}{2F}\ln\frac{a_{H^+}{}^2a_Q}{a_{H_2Q}} \tag{11}$$

在水溶液里，氢醌的电离度很小，因此醌和氢醌的活度可以认为相等

$$a_Q=a_{H_2Q} \tag{12}$$

$$E_{Q/H_2Q}=E_{Q/H_2Q^{\ominus}}-\frac{RT}{F}\ln a_{H^+} \tag{13}$$

如果以饱和 Ag-AgCl 电极作为参比电极，此醌氢醌电极与铂电极组成的电池为

Ag-AgCl 电极 ‖ 被测溶液(醌氢醌饱和溶液) | Pt

当 pH＜8.06 时，Ag-AgCl 电极为氧化电极，醌氢醌为还原电极，其中 $E_{Ag|AgCl}=0.2224-6.45\times10^{-4}(t-25)$，$E_{Q/H_2Q^{\ominus}}=-0.6995\mathrm{V}$，所以 25℃时电池的电动势 U 为：

$$U=E_{\text{甘汞}}-E_{Q/H_2Q}=-0.2224-\left(-0.6995-\frac{RT}{F}\ln a_{H^+}\right)=0.4771-0.05916\mathrm{pH} \tag{14}$$

所以

$$pH=\frac{0.4771-U}{0.05916} \tag{15}$$

同理，当 pH>8.06 以上时，醌氢醌电极为氧化电极，Ag-AgCl 电极为还原电极

$$pH=\frac{0.4771+U}{0.05916} \tag{16}$$

醌氢醌电极的缺点是仅能用于弱酸或弱碱性溶液，当 pH>8.5 时，对氢醌的电离平衡影响较大，改变了体系中的平衡状态，从而对电极电位影响也较大，会使测定结果误差较大；另外，醌和氢醌易被氧化和还原，所以氢醌电极在有氧化剂或还原剂存在时，也不够准确。

三、仪器与试剂

1. 仪器：PHS-2 型 pH 计，超级恒温槽，铂电极，玻璃电极，Ag-AgCl 电极，50mL 烧杯，移液管。

2. 试剂：1mol/L HAc 溶液，1mol/L NaAc 溶液，KH_2PO_4，Na_2HPO_4，醌氢醌，焦没食子酸。

四、实验步骤

1. 仪器的安装和校正

按照仪器安装好 pH 计、玻璃电极，开启仪器电源开关预热 30min；由于每支玻璃电极的零电位、转换系数与理论值有差别且各不相同。因此，进行 pH 值测量，必须要对电极进行 pH 校正，其操作过程见配套视频和说明书。根据样品准备情况采用 2 点校正和 3 点校正法，校正好的仪器用于待测溶液的测量。

2. 用玻璃电极法测定待测溶液的 pH 值

烧杯倒取甲、乙、丙液约 20mL，要求完全浸没电极，分别用 pH 计测量待测液甲、乙和丙，每个数据测量三次，求其平均值。测量过程中注意 pH 计使用规范。

3. 用醌氢醌电极法测定待测溶液 pH 值

将米粒大小的醌氢醌分别加在各待测溶液中，用玻璃棒搅拌均匀，使其充分溶解并饱和。用蒸馏水淋洗铂片电极和 Ag-AgCl 电极的外壁，并用滤纸吸干。然后将光亮铂电极和 Ag-AgCl 电极插入待测溶液中。用毫伏计测定此电池的电动势。

如测量时出现数值不稳定的现象，可能是醌氢醌尚未平衡或温度未恒定，故必须多测几次，以达到稳定。

4. 注意事项

（1）本实验中，醌氢醌电极法电势波动较大，且随着测量过程误差逐渐增大，测量过程中基本稳定即可读数。

（2）测量一次后，振荡溶液，再次测量，注意有效数据。

（3）由于本实验中实验误差较大，根据电势计算 pH 值可以采用平均温度来计算，不用单独每个计算。

五、数据记录与处理

1. 以表 1 格式记录实验温度、玻璃电极测量的 pH 值，3 组溶液，每组 3 次求平均值。

表 1　实验数据记录表（Ⅰ）

实验温度：______ ℃；　　大气压：______ kPa

项目		甲溶液	乙溶液	丙溶液
pH	1 2 3 平均			

2. 在上述溶液中，采用醌氢醌电极，测量各待测溶液组成电池的电动势，要求每组溶液 3 个数据，记录在表 2 中。

表 2　实验数据记录表（Ⅱ）

实验温度：______ ℃；　　大气压：______ kPa

项目		甲溶液	乙溶液	丙溶液
pH	1 2 3 平均			
电动势/V	1 2 3 平均			

3. 根据所测各待测溶液组成电池的电动势，算出各溶液的 pH 值。
4. 分别比较 pH 测量数据和醌氢醌方法测量数据的 pH 值，计算其偏差。

六、思考题

1. 醌氢醌电极具有哪些优点？
2. 使用醌氢醌电极法测溶液 pH 值应注意哪些问题？
3. pH 的有效数据位数如何判定？

七、附录

1. 本实验中醌氢醌对水体危害较为严重，需废液回收。
2. PHS-2 酸度计（图 1）使用方法
（1）准备：将复合电极按要求接好，置于蒸馏水中，并使加液口外露。
（2）预热：按下电源开关，仪器预热 30min，然后对仪器进行标定。
（3）仪器的标定（两点标定）：

① 按下“pH”键，斜率旋钮调至100%位置。

② 将复合电极洗干净，并用滤纸吸干后将复合电极插入pH=7的标准缓冲溶液中，温度旋钮调至标准溶液的温度，搅拌使溶液均匀。按下读数开关，调节定位旋钮使仪器指示值为该标准缓冲溶液的pH值。

③ 把电极从pH=7的标准缓冲溶液中取出，用蒸馏水洗干净，并用滤纸吸干后，放入另一标准缓冲溶液中，按下读数开关，调节斜率旋钮使仪器指示值为该标准缓冲溶液的pH值。

④ 按②的方法再测pH=7的标准缓冲溶液的pH值，但注意此时斜率旋钮维持不动，仪器标定结束。

（4）测量pH值：将电极移出，用蒸馏水洗干净，并用滤纸吸干后将复合电极插入待测溶液中，搅拌使溶液均匀，表针指示值加上“范围”旋钮指示值即是该溶液的pH值。

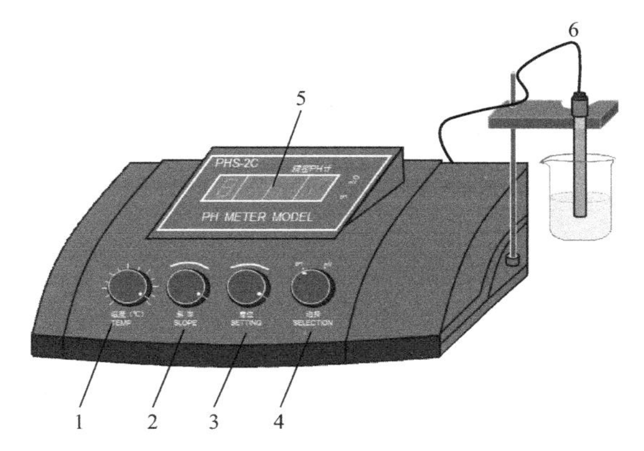

图1　PHS-2型酸度计面板

1—温度补偿器；2—斜率调节器；3—定位调节器；4—pH-mV分挡开关；

5—显示屏；6—玻璃复合电极

参考文献

[1] 邹应全，行鸿彦．高精度pH测量仪研究 [J]．测控技术，2010，29（009）：1-4.

[2] 周锦帆，黄伟．pH测量原理及注意事项 [J]．检验检疫科学，2003，13（001）：50-53.

[3] 叶璟．一种新型的锑/氧化锑pH测量电极．CN 201247218Y [P]，2009.

[4] 彭玲，殷晋尧．非玻璃型pH敏感电极的研制——（一）固体离子交换树脂膜电极 [J]．分析化学，1985（03）：67-69.

实验十三　氢过电位的测量

一、实验目的

1. 了解不可逆电极的意义、影响过电位的因素及其消除方法。

2. 掌握测量不可逆电极电位的实验方法。

3. 测定光亮铂电极上的氢的活化过电位，求得塔菲尔公式中的两个常数。

二、实验原理

当氢电极上没有电流通过时，氢离子和氢分子处于可逆平衡状态，而当电极上有电流通过时，由于氢离子在阴极上放电而析出氢气，电极反应成为单向不可逆过程，使阴极析出电位比可逆平衡状态时变得更负，它们的差值定义为氢过电位：

$$\eta = E_{可逆} - E_{不可逆} \tag{1}$$

$$E_{不可逆} < E_{可逆}, 且\ \eta > 0 \tag{2}$$

氢过电位 η 主要由三个部分组成

$$\eta = \eta_1 + \eta_2 + \eta_3 \tag{3}$$

式中，η_1 为电阻过电位；η_2 为浓差过电位；η_3 为活化过电位，η_3 是由于电极反应本身需要一定的活化能所引起的。其中前两项过电位比起活化过电位要小得多，在实际测量时，可设法减小到可忽略的程度。因此，氢过电位一般是指活化过电位。

1905 年塔菲尔（Tafel）从大量的实验数据中发现了在一定的电流密度范围内过电位与电流密度的关系式，称之为塔菲尔经验公式：

$$\eta = a + b\ln j \tag{4}$$

式中，j 为电流密度；a、b 为常数。

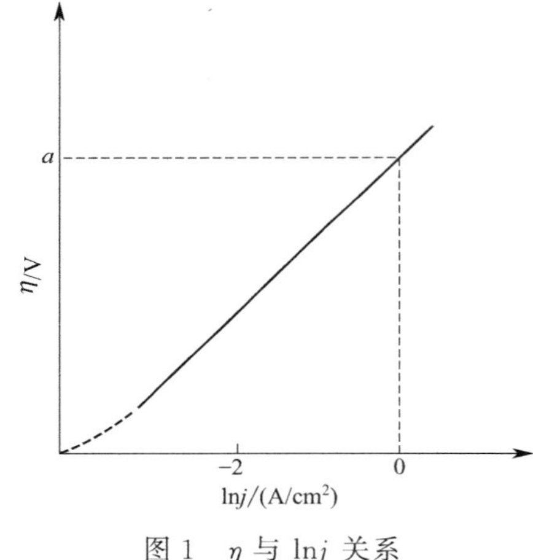

图 1　η 与 $\ln j$ 关系

a 是当电流密度为 $1\mathrm{A/cm^2}$ 时的氢过电位，a 值与电极材料的性质、表面状态、溶液组成和温度有关，它表征着电极反应不可逆程度的大小。即 a 值越大，在所给定电流密度下氢过电位也就越大。

b 为过电位与电流密度自然对数的线性方程式的斜率，如图 1，b 值随电极性质的变化不大。通常 $b \approx 2RT/F$ 或 RT/aF，对于大多数金属 $a \approx 0.5$，常温下，$b \approx 0.050\mathrm{V}$。但从理论及实验上都证实了当电流密度极低时，并不服从塔菲尔公式，如图 1 虚线部分所示。此时氢过电位与电流密度成正比，即

$$\eta \propto j \tag{5}$$

因此，在实验中应采取措施，尽量减小电阻过电位及浓差过电位等问题的影响。

实验采用三电极体系测定在一系列不同电流密度下的氢过电位，见图 2。辅助电极与被测电极构成一个电解池，使氢离子在被测电极上放电。标准氢电极作为参比电极与被测电极组成电池，测量工作时电极的电极电位。

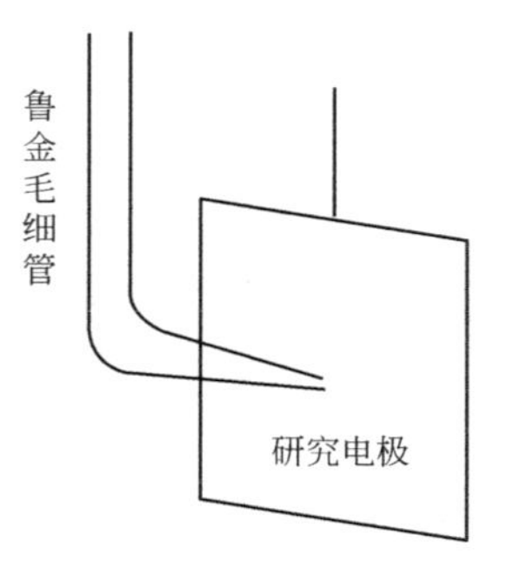

图 2　鲁金毛细管

在电解电流密度不太大时，一般浓差过电位较小。实验中在工作电极的下方通入氢气，不仅使工作电极被氢气饱和得到稳定的电极电位，还可使工作电极附近的溶液加速扩散，从而将浓差过电位降低到可忽略的程度。

为了尽量减小电阻过电位，工作电极与参比电极用鲁金毛细管

连接，使毛细管尖端紧靠工作电极，而毛细管内的溶液又几乎没有电流通过，故电阻过电位可减小到忽略不计。当电流密度较大时，电阻过电位不能忽略，可将毛细管口与工作电极置于不同的距离处，测量各个对应距离时的过电位，再外推到工作电极与毛细管距离为零时的过电位进行校正。

电极表面的物理状态、光洁程度、化学成分以及溶液中存在少量杂质，都会引起氢过电位的很大变化。因此电极和容器的处理和清洁是做好本实验的关键，所用溶液要用电导水配制。

三、仪器与试剂

1. 仪器：超级恒温槽，超纯氢发生器，电化学分析仪，氢过电位测试装置（研究电极、标准氢电极、辅助电极，见图 3）。

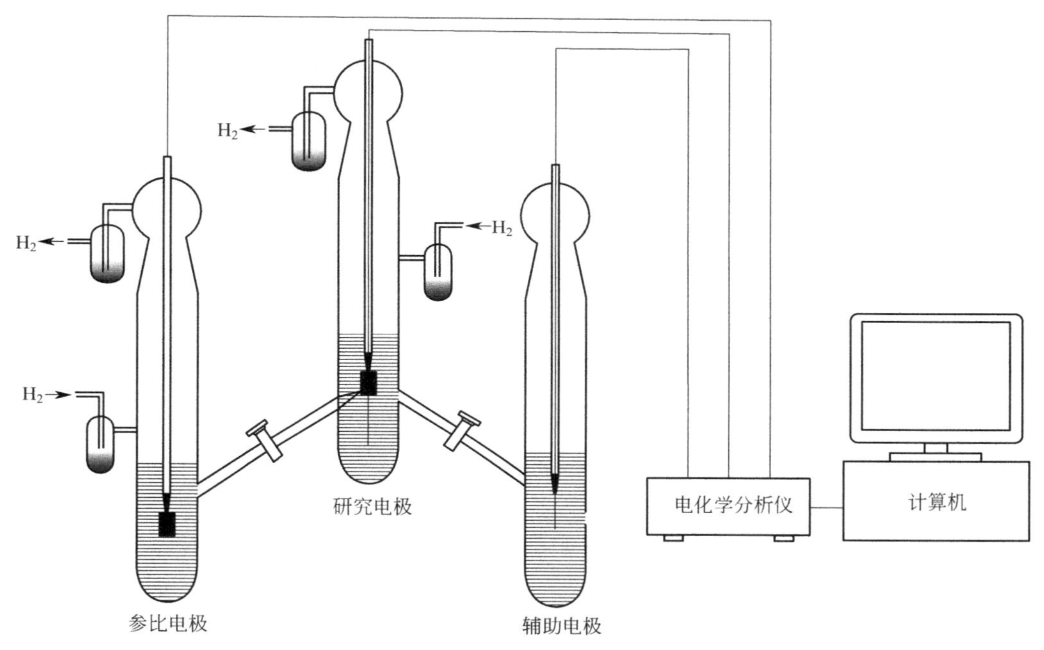

图 3　氢过电位测试装置示意

2. 试剂：1.00mol/L HCl 溶液，浓 HNO_3 溶液，王水，KOH 乙醇溶液，电导水。

四、实验步骤

1. 电解池的清洗

电解池先用王水荡洗一下，用水洗净后，再用蒸馏水、电导水各荡洗 2～3 遍，然后用少量电解液（1.00mol/L HCl 溶液）荡洗 2～3 遍。最后倒入一定量电解液使各电极浸没为止，氢气出口处以电解溶液密封。

2. 参比电极的制备与安装

参比电极（标准氢电极）依次用电导水、盐酸溶液小心冲洗（不要把电极表面物冲掉），然后插入电解池中。

3. 研究电极与辅助电极的处理

将研究电极（光亮铂电极）及辅助电极先用 KOH 乙醇溶液泡煮数分钟，用蒸馏水清洗后，在浓硝酸中泡煮数分钟，再分别用蒸馏水、电导水冲洗，最后用电解液冲洗。将三个电极分别插入装有电解液（1.00mol/L HCl）的电解池中，并以电解液封闭磨口活塞和进出口。

4. 将电解池放置于恒温槽内，使电解溶液全部处于恒温槽水面下，恒温温度为（25±0.2)℃（或 30℃、35℃)。

5. 接通氢气，开启超纯氢气发生器开关，调节活塞以控制氢气流速为 1～2 个气泡/秒，通气 30min 以上，使整个电解池中始终充满氢气，让研究电极和标准氢电极被氢气充分饱和，体系达到平衡状态。

6. 按图 3 接好电路，打开电化学分析仪和计算机，预热 10min，平衡电位的改变＜±0.001V/min，才能认为体系已达稳定，方可通极化电流，测量研究电极在不同电流强度时的电位。重复测量 3 次，其电势读数平均偏差应小于 2mV，取其平均值作为该实验条件下的电势，然后计算其超电势。

7. 使电解电流从零逐渐增大，在 0～20mA 范围内选择 15～20 点，测量研究电极在不同电流强度时的电位。重复测量三次，其偏差应小于 2mV。

8. 测量完毕后，取出研究电极，测量铂片表观面积，倒出电解池中的电解液，清洗电极和电解池，然后注入电导水中，放入电极。清洗电极时应特别小心，避免碰损。

9. 注意事项

（1）安装鲁金毛细管时，应尽量使鲁金毛细管口紧靠研究电极表面。仔细检查毛细管中不应有气泡存在。

（2）通氢气时，应缓慢开启，防止气流将密封液冲出。

（3）测电位时，应等读数基本稳定（即每分钟内变化不超过 1mV）后再读数。

（4）影响氢超电势的因素较多，在测量过程中除应避免电阻超电势和浓差超电势之外，特别要注意电极的处理和溶液的清洁，这是做好本实验的关键。

（5）电极处理必须严格，如果使用铂电极，若电极表面存在杂质，尤其是有机物，会使铂中毒，即使是微量，也会严重影响测量结果。

（6）对电解池磨口也要用电解质溶液湿润封闭，而不能用油脂。

（7）应注意本实验中电解质和水的高度纯净，检测其电导率小于 2×10^{-6} S/cm。

五、数据记录与处理

1. 将无电解电流时的电位差 $\varphi_{可逆}$ 分别减去不同电流密度下的电位差 $\varphi_{不可逆}$，即得该电流密度时的过电位 η。

2. 将电解电流强度换成电流密度 j（A/cm^2），并取其对数，得 $\ln j$。

3. 以 η 对 $\ln j$ 作图，连接线性部分得一直线，非线性部分用虚线表示。

4. 求出直线斜率 b，并将直线延长至横轴 $\ln j=0$ 处，读出 a 数值。或取直线上任意一

点相应的 η、$\ln j$ 值及 b 值代入塔菲尔公式求出 a。

5. 将 a、b 代入塔菲尔公式即得氢过电位与电流密度关系的经验公式。

实验数据记录于表 1。

表 1 实验数据记录表

实验时间		实验环境温度、气压		
电流密度 i/A	电位差 $\varphi_{不可逆}$/V	电流密度 j/(A / cm^2)	$\ln j$	过电位 η/V

六、思考题

1. 电解池中三个电极的作用各是什么？
2. 为什么实验中参比电极和研究电极都要不断通 H_2？
3. 影响过电位的主要因素有哪些？在实验中怎样消除这些影响？
4. 如果本实验使用铂电极作为研究电极，使用铂片更好，还是使用铂丝更好？
5. 为什么通电流时测得的电动势与不通电流时测得的电动势之间差值即为该电流密度下的超电势？

七、附录

1. 参考数据

铂电极材料属于低氢超电势金属，塔菲尔公式中其 a 值在 0.1～0.3V，b 的数值接近 118 mV。

2. 药品使用注意事项

本实验使用的硝酸属于易制爆化学品，盐酸属于易制毒化学品。需要在使用时注意使用规范，盐酸、硝酸、王水具有腐蚀性，操作者需穿实验服，戴口罩、手套等。

3. 仪器

本实验使用电化学工作站，这里以 CHI660A 为例。

本实验利用计时电势法进行测试，通过计算机使 CHI 仪器进入到 Windows 工作界面，在工具栏里选中“T”（实验技术），屏幕上显示一系列实验技术的菜单，再选中“Chronopotentiometry”（计时电势法），然后工具栏中选中“Parameters”（参数设定），此时屏幕上显示一系列需设定参数的对话框，设定参数见表 2。

表 2 设定参数表

阴极电流/A	0	阳极电流/A	0
极限正电势/V	0	极限负电势/V	1
阴极极化时间/s	180	阳极极化时间/s	0
初始极化方向	阴极	采样间隔/s	1
电流极性转换控制	时间		

至此，参数已经设置完毕，点击“OK”键，然后点击工具栏中的运行键，此时仪器开始运行，屏幕上即时显示电势-时间图，180s 后为第一个实验结束。保存数据。重复三次，电势读数的平均偏差应小于 2mV，取其平均值作为上述实验条件下的电势，然后计算其超电势。

在上述实验条件下，使阴极电流密度控制在 0～8mA/cm 范围内，从小到大，逐点选择，测定 10～15 个电流密度下的超电势，每个电流密度重复测 3 次。

4. 拓展阅读

关于氢在阴极上电解时的反应机理，曾有人研究过，提出了迟缓放电理论和复合理论。在这两种理论中，都认为从 H^+ 在电极上放电至 H_2 逸出，有以下步骤：

（1）扩散 $H_3O^+ \longrightarrow$ 向电极（M）扩散

（2）放电 $H_3O^+ + M + e^- \longrightarrow M—H + H_2O$

如果在碱性溶液中，由于 H_3O^+ 很少，可能是 H_2O 分子放电。即

$$H_2O + M + e^- \longrightarrow M—H + OH^- \text{ 或 } H_3O^+ + M—H + e^- \longrightarrow M + H_2 + H_2O$$

（3）复合 $M—H + M—H \longrightarrow 2M + H_2$

（4）逸出 $H_2 \longrightarrow$ 向电极逸出

在以上步骤中，（1）和（4）不能影响反应速率。那么（2）和（3）中究竟哪一步最慢（即为控制步骤）呢？迟缓放电理论认为步骤（2）最慢，而复合理论认为步骤（3）最慢。

一般来说，对氢超电势较高的金属如 Hg、Zn、Pb、Cd 等可用迟缓放电理论来解释其实验事实。对氢超电势较低的金属如 Pt、Pd 等，可用复合理论来解释其实验事实。至于氢超电势介于两者之间的金属，情况较为复杂些。但是，不论采用何种理论都能得出经验的塔菲尔公式。

参考文献

[1] 复旦大学，等．物理化学实验．3 版 [M]．北京：高等教育出版社，2004.
[2] 陈景，潘诚，崔宁．铂钯钌铑的氢过电位比较研究 [J]．贵金属，1991（01）：9-16.
[3] 查全性，等．电极过程动力学导论 [M]．北京：科学出版社，1987.

实验十四 恒电势法测碳钢的阳极极化曲线

一、实验目的

1. 掌握恒电位极化测绘阳极极化曲线的方法，测定碳钢在碳酸氢铵溶液中的阳极极化曲线。

2. 了解金属钝化行为的原理及其应用。

二、实验原理

金属的阳极过程是指金属阳极发生的电化学溶解过程，即：

$$M \longrightarrow M^{n+} + ne^- \qquad (1)$$

在金属阳极的电化学溶解过程中，其电极电位必须高于其热力学平衡电极电位，电极过程才能进行，这种电极电位偏离热力学平衡电极电位的现象，称为极化。当阳极极化不大时，阳极过程的速度随着电位升高而逐渐增大，这时金属的正常阳极溶解，当电极电位移到某一数值时，阳极溶解速率随电位升高而大幅度降低，这种现象称为金属的钝化。

处于钝化状态的金属其溶解速率很小，因此利用阳极钝化可以防止金属腐蚀和在电解质中保护电镀中的不溶性阳极。这种使金属表面生成一层耐腐蚀的钝化膜来防止金属的腐蚀方法，叫做阳极保护。而在另外一些情况下，金属的钝化却非常有害，例如在化学电源、电冶金以及电镀中的阳极溶解等。因此，研究阳极钝化现象具有非常重要的意义。

测绘阳极极化曲线有恒电位法（控制电位）和恒电流法（控制电流），由于恒电位法能测得完整的阳极极化曲线，因此在金属钝化现象的研究中使用较多。用恒电位法测得的典型阳极极化曲线如图1所示。

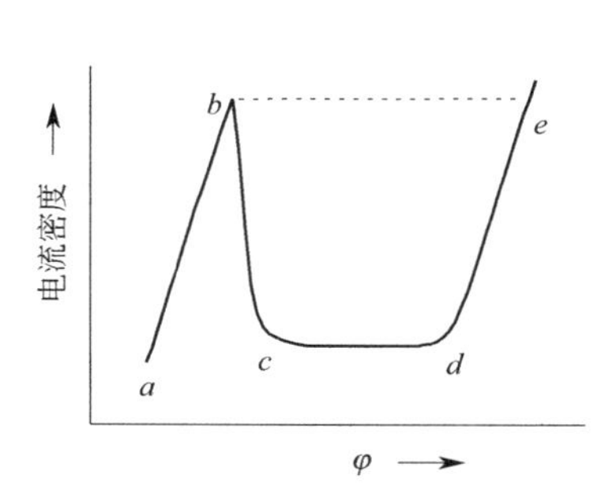

图1　阳极极化曲线

ab 段相应的电极电位范围为活性溶解区，随着电位向正方向移动，电流也随之增大，此时金属进行正常的阳极溶解，*a* 点电位是金属的自然腐蚀电位；*b* 点对应的电流称为致钝电流（或临界钝化电流），电位称为临界钝化电位；电位超过 *b* 点以后，电流迅速减小，*bc* 段为钝化过渡区，*cd* 段相应的电极电位范围为钝化稳定区，电位达到 *c* 点以后，电位继续升高，电流密度仍保持在一个几乎不变的很小数值上。此时金属的溶解速度降低到最小数值，对应于 *cd* 段的电流称为维钝电流；*de* 段相应的电极电位范围为超钝化区，电位升到 *d* 点后，电流又随电位的升高而迅速增加，其原因可能是由于阳极金属以高价离子的形式氧化溶解在溶液中，发生所谓“超钝化现象”，也可能发生其他阳极反应，如 OH^- 在阳极放电析出氧气，或者上述两者同时发生。由于钝化受到破坏，金属的腐蚀速度也随之增加。如果对金属通以致钝电流，使金属表面生成一层钝化膜，再用维钝电流保持其表面的钝化膜不消失，金属的腐蚀速度就会大大降低。

钝化现象是阳极过程的一个特殊规律，在电解、电镀生产中是经常遇到的。影响金属钝化过程及钝化性质的主要因素有以下几个方面。

（1）金属本性。有些金属比较容易钝化，如铬、镍、钛及钼等。而另一些金属如铜及银等则不容易钝化。因此，钢铁中添加铬、镍可以提高其钝化能力及钝态的稳定性。

（2）溶液成分。在电镀溶液中加入某些络合剂和阳极去极化剂（如镀镍液中的氯化物和氰化镀铜溶液中的酒石酸盐等）能使阳极活化，促使阳极溶解。而镀液中的有些成分（如氰化镀液中积累过多的碳酸盐及存在重铬酸盐、高锰酸钾等氧化剂）会促使阳极电位变正，造成阳极钝化。

（3）酸碱性。一般在中性溶液中，金属比较容易钝化，而在酸性或某些碱性溶液中，则不易钝化，这往往与阳极反应产物的溶解度有关。在酸性溶液中，阳极一般不易生成难溶的物质。

（4）工作条件。阳极电流密度是对阳极过程影响最大的一个因素。一般情况是，在不大于临界钝化电流密度的情况下，提高电流密度可以加速阳极的溶解。当电流密度大于临界值时，提高电流密度将显著加速阳极的钝化过程。

（5）外界因素。一般来说，升高温度、加剧搅拌可以促进离子扩散，推迟或防止钝化过程的发生。低温有利于发生阳极钝化，因为这时的临界钝化电流密度值比高温时要小。

采用恒电位法测量极化曲线时，是将研究电极的电位恒定地维持在所需值，然后测定相应电位时的电流。由于电极表面状态在未建立稳定状态之前，电流会随时间而改变，故一般测出的曲线为“暂态”极化曲线。

测定某一恒定电位下电流的稳定值，并逐点改变电位从而获得完整的极化曲线为静态法。静态法的测量结果较接近稳态值，但它的测量时间太长。若控制电极电位以较慢的速度连续地扫描，并测量对应电位下的瞬时电流值，以瞬时电流与对应的电极电位作图，获得整个极化曲线为动态法。当电位扫描速度较慢时，测得的极化曲线与采用静态法测得的极化曲线接近。

本实验采用恒电位仪，并用动态法测定极化曲线。恒电位仪能自动地使被研究电极的电位保持在所需的电位值。装置如图 2 所示。

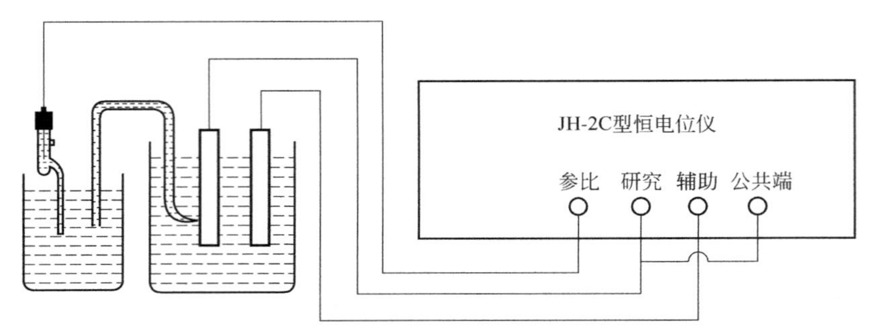

图 2　阳极极化曲线的测定装置

三、仪器与试剂

1. 仪器：恒电位仪，H 形电解池，3% 琼脂-饱和 KCl 盐桥，饱和甘汞电极（参比电极），碳钢电极（研究电极），Pt 电极（辅助电极），金相砂纸。

2. 试剂：NH_4HCO_3 饱和溶液，丙酮。

四、实验步骤

1. 用金相砂纸把碳钢电极表面抛光，用环氧树脂或石蜡涂封电极多余表面，仅露出工作面，并用绒布擦拭镜面，再用脱脂棉吸足丙酮溶液擦拭已磨光的工作面。

2. 洗净电解池，注入饱和 NH_4HCO_3 溶液，安放好研究电极、辅助电极、参比电极及盐桥，接好各电极线路。

3. 接通恒电位仪电源，仪器预热 10 min。

4. 测量研究电极与参比电极组成原电池的电动势（即开路电位），记录开路电位值。

5. 量程开关置于最大量程，功能开关置于“引入”“给定”。调节电压表上读数等于开路电位值。按下工作开关，选择合适的电流量程及倍率值，3 min 后读取极化电流值和电位值。

6. 每隔 3 min 使给定电位减小 50 mV，并在 3 min 末记录极化电流值和电位值。当研究电极电位进入稳定钝化区后，增加电位改变幅度（如每 3 min 降低 100 mV）。当阳极上大量氧析出时停止测量。在测量过程中应注意随时调整电流测量量程范围。因给定电位为参比电极相对于研究电极的电位，故 $E_{研究}=E_{参比}-E_{给定}$。

7. 实验完毕，将恒电位仪上所有开关置于起始位置，关闭仪器电源。取出研究电极和辅助电极，清洗电解池及电极。

8. 注意事项

(1) 碳钢电极表面应抛光，并充分清洗干净。

(2) 盐桥中不应有气泡，否则因断路无法进行测量。

(3) 实验过程中，应注意观察析出 H_2 和 O_2 时的电位。

五、数据记录与处理

1. 记录以下各项参数：

室温____℃；　研究电极工作面积 $S=$____m^2；　开路电位 $E=$____mV；

析出氧电位 $E=$____mV；　介质____。

实验数据记录于表1。

表1　实验数据记录表

$E_{阳}$/mV	
I/A	
j/(A/m^2)	
lg I	

2. 以 φ 为纵坐标，lg j 为横坐标作图。从所得阳极极化曲线上找出维钝电位范围和维钝电流密度值 j_m。

3. 根据法拉第定律，计算碳钢在钝化条件下的腐蚀速率：

$$K=\frac{j_m tM_{(1/3Fe)}\times 10^3}{26.8\rho} \tag{2}$$

式中，K 为年腐蚀速率，mm/a；j_m 为维钝电流密度，A/m^2；t 为时间，h/a，按一年330天计数；$M_{(1/3Fe)}$ 为1/3 Fe的摩尔质量（18.7×10^{-3}kg/m^3）；ρ 为铁的密度（7.8×10^{-3} kg/m^3）；26.8为析出1/3Fe物质的量为1 mol时需要96485 C电量，即26.8A·h/ mol。

六、思考题

1. 阳极保护的基本实验原理是什么？什么样的介质才适合于阳极保护？
2. 致钝电流和维钝电流有什么不同？
3. 恒电位仪测定的极化电流是哪个电路中的电流？
4. 研究阳极钝化现象具有什么重要的意义？

七、附录

1. 丙酮的注意事项

(1) 全面通风，远离火种、热源；

（2）避免与氧化剂、酸类、碱金属、胺类接触；
（3）操作人员需穿实验服，戴口罩、手套等。

2. 恒电位仪

（1）运行机理　阴极保护法是输气管道腐蚀防护的有效方法，恒电位仪是阴极保护系统的控制中心和电源。通过恒电位仪的正极电缆与辅助阳极相连接，通电后在地下形成一个半球面电场，负极接在被保护管道上，参比电极接线柱与参比电极相连接，参比电极埋设在管道附近，测量输气管道电位，监测保护效果。恒电位保护开启后，保护电流从恒电位仪正极流出，经过辅助阳极进入土壤，再流到管道上，又沿阴极导线回到电源负极，从而起到保护管道的作用。

（2）结构组成　理想的三电极恒电位仪电路主要由运算放大器、三电极体系、样品溶液、反馈电阻四部分构成。其中三电极体系由工作电极、参比电极、辅助电极组成。工作电极的作用是在外加电位条件下，使待测溶液发生电化学反应，从而测定该电极上产生的电流；辅助电极和工作电极组成一个导通回路；参比电极作为工作电极和辅助电极的基准电极。反馈电阻主要将工作电极产生的电流转换成电压，以符合后端采集输入的要求。恒电位仪的核心是比较放大器，由深度负反馈的差动放大器构成，一般采用性能优良的集成运算放大器担任，其输入是控制和参比（取样）电路，输出到跟随放大、控制移相、振荡等电路生成触发脉冲，极化电源由晶闸管整流电路构成，通过改变导通角实现调节输出。

参考文献

[1] 复旦大学，等．物理化学实验．3版［M］．北京:高等教育出版社，2004.
[2] 王轩．恒电位仪数字化应用效果评价［A］．第九届宁夏青年科学家论坛石化专题论坛，2013.
[3] 钟海军．恒电位仪研究现状及基于恒电位仪的电化学检测系统的应用［J］．分析仪器，2009（2）：1-2.

实验十五　希托夫法测定离子迁移数

一、实验目的

1. 掌握希托夫法测定电解质溶液中离子迁移数的基本原理和操作方法。
2. 通过实验测定 $CuSO_4$ 溶液中 Cu^{2+} 和 SO_4^{2-} 的迁移数。

二、实验原理

当电流通过电解质溶液时，在两电极上发生氧化、还原反应，反应物质的量与通过电量的关系服从法拉第定律，即一定时间内，流出的电荷量等于流入的电荷量，等于电路中任意截面流过的总电荷量 Q。在金属导线中，电流完全是由电子传递的，而在溶液中却是由阳、阴离子定向运动来共同完成的。即：

$$Q=Q_{+}+Q_{-} \quad (1)$$

式中，Q_{+}和Q_{-}分别为阳、阴离子运载的电荷量。离子的大小和所带电荷不同，导致离子的运动速率不同，即$v_{+}\neq v_{-}$，所以由阳离子和阴离子分别运载的电荷量也不相等，即$Q_{+}\neq Q_{-}$。电解的结果是两极区的溶液浓度发生了变化。为了表示电解质溶液中离子的特征，以及它们对溶液导电能力贡献的大小，引入离子迁移数的概念。定义离子迁移数为离子B所运载的电荷量占总电荷量的分数，以符号t表示，其量纲为1。若溶液中只有一种阳离子和一种阴离子，它们的迁移数分别以t_{+}和t_{-}表示，则有

$$t_{+}=\frac{Q_{+}}{Q_{+}+Q_{-}}=\frac{I_{+}}{I_{+}+I_{-}}=\frac{v_{+}}{v_{+}+v_{-}} \quad (2)$$

$$t_{-}=\frac{Q_{-}}{Q_{+}+Q_{-}}=\frac{I_{-}}{I_{+}+I_{-}}=\frac{v_{-}}{v_{+}+v_{-}} \quad (3)$$

显然$t_{+}+t_{-}=1$，对于含有多种离子的电解质溶液，则有$\sum t_{\mathrm{B}}=1$。

测定离子迁移数的方法有希托夫法、界面移动法和电动势法。本实验采用希托夫法测定离子迁移数。

希托夫法测定离子迁移数是根据电解前后，两电极区内电解质的量的变化来求算离子的迁移数。假设两个惰性电极之间充满1-1型电解质溶液，有两个假象界面将溶液分隔为阴极区、中间区和阳极区三个部分。通电前每部分含有6 mol的1-1型电解质，即6 mol阳离子和6 mol阴离子，如图1（a）所示。图中每个+、－号分别代表1 mol阳离子和1 mol阴离子。且阳离子的运动速率是阴离子运动速率的3倍，即$v_{+}=3v_{-}$。通电过程中有4 mol电子电荷量流经两个电极，如图1所示。则在阴、阳两极会发生如下情况。

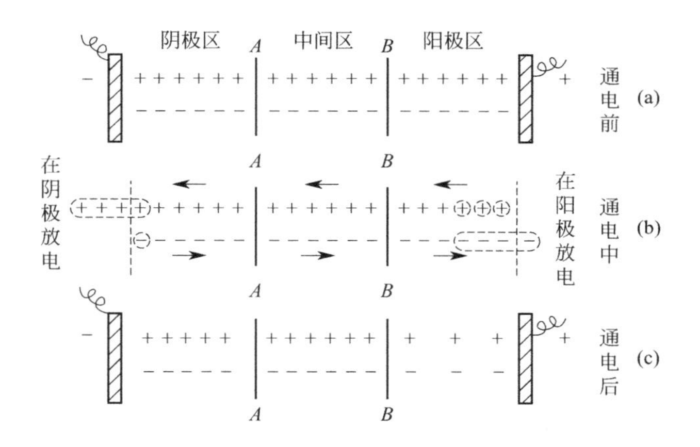

图1　离子的电迁移示意

（1）在阳极上有4 mol阴离子被氧化析出，放出4 mol电子；阴极上有4 mol阳离子得到电子被还原析出。

（2）因$v_{+}=3v_{-}$，所以溶液中向阴极运动穿越界面的阳离子数为3 mol，而逆向运动穿越界面的阴离子数为1 mol，总和有4 mol电子电荷量穿越界面。实际上，在两极之间溶液的任意截面上均有3 mol阳离子和1 mol阴离子对向通过，造成总和为4 mol的电子电荷流过。

（3）通电结束后，如图1（c）所示，阳极区迁出了3 mol阳离子，析出了4 mol阴离

子，迁入了 1 mol 阴离子，所以阴离子和阳离子都各剩 3 mol，即剩余电解质 3 mol。阴极区在析出 4 mol 阳离子的同时迁入 3 mol 阳离子，迁出的阴离子数为 1 mol，所以阴、阳离子都各剩 5 mol，即剩余电解质 5 mol。中间区迁出、迁入的阳离子都是 3 mol，阴离子都是 1 mol，所以电解质的物质的量不变。

由以上分析可知：

$$\frac{Q_+}{Q_-}=\frac{n_{+,\text{迁出}}}{n_{-,\text{迁出}}} \tag{4}$$

式中，$n_{+,\text{迁出}}$和$n_{-,\text{迁出}}$分别为阳离子迁出阳极区和阴离子迁出阴极区的物质的量。于是有

$$t_+=\frac{n_{+,\text{迁出}}}{n_{\text{反应}}}=\frac{n_{+,\text{前}}-n_{+,\text{后}}}{n_{\text{反应}}} \tag{5}$$

$$t_-=\frac{n_{-,\text{迁出}}}{n_{\text{反应}}}=\frac{n_{-,\text{前}}-n_{-,\text{后}}}{n_{\text{反应}}} \tag{6}$$

分别测定通电前后阴、阳离子的物质的量 $n_{i,\text{前}}$ 和 $n_{i,\text{后}}$，即可求得阴、阳离子迁出相应电极区的物质的量 $n_{-,\text{迁出}}$和$n_{+,\text{迁出}}$，再根据测量装置中串联的电量计，在通电前后其中电极的质量变化，即可计算电极反应的物质的量，进而求出离子的迁移数。

希托夫法测定离子迁移数，其实验装置如图 2 所示，包括一个阴极管、一个阳极管和一个中间管，外电路中串联有库仑电量计（本实验中采用铜电量计），可测定通过电流的总电量。在溶液中间区浓度不变的条件下，分析通电前原溶液及通电后阳极区（或阴极区）溶液的浓度，比较等重量溶剂所含溶质的量，可计算出通电后迁移出阳极区（或阴极区）的溶质的量。通过溶液的总电量 Q，由串联在电路中的电量计测定。根据公式可计算出 t_+和 t_-。

以 $CuSO_4$ 溶液为例，在迁移管中，两电极均为铜电极，其中放入 $CuSO_4$ 溶液。通电时，溶液中的 Cu^{2+} 在阴极上发生还原，而在阳极上金属铜溶解生成 Cu^{2+}。通电时，一方面阳极区有 Cu^{2+} 迁出，另一方面电极上 Cu 溶解生成 Cu^{2+} 进入阳极区，因而有：

$$n_{\text{电解后}}=n_{\text{电解前}}+n_{\text{反应}}-n_{\text{迁移}} \tag{7}$$

整理得到：

$$n_{\text{迁移}}=n_{\text{电解前}}+n_{\text{反应}}-n_{\text{电解后}} \tag{8}$$

式中，$n_{\text{迁移}}$ 为迁移出阳极区的 Cu^{2+} 量；$n_{\text{电解前}}$ 为通电前阳极区所含 Cu^{2+} 的量；$n_{\text{电解后}}$ 为通电后阳极区所含 Cu^{2+} 的量；$n_{\text{反应}}$ 为通电时阳极上 Cu 溶解（转变为 Cu^{2+}）的量，也等于铜电量计阴极上析出铜的量。

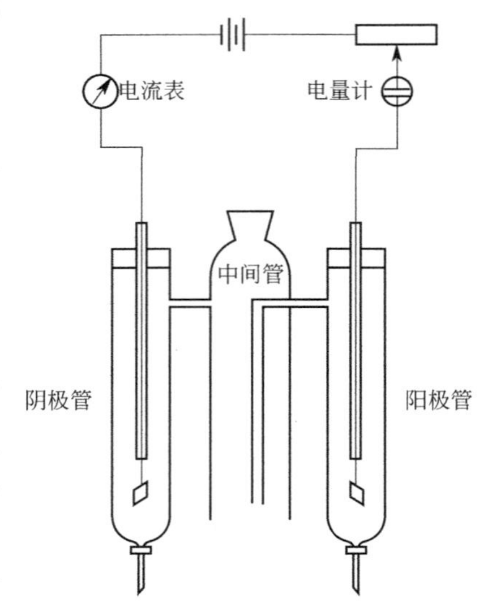

图 2　希托夫法实验装置示意

可以看出，希托夫法测定离子的迁移数至少包括两个假定：①电的输送者只是电解质的离子，溶剂水不导电，这一点与实际情况接近；②不考虑离子水化现象，实际上正、负离子所带水量不一定相同，因此电极区电解质浓度的改变，部分是由于水迁移所引起的。这种不考虑离子水化现象所测得的迁移数称为希托夫迁移数。

三、仪器与试剂

1. 仪器：LQY 离子迁移数测定装置 1 套、紫外-可见分光光度计、100 mL 锥形瓶 2 只、25 mL 锥形瓶 4 只、25 mL 移液管 4 支、5 mL 移液管 2 支、10 mL 移液管 2 支、250 mL 容量瓶 1 只、1000 mL 容量瓶 2 只。

2. 试剂：镀铜液、无水乙醇、1 mol/LHNO_3 溶液、0.5 mol/L$CuSO_4$ 溶液、乙二胺四乙酸二钠（EDTA）、乙酸、乙酸钠、$CuCl_2$。

四、实验步骤

1. 仪器装置

LQY 离子迁移数测定装置如图 3 所示。

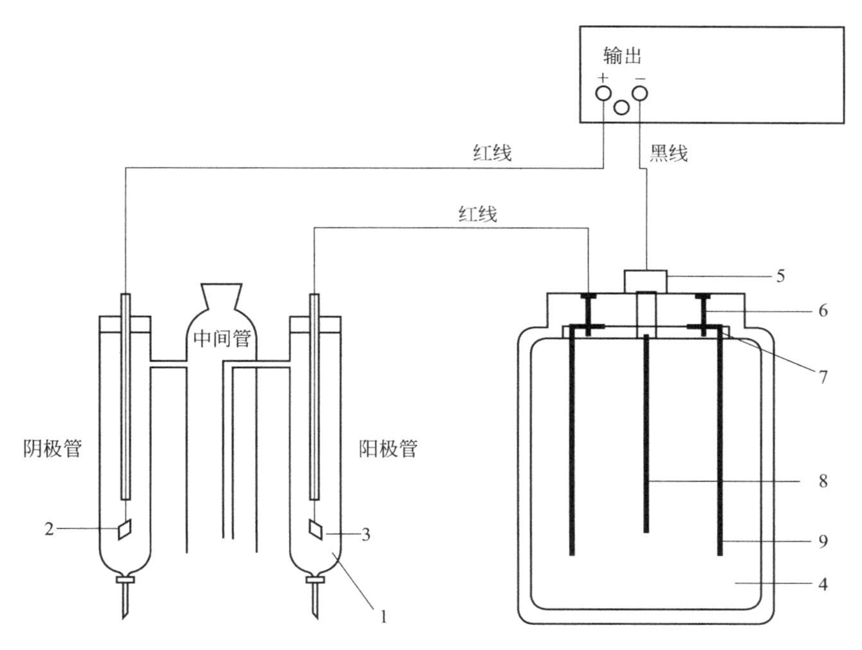

图 3　LQY 离子迁移数测定装置

1—迁移管；2—阳极；3—阴极；4—库仑计；5—阴极插座；6—阳极插座；7—电极固定板；8—阴极铜片；9—阳极铜片

（1）库仑计使用方法

① 库仑计中共有三片铜片，两边铜片为阳极，中间铜片为阴极。

② 阳板铜片固定在电极固定板上，不可拆下，阴极铜片由阴极插座固定。拆下或固定阴极铜片时只需逆时针旋松或顺时针旋紧阴极插座即可。

③ 电极固定板上有两个阳极插座，实验中可任意插入其中一个插座。

（2）前面板示意图　如图 4 所示。

2. 铜电量计的阴极和阳极为铜片。实验前将铜电极用金相砂纸蘸水打磨后，再用 1mol/LHNO_3 溶液稍微浸洗一下，以除去表面的氧化层，然后蒸馏水冲洗。在铜电量计中加入镀铜液，安装好电极，连接电源后，在 5 mA 电流下电镀 1 h，取出铜阴极，用蒸馏水

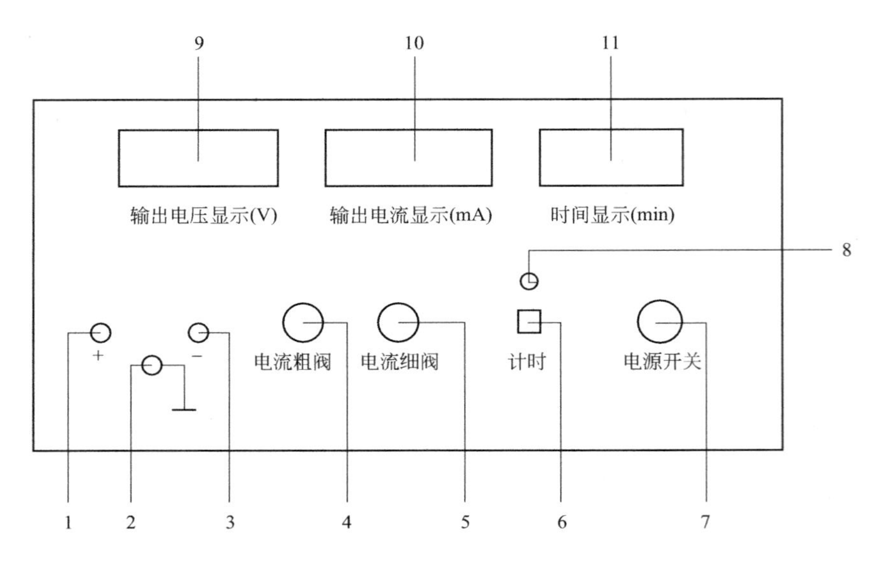

图 4　前面板示意

1—正极接线柱：负载的正极接入处；2—接地接线柱；3—负极接线柱：负载的负极接入处；
4—电流粗阀：粗略调节电流所需电流值；5—电流细阀：精确调节电流所需电流值；
6—计时按钮：按下此按钮，停止或开始计时；7—电源开关；8—计时指示：计时开始计时指示灯亮；
9—输出电压显示窗口：显示输出的实际电压值；10—输出电流显示窗口：显示输出的实际电流值；
11—时间显示窗口：显示计时时间

冲洗，乙醇润湿后用热风吹干（温度不可太高，电吹风离开电极一段距离），冷却后称重（W_1）。

3. 将电解用铜电极用金相砂纸蘸水打磨，再用 1mol/LHNO_3 溶液稍微浸洗一下，以除去表面的氧化层，然后蒸馏水冲洗。清洗迁移管。注意检查活塞是否漏水。在 1000 mL 容量瓶中配制 0.025mol/L$CuSO_4$ 溶液，用少量溶液荡洗迁移管两次，用该溶液充满迁移管，注意管中不能有气泡。

4. 按图 3 连接实验装置。接通电源，仔细调节使电流约在 20mA，通电 90min，电解过程中要避免振动、摇晃等会引起各管中溶液混合的行为。电解结束后切断电源，迅速将阳极管上的电极塞取下，打开阳极管底部活塞，将阳极区溶液放入已知质量的、干燥的 100 mL 锥形瓶中称重（准确至 0.01 g），注意不要使中间管中的溶液一起流出。

5. 取出电量计中的阴极铜片，用蒸馏水冲洗，乙醇润湿后用热风吹干，冷却后称重（W_2）。

6. 准确移取 25 mL 阳极区溶液在电子天平上准确称重。另取 25 mL 原 0.025mol/L $CuSO_4$ 溶液准确称重，再取 25 mL 通电后中间区 $CuSO_4$ 溶液准确称重。

7. 将上述三份准确称重的 25 mL 溶液在分光光度计扫描吸光度曲线，测量方法参见附录。若原 0.025 mol/L$CuSO_4$溶液与中间区 $CuSO_4$ 溶液的测定浓度偏差大于 3%，说明中间区溶液已经与阳极区溶液发生返混，应重新进行测定。

五、数据记录与处理

1. 根据铜电量计阴极铜片在通电前后的质量差，计算电极上 Cu 溶解成 Cu^{2+} 的物质

的量

$$n_{反应}/\mathrm{mol} = \frac{W_2 - W_1}{M_{Cu}} \tag{9}$$

式中，$M_{Cu}=63.546\ \mathrm{g/mol}$，是铜的摩尔质量。

2. 根据分光光度法测定的阳极区溶液的 Cu^{2+} 浓度 $c_{阳}$（mol/L，以下各式中浓度 c 的单位均与此相同），计算 25 mL 阳极区溶液中的 $CuSO_4$ 物质的量

$$n_{25mL,阳}/\ \mathrm{mol}=0.025\ c_{阳} \tag{10}$$

再根据通电后整个阳极区溶液质量 $W_{阳}$ 和 25mL 阳极区溶液质量 $W_{阳,25mL}$ 换算出通电后阳极区溶液中的 $CuSO_4$ 物质的量 $n_{电解后}$

$$n_{电解后}/\ \mathrm{mol}=\frac{W_{阳}}{W_{阳,25mL}}\times n_{25mL,阳} \tag{11}$$

并计算出整个阳极区中溶剂水的质量$W_{水}$

$$W_{水}=W_{阳}-n_{电解后}\ M_{CuSO_4} \tag{12}$$

式中，$M_{CuSO_4}=159.6068\mathrm{g/mol}$）是硫酸铜的摩尔质量。

3. 分别对比原 0.02 mol/L$CuSO_4$ 溶液和通电后中间区 $CuSO_4$ 溶液的分光光度法测定结果和称重质量，如差别不大，则取两者的平均值作为电解前溶液中的 $CuSO_4$ 浓度 $c_{中}$ 和 25 mL 电解前溶液质量 $W_{中,25mL}$。据此计算出电解前每克溶剂水中 $CuSO_4$ 物质的量

$$\frac{0.025c_{中}}{W_{中,25mL}-0.025c_{中}} \tag{13}$$

并换算出与整个阳极区溶剂水同质量 $W_{水}$ 的电解前溶液中 $CuSO_4$ 的物质的量 $n_{电解前}$

$$n_{电解前}/\mathrm{mol}=\frac{0.025c_{中}}{W_{中,25mL}-0.025c_{中}}\times W_{水} \tag{14}$$

4. 计算 Cu^{2+} 的电迁移量

$$n_{迁移}=n_{电解前}+n_{反应}-n_{电解后} \tag{15}$$

5. 计算正、负离子的迁移数：

$$t_{Cu^{2+}}=\frac{n_{迁移}}{n_{反应}} \tag{16}$$

$$t_{SO_4^{2}}=1-t_{Cu^{2+}} \tag{17}$$

据此

$$t_{Cu^{2+}}=1-\frac{n_{电解后}-n_{电解前}}{n_{反应}} \tag{18}$$

因为 $0<t_{Cu^{2+}}<1$，所以 $n_{电解后}>n_{电解前}$，即电解后的阳极区 $CuSO_4$ 浓度比电解前增大。

18℃无限稀释水溶液中的离子淌度 $U\times10^8$ [m^2/（V·s）]

Cu^{2+}：4.6；$SO_4{}^{2-}$：7.1

六、思考题

1. 中间区溶液浓度发生变化说明什么？如何防止？
2. 通过阴极的电流密度为什么不能过大或过小？

3. 除铜电量计外，你还可以设计出怎样的电量计？

4. 希托夫法测定离子迁移数的优缺点是什么？测定迁移数还有哪些方法？

七、附录

1. 文献数据

水溶液中$\frac{1}{2}Cu^{2+}$的极限摩尔电导率λ_{+}^{∞} [$(S \cdot cm^2)/mol$]

0℃：28 ；18℃：45.3 ；25℃：53.6

水溶液中$\frac{1}{2}SO_4^{2-}$ 的极限摩尔电导率λ_{-}^{∞} [$(S \cdot cm^2)/mol$]

0℃：41；18℃：68.4；25℃：80

2. 铜离子标准溶液配制和铜离子浓度的分光光度法测定。

(1) 仪器和试剂以及溶液配制

仪器：安捷伦紫外可见分光光度计。

乙二胺四乙酸二钠盐溶液（EDTA）：称取乙二胺四乙酸二钠盐 74.5 g，用水溶解后再稀释至 1L，浓度为 0.2 mol/L。

醋酸-醋酸钠缓冲溶液：称取结晶醋酸钠 132.3 g，溶于水后加入冰醋酸 2.36 mL，用水稀释至 1L，溶液 pH=6。缓冲溶液也可以用市售标准缓冲液样品配制。

铜标准溶液：准确称取 99.99%的氯化铜 0.5 g，移入 100 mL 容量瓶中，稀释至刻度，配制成铜离子摩尔浓度为 0.05 mol/L 的铜标准溶液。

(2) 实验方法

吸取铜标准溶液 5 mL 于 50 mL 容量瓶中，加入 15 mL 醋酸-醋酸钠缓冲溶液（可不用）和 25 mL 乙二胺四乙酸二钠盐溶液，用水稀释，定容，摇匀。通过紫外可见分光光度计测定用空白试剂（只含 EDTA 和缓冲溶液）或蒸馏水测定空白曲线，然后测定所配制的铜离子溶液的吸光度，波长为 730nm。

吸取不同数量的铜标准溶液，重复上述过程，在铜离子摩尔浓度为 0.003 ～ 0.008 mol/L 范围内，共测定至少 5 个数据，绘制铜离子浓度-吸光度工作曲线。

按上述方法，将待测定溶液配制成铜离子浓度处于工作曲线范围内的溶液，然后测定其吸光度。

参考文献

[1] 许新华，王晓岗，王国平．物理化学实验 [M]．北京：化学工业出版社，2017.

[2] 夏海涛．物理化学实验 [M]．南京：南京大学出版社，2014.

[3] 天津大学物理化学教研室．物理化学实验 [M]．北京：高等教育出版社，2015.

[4] 郑传明，吕桂琴．物理化学实验 [M]．北京：北京理工大学出版社，2015.

实验十六　一级反应——过氧化氢分解

一、实验目的

1. 熟悉一级反应的特点。
2. 掌握静态量气法测定分解反应动力学参数的实验原理和方法。
3. 测定过氧化氢水溶液在碘化钾催化剂的作用下分解反应的速率常数。

二、实验原理

过氧化氢是许多重要电化学反应（如氧电极的电化学还原）的中间产物，其分解反应为电化学反应总反应的控制步骤。常温下，过氧化氢的分解反应进行得较慢。实验证明 H_2O_2 的分解反应为一级反应。其分解的化学计量方程式如下：

$$H_2O_2 \longrightarrow H_2O + \frac{1}{2}O_2$$

许多催化剂如光的作用、KI、MnO_2、$FeCl_3$、Ag、Pt 等都能大大加快此反应的反应速率。本实验用 KI 为例研究催化剂存在条件下过氧化氢分解反应的动力学原理。由于反应在均匀相（溶液）中进行，故称为均相催化反应。该反应的机理为：

$$H_2O_2 + KI \xrightarrow{k_1} KIO + H_2O \quad （慢）$$

$$KIO \xrightarrow{k_2} KI + \frac{1}{2}O_2 \quad （快）$$

其中第一步基元反应为决速步骤。因此，反应的速率方程可以表达为：

$$r = r_1 = -\frac{d[H_2O_2]}{dt} = k_1[H_2O_2][KI] \tag{1}$$

由于反应过程中 KI 不断再生，其浓度 [KI] 保持不变可视为常数，式（1）可以简化为：

$$-\frac{d[H_2O_2]}{dt} = k_{obs}[H_2O_2] \tag{2}$$

式中，k_{obs} 称为表观速率常数。将式积分得：

$$\ln\frac{[H_2O_2]}{[H_2O_2]_0} = -k_{obs}t \tag{3}$$

式中，$[H_2O_2]_0$ 为 H_2O_2 的初始浓度，mol/L；$[H_2O_2]$ 为反应时刻 t 时 H_2O_2 的浓度，mol/L。

在 H_2O_2 催化分解过程中，t 时刻 H_2O_2 的浓度 $[H_2O_2]$ 可以通过测定在相应时间内释放出的氧气体积得出。因分解过程中，放出氧气的体积与分解了的 H_2O_2 浓度成正比，其比例常数为定值。令 V_∞ 表示 H_2O_2 全部分解释放出的氧气体积，V_t 表示 H_2O_2 在 t 时刻分解释放出的氧气体积，$V_\infty - V_t$ 可视为 t 时刻尚未分解的 H_2O_2 量，则 $[H_2O_2]_0 \propto V_\infty$，$[H_2O_2] \propto (V_\infty - V_t)$，将该关系代入式（3）中得到：

$$\ln \frac{[H_2O_2]}{[H_2O_2]_0} = \ln \frac{V_\infty - V_t}{V_\infty} = -k_{obs}t \tag{4}$$

或

$$\ln(V_\infty - V_t) = -k_{obs}t + \ln V_\infty \tag{5}$$

实验过程中只需要测定反应进行到不同时刻 t 时 H_2O_2 分解放出的氧气体积 V_t（若干数据）和反应终了时 H_2O_2 全部分解放出氧气的体积 V_∞（一个数据），如果以 $\ln(V_\infty - V_t)$-t 作图得一直线，即可验证是一级反应，由直线的斜率可以求出反应速率常数 k_{obs}。

本实验 V_∞ 的测定采用 $KMnO_4$ 滴定法，测试方法可参考附录。本实验量气的平衡介质为蒸馏水。本实验中所有的气体均按理想气体模型处理。

测定装置如图 1 所示。

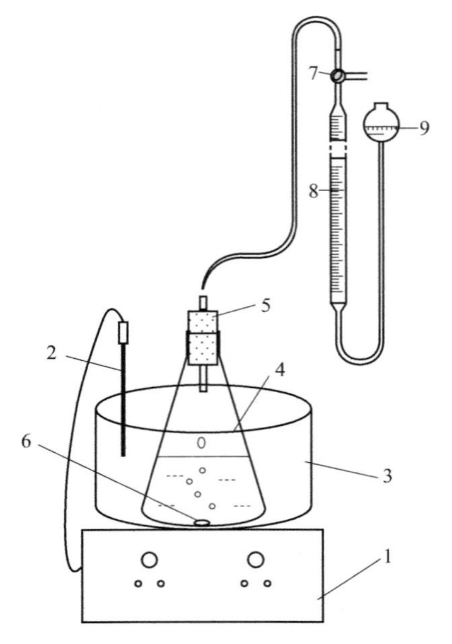

图 1　测定装置

1—磁力搅拌器；2—测温元件；3—恒温水槽；4—分解瓶；5—橡皮塞；6—搅拌子；7—三通活塞；8—量气管；9—水准瓶

三、仪器与试剂

1. 仪器：恒温磁力搅拌器一台（配控温元件和搅拌子），结晶皿 1 只（恒温水槽），5 mL 移液管（刻度）、10 mL 移液管各 2 支，25 mL、50 mL 移液管各 1 支，100 mL 量筒 1 个，250 mL 锥形瓶 3 个，50 mL 酸式滴定管 1 支，100 mL、250 mL 容量瓶各 1 只，250 mL 量气管 1 支，水准瓶 1 只，秒表 1 块，1/10 刻度水银温度计 1 支，放大镜 1 副，乒乓球 1 只，镊子 1 把，洗耳球 1 只，洗瓶 1 只，铁架台 3 副，铁夹 4 副，铁圈 1 副，蝴蝶夹 1 副，乳胶管 2 根，烧杯滴管回形针若干。

2. 试剂：4% H_2O_2 溶液，0.1～0.2 mol/L KI 溶液，0.02 mol/L $KMnO_4$ 标准溶液，3mol/L H_2SO_4 溶液，10% $MnSO_4$ 溶液（置滴瓶内，公用）。

四、实验步骤

1. 按实验装置图 1 连接各部分。自水准瓶装入适量的蒸馏水。将三通活塞旋转至 A 状态，水准瓶降至最低位置，检查系统的气密性。

2. 在恒温槽中放入适量水和一只回形针（搅拌水浴用）。调节恒温水浴的温度高于室温 3 ～ 5℃ 并恒定之。

3. 在洁净干燥的分解瓶中注入 150 mL H_2O 和 10 mL 0.1 ～ 0.2 mol/L KI 溶液，放入搅拌子。

4. 小心地将半个乒乓球放入分解瓶中并漂浮在此液面上，在球中注入 10 mL 4% H_2O_2 溶液，注意避免 H_2O_2 与 KI 提前混合。

5. 分解瓶置于恒温水浴中。塞紧橡皮塞，再次检查系统的气密性。三通活塞旋转至 B 状态，使系统通大气，调节水准瓶位置，记录量气管的起始液面刻度 V_0。

6. 旋转三通活塞至 A 状态，开启磁力搅拌，使半乒乓球中的 H_2O_2 与 KI 混合，立即开始计时。在反应过程中，不断移动水准瓶，使水位与量气管的液面齐平，记录反应时间 t 和反应体积 V 的数值，直至释放出的气体体积超过理论值的 70%或反应时间超过 60 min。

7. 参考附录的方法，自行设计实验方案，测定所用的 4% H_2O_2 水溶液中的 H_2O_2 初始浓度。要求测定两次，结果取平均值。

8. 记录室温、大气压、恒温温度等常规实验数据。清理实验仪器和实验台面。

五、数据记录与处理

1. H_2O_2 分解实验数据记录

室温：测量前 T_0=____；测量后 T=____；平均室温 $\overline{T}$=____。

实验温度：测量前 T_0'=____；测量后 T'=____；平均温度 $\overline{T'}$=____。

大气压强：测量前 p_0=____；测量后 p=____；平均大气压强 $\overline{p}$=____。

KI 溶液原始浓度 c_0______ mol/L。

KI 的反应液浓度 c______ mol/L。

H_2O_2 溶液原始浓度 c_0'____ mol/L。

H_2O_2 反应液浓度 c'______ mol/L。

量气管初始读数 V_0________ mL。

实验数据记录于表 1。

表 1 实验数据记录表

反应时间 t/min	量气管读数 V/mL	释放气体体积 V_t/mL	$(V_\infty - V_t)$ / mL	$\ln(V_\infty - V_t)$
反应时间 t/min	量气管读数 V/mL	释放气体体积 V_t/mL	$(V_\infty - V_t)$ / mL	$\ln(V_\infty - V_t)$

2. V_∞ 的计算

$KMnO_4$ 滴定 4% H_2O_2 初始浓度的实验方案参考附录（提示：首先稀释待测溶液至合理的浓度）。

3. 求反应的表观速率常数 k_{obs}。

以 $\ln(V_\infty - V_t)$-t 作图得一直线，即可验证是一级反应，由直线的斜率可以求 k_{obs}。

六、思考题

1. H_2O_2 和 KI 溶液的初始浓度对实验是否有影响？应根据什么条件选择？

2. 本实验的反应速率常数与催化剂用量有无关系？化学反应速率常数与哪些因素有关？

3. 为什么可以用 $\ln(V_\infty - V_t)$ 代替 $\ln c_t$ 对 t 作图？这样做对所得的斜率是否有影响？

4. V_∞还可以通过其他实验方法测定，或者通过对分解实验的数据进行分析计算，或者用数学方法消去等手段予以解决。请提出一种代替本实验用滴定方法测定 H_2O_2 浓度，进而推算 V_∞的设想。

七、附录

过氧化氢含量的测定。

（1）实验原理　$KMnO_4$ 是氧化还原滴定中最常用的氧化剂之一。高锰酸钾滴定法通常在酸性溶液中进行，反应时锰的氧化数由＋7 变到＋2。因为 $KMnO_4$ 溶液本身具有特殊的紫红色，极易察觉，故用它作为滴定液时，不需要另加指示剂。

H_2O_2 是医药上的消毒剂，它在酸性溶液中很容易被 $KMnO_4$ 氧化而生成氧气和水，其反应如下：

$$5H_2O_2 + 2MnO_4^- + 6H^+ \!=\!=\!= 2Mn^{2+} + 8H_2O + 5O_2\uparrow$$

在一般的工业分析中，常用 $KMnO_4$ 标准溶液测定 H_2O_2 的含量。

（2）试剂

H_2SO_4：1∶5 水溶液，约 3.6 mol/L；$KMnO_4$：固体，分析纯；$Na_2C_2O_4$：固体基准试剂，分析纯，110℃烘干 2h，放入干燥器冷却至室温，保存备用；H_2O_2：30% 水溶液。

（3）分析步骤

① 0.02 mol/L $KMnO_4$ 溶液的配制和标定

用台秤称取 1.7～1.8 g $KMnO_4$固体，溶在煮沸的 500 mL 蒸馏水中，保持微沸约 1 h，静置冷却后用倾斜法倒入 500 mL 棕色试剂瓶中，注意不能把杯底的棕色沉淀倒进去。标定前，其上层的溶液用玻璃砂芯漏斗过滤。残余溶液和沉淀则倒掉。把试剂瓶洗净，将滤液倒回瓶内，摇匀。

精确称取 0.15～ 0.20g 预先干燥过的 $Na_2C_2O_4$三份，分别置于 400 mL 烧杯中，各加入 80～90mL 蒸馏水和 20 mL 1∶5 H_2SO_4 使其溶解，慢慢加热直到有蒸汽冒出（75～85℃）。趁热用待标定的 $KMnO_4$溶液进行滴定。

开始滴定时，速度宜慢，在第一滴 $KMnO_4$ 溶液滴入后，不断摇动溶液，当紫红色褪去后再滴入第二滴，在滴定过程中温度不得低于 75℃，故可边加热边滴定。待溶液中有 Mn^{2+}产生后，反应速率加快，滴定速度也就可适当加快，但也绝不可使 $KMnO_4$溶液连续流下。接近终点时，紫红色褪去很慢，应减慢滴定速度同时充分摇匀，以防超过终点。最后滴加半滴 $KMnO_4$溶液，在摇匀后 0.5min 内仍保持微红色不褪，表明已达到终点，记下最终读数并计算 $KMnO_4$溶液的浓度及相对平均偏差。

② 过氧化氢含量的测定

用移液管吸取 1.00 mL H_2O_2 样品，置于 250mL 容量瓶中，加水稀释至刻度，摇匀。吸取 25.00 mL 稀释液三份，分别置于三个 250 mL 锥形瓶中，各加 1∶5 H_2SO_4 5 mL，滴入 2 滴 10% $MnSO_4$ 溶液，用 $KMnO_4$ 标准溶液滴定至终点（0.5min 内仍保持微红色不褪）。计算未经稀释样品中 H_2O_2的含量及相对平均偏差。

参考文献

[1] 赵雷洪，罗孟飞．物理化学实验 [M]．杭州：浙江大学出版社，2015.

[2] 王军，杨冬梅，张丽君，等．物理化学实验 [M]．北京：化学工业出版社，2015.

实验十七　旋光法测定蔗糖水解速率常数

一、实验目的

1．了解旋光度与旋光物质浓度以及实验条件等因素之间的关系。
2．了解旋光仪的构造、工作原理、使用方法，掌握测定旋光度的实验操作技术。
3．测定蔗糖水解反应的速率常数和半衰期。

二、实验原理

蔗糖的转化反应：

$$C_{12}H_{22}O_{11}(\text{蔗糖})+H_2O \xrightarrow{H^+} C_6H_{12}O_6(\text{葡萄糖})+C_6H_{12}O_6(\text{果糖})$$

是一个二级反应，该反应在纯水中反应速率很小，一般需要在 H^+ 的催化作用下进行。虽然反应过程中有部分水分子被消耗，但由于反应体系中水是远远过量的，所以可近似认为整个反应体系中水浓度是恒定的，另外，H^+ 作为催化剂，其浓度也近似保持不变，实验表明，该反应速率与蔗糖浓度的平方成正比，因此蔗糖的水解反应是假一级反应，其反应的速率方程可表示为：

$$-\frac{dc_A}{dt}=kc_A \tag{1}$$

式中，k 为反应速率常数；c_A 为 时刻反应物浓度。对式（1）积分得：

$$\ln c_A=-kt+\ln c_A^0 \tag{2}$$

式中，c_A^0 为反应开始时蔗糖的浓度。

当 $c_A=\frac{c_A^0}{2}$时，t 可用 $t_{1/2}$ 表示，即反应的半衰期：

$$t_{1/2}=\frac{\ln 2}{k}=0.693/k \tag{3}$$

蔗糖、葡萄糖、果糖都是旋光性物质，而且它们的旋光能力不同，因此可以通过监测反应进程中体系的旋光度变化来度量反应的进程。

溶液的旋光度与溶液中所含旋光物质的旋光性、溶剂性质、溶液浓度、样品管长度、光源波长及温度等均有关系。当其他条件均固定时，旋光 α 与反应物浓度 c 呈线性关系：

$$\alpha=Kc \tag{4}$$

式中，比例常数 K 与物质的旋光能力、溶剂性能、样品管长度、温度等有关。

物质的旋光能力用比旋光度 $[\alpha]$ 来度量，比旋光度可用下式表示：

$$[\alpha]_D^{20}=\alpha 100/lc \tag{5}$$

式中，20 为实验时的温度为 20℃；D 为所用钠灯光源 D 线（波长为 589 nm）；α 为样品的旋光度；l 为样品管的长度（dm）；c 为浓度（$g\cdot 100mL^{-1}$）。

反应物蔗糖是右旋性的物质，其比旋光度 $[\alpha]_D^{20}=66.6°$，生成物中葡萄糖也是右旋性的物质，其比旋光度 $[\alpha]_D^{20}=52.5°$，而果糖是左旋性物质，其比旋光度 $[\alpha]_D^{20}=-91.9°$。由于旋光性不同的物质组成的混合溶液，其旋光度是各物质旋光度之和，而生成物中果糖的左旋性比葡萄糖的右旋性大，所以生成物呈左旋性。因此，随着反应的进行，体系的旋光度从右旋逐渐变化到左旋，当蔗糖完全水解时，左旋角达到最大值 α_∞。

设反应开始（$t=0$）时体系的旋光度为：

$$\alpha_0=K_{反}c_A^0 \tag{6}$$

$t=\infty$ 时，蔗糖已完全转化，体系的旋光度为：

$$\alpha_\infty=K_{生}c_A^0 \tag{7}$$

式（6）、式（7）中 $K_{反}$ 和 $K_{生}$ 分别为反应物与生成物的比例常数。

t 时刻，蔗糖浓度为 c_A、旋光度 α_t 为：

$$\alpha_t=K_{反}c_A+K_{生}(c_A^0-c_A) \tag{8}$$

由式（6）～式（8）联立可解得：

$$c_A^0=\frac{\alpha_0-\alpha_\infty}{K_{反}-K_{生}}=K'(\alpha_0-\alpha_\infty) \tag{9}$$

$$c_A=\frac{\alpha_t-\alpha_\infty}{K_{反}-K_{生}}=K'(\alpha_t-\alpha_\infty) \tag{10}$$

将式（6）、式（10）代入式（2）即得：

$$\ln(\alpha_t-\alpha_\infty)=-Kt+\ln(\alpha_0-\alpha_\infty) \tag{11}$$

由式（11）可以看出，若以 $\ln(\alpha_t-\alpha_\infty)$ 对 t 作图，为一直线。根据直线的斜率即可求得反应速率常数 k。

三、仪器与试剂

1. 仪器：WZZ-3 自动旋光仪，恒温槽，恒温箱，25 mL 移液管 2 支，100 mL 锥形瓶（带塞）3 只。

2. 试剂：蔗糖，4 $mol \cdot L^{-1}$ 溶液。

四、实验步骤

1. 开启旋光仪

（1）将仪器电源插头插入 220 V 交流电源，打开仪器电源开关，这时钠光灯应启亮，需经 5 min 钠光灯预热，使之发光稳定。

（2）将仪器右侧的光源开关向上扳到直流位置（DC），如光源开关扳上后，钠光灯熄灭，则再将光源开关上下重复扳动 1～2 次，使钠光灯在直流下点亮。如果钠光灯在直流供电系统出现故障不能使用时，仪器也可在钠光灯交流供电的情况下测试，但仪器的性能可能略有降低。

（3）打开仪器屏幕上的“回车”键，这时液晶显示器即有 MODE、L、C、n 项显示（MODE 为模式——MODE1：旋光度；MODE2：比旋度；MODE3：浓度；MODE4：糖度；C 为浓度，L 为试管长度，n 为测量次数。默认值：MODE：1；L：2.0；C：0；n：1。

（4）如果显示模式不需改变，则按“测量”键，这时数码管应显示“0.000”。若需改变模式，修改相应的模式数字对于 MODE、L、C、n 每一项，输入完毕后，需按“回车”键，当 n 输入完毕后，按“回车”键后显示“0.000”表示可以测试。在 C 项输入过程中，发现输入错误时，可按“→”，光标会向前移动，可修改错误。

2. 校正旋光仪零点

（1）先洗净样品管，将管一端加上盖子，从另一端向管内灌满蒸馏水或其他空白溶剂，使液体形成一凸出液面，然后在样品管另一端盖上玻璃片，使玻璃片紧贴于旋光管，管内不能有气泡，再旋上套盖，勿使其漏水。注意旋紧套盖时不能用力过猛，以免压碎玻璃片，或使玻璃片产生应力，影响旋光度。若溶液中有微小气泡，应赶至管的凸颈部分。用滤纸将样品管擦干，再用擦镜纸将样品管两端的玻璃片擦净。

（2）将样品管放入旋光仪样品室内，盖上箱盖，按清零按钮，显示 0 读数。试管安放时应注意标记的位置和方向，测量完毕取出旋光管，倒出蒸馏水。

3. 测定反应过程中的旋光度 α_t

（1）将恒温水浴调节到实验所需的反应温度（如 15℃、25℃、30℃或 35℃）。

（2）在锥形瓶 1 内，称取 20 g 蔗糖，加入 100 mL 蒸馏水，使蔗糖完全溶解，若溶液混浊，则需要过滤。用移液管吸取蔗糖溶液 25 mL，注入清洁干燥的 100 mL 锥形瓶 2 中；同样用另一只移液管吸取 25mL 4 $mol \cdot L^{-1}$ HCl 溶液，注入另一个 100 mL 锥形瓶 3 内。将锥形瓶 2、3 一起置于恒温水浴内恒温 10 min 以上，然后将两个锥形瓶取出，擦干管外壁的水珠，将 HCl 溶液倒入蔗糖溶液中，同时记下反应开始的时间，混合均匀后，立即用少量反应液荡洗旋光管两次，然后将反应液装满预先恒温的旋光管，旋上套盖，按相同的位置和方向放入样品室内，盖好箱盖，测量反应过程中的旋光度。测量时先记录时间，再读取旋光度。第一个数据，要求在离反应起始时间 1～2 min 内进行测定。在反应开始 15 min 内，每分钟测量一次，之后由于反应物浓度降低，使反应速率变慢，可以将每次测量的时间间隔适当延长，一直测量到旋光度为负值为止。

4. 测量反应完毕后的旋光度 α_∞

上述测试完成后，将样品管内的溶液与在锥形瓶内剩余的反应混合液合并，然后置 50～60℃水浴内温热 30 min，再冷却至实验温度再测量其旋光度，在 10 ～15 min 内，读取 5～7 个数据，如在测量误差范围，取其平均值，即为 α_∞ 值。注意水浴温度不可过高，否则将产生副反应，使溶液颜色变黄，造成 α_∞ 值的偏差。

5. 实验结束后必须洗净样品管

仪器使用完毕后，依次关闭测量、光源及电源开关。

6. 注意事项

（1）自动旋光仪开启电源预热后，需从左侧散热窗口检查光源是否正常；

（2）测试前需检查旋光管盖子盖紧、不漏液方可放入仪器测试；

（3）测试中需保持恒温水循环始终开启；

（4）测试结束后需检查仪器样品室干净、无残留液体；

（5）实验结束后将废液倒入废液桶，接触液体后要及时用自来水冲洗干净。

五、数据记录和处理

1. 将实验条件及反应过程所测量的旋光度α_t 和时间 t 列表，并作出α_t-t 的曲线图（表 1）。

表 1　实验数据记录表

室温：______℃；　　大气压：______ kPa

t/min	1	2	3	4	5	6	7	8	9	10	11	12
α_t												
t/min	13	14	15	20	25	30	35	40	45	50	55	60
α_t												

2. 从 α_t-t 曲线图上，等时间间隔取 8 个（α_t-t）数值，并算出相应的（$\alpha_t-\alpha_\infty$）和 ln（$\alpha_t-\alpha_\infty$）的数值。

3. 以 ln（$\alpha_t-\alpha_\infty$）对 t 作图，由直线斜率求出反应速率常数 k，并计算反应的半衰期$t_{1/2}$。

六、思考题

1. 蔗糖水解速率与哪些因素有关？
2. 蔗糖水解反应过程中测的旋光度 α_t 是否需要零点校正？为什么？
3. 在混合蔗糖溶液和 HCl 溶液时，我们将溶液加到蔗糖里去，可否把蔗糖加到 HCl 溶液中去？为什么？

七、附录

1. 盐酸的注意事项

（1）戴好防护面具及防护口罩，防止盐酸溅到面部或配制过程中盐酸蒸发刺伤眼睛；

（2）穿戴防护服并注意避让，防止溅到身上；

（3）在现场必须配备好清水，盐酸溅到身上及时使用清水进行清洗。

2. WZZ-3 自动旋光仪使用操作规程（图 1、图 2）

（1）仪器应放在干燥通风处，防止潮气侵蚀，尽可能在 20℃的工作环境中使用仪器，搬动仪器应小心轻放，避免震动。

（2）打开仪器右侧的电源开关，这时钠光灯应启动，需经 10～15 min 钠光灯才发光稳定。

（3）将仪器右侧的光源开关上扳到直流位置（若光源开关扳上后，钠光灯熄灭，则再将光源开关扳到交流位置，稍等片刻，再重新扳到直流位置，使钠光灯在直流下点亮）。

如果进入测量界面，按“自测”键，仪器就会自动测量 N 组（每组间，点击正转 0.5°左右）并在屏幕上显示平均值与标准偏差。若想重新测量，可直接“自测↗”键。

如果进入测量界面以后，按住“手测”键，然后松开按键（控制电机正转较长的角度，以此检测仪器的稳定性），仪器在测量一组后停下，等待用户再次按键，用户可重复该动作，直至测量次数满 N 次，满 N 次后，若继续按“手测”键，则第 $N+1$ 次数据会显示在原来第一次数据的位置上，原先的数据会被代替，以此类推。若想清除原来测量数值，可按“清屏”键，返回测量原始界面，重新按“手测”键测量。

（4）将装有蒸馏水或其他空白溶剂的试管放入样品室，盖上箱盖，按“清零”键，显示0读数。试管中若有气泡，应先让气泡浮在凸颈处，通光面两端的雾状水滴，应用软布擦干。试管螺帽不宜旋得过紧，以免产生应力，影响读数。试管安放时注意标记的位置和方向。

（5）取出试管。将待测样品注入试管，按相同的位置和方向放入样品室内，盖好箱盖。仪器将显示出该样品的旋光度。

（6）如样品超过测量范围，仪器在±45°处来回振荡。此时，取出试管，仪器即自动转回零位。此时可稀释样品后重测。

（7）仪器使用完毕后，应关闭光源和电源开关。

（8）每次测量前，请校正。如有误差，请按“清零”键。

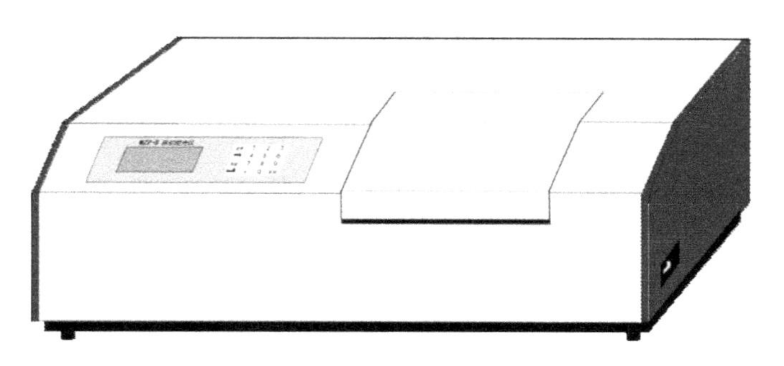

图1　WZZ-3 自动旋光仪

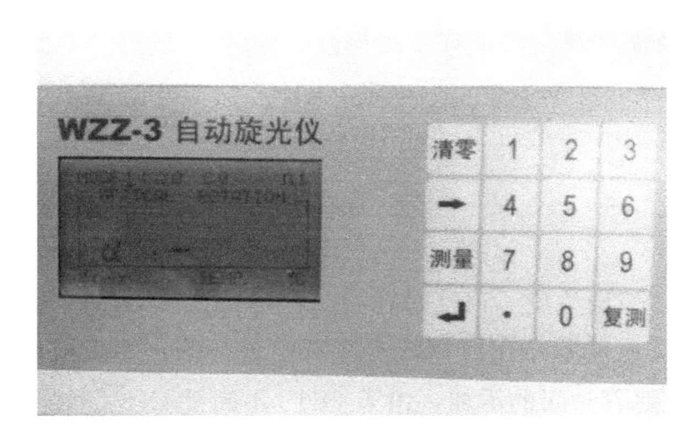

图2　显示屏

参考文献

[1] 孙尔康，徐维清，邱金恒．物理化学实验 [M]．南京：南京大学出版社，1998.

[2] 王明德，王耿，吴勇．物理化学实验 [M]．西安：西安大学出版社，2013.

实验十八　电导法测定乙酸乙酯皂化反应速率常数

一、实验目的

1. 了解二级反应的特点，学会用图解计算法求出二级反应的反应速率常数。

2. 测定乙酸乙酯的皂化反应速率常数，了解反应活化能的测定方法。

二、实验原理

乙酸乙酯皂化反应是典型的二级反应，在反应过程中，OH^- 的浓度逐渐降低，CH_3COO^- 的浓度不断升高。在参与导电的离子中，Na^+ 在反应前后浓度不变，而 OH^- 的迁移率比 CH_3COO^- 大得多，因此体系的电导率不断下降，可以通过间接测量不同时刻溶液的电导率来检测反应的进程。为了方便计算，将反应物 $CH_3COOC_2H_5$ 和 NaOH 采用相同的起始浓度 c_0，设反应时间为 t 时，反应所生成的 CH_3COO^- 和 C_2H_5OH 的浓度为 c，那么，$CH_3COOC_2H_5$ 和 NaOH 的浓度则为 (c_0-c)，即其反应式为：

$$CH_3COOC_2H_5 + NaOH \xrightarrow{k_2} CH_3COONa + C_2H_5OH$$

	$CH_3COOC_2H_5$	NaOH	CH_3COONa	C_2H_5OH
$T=0$	c_0	c_0	0	0
$T=t$	c_0-c	c_0-c	c	c
$T\to\infty$	≈ 0	≈ 0	$\approx c_0$	$\approx c_0$

根据二级反应动力学速率方程，反应速率与反应物浓度的关系为：

$$\frac{dc}{dt}=k_2(c_0-c)^2 \tag{1}$$

式中，k_2 为反应速度常数。将上式作定积分：

$$\int_0^c \frac{dc}{(c_0-c)^2}=\int_0^t k_2 dt \tag{2}$$

则得：

$$k_2 t=\frac{1}{c_0-c}-\frac{1}{c_0} \tag{3}$$

从式（3）可看出，原始浓度 c_0 是已知的，只要测出 t 时刻的 c 值，就可算出反应速率常数 k_2 值。如果整个反应体系是在稀释的水溶液中进行的，那么可以认为 CH_3COONa 在溶液中可以全部电离；随着时间的增加，由于 OH^- 不断被 CH_3COO^- 取代，因此体系的电导率不断下降。显然，体系电导率数值的减少和 CH_3COONa 浓度 c 的增大成正比，即：

$t=t$ 时　　$c=\alpha(\kappa_0-\kappa_t)$　　(4)

$t\to\infty$ 时　　$c_0=\alpha(\kappa_0-\kappa_\infty)$　　(5)

式中，κ_0 为起始时的电导率；κ_t 为 t 时的电导率；κ_∞ 为 $t\to\infty$ 即反应终了时的电导率；α 为比例常数。

将式（4）、式（5）代入式（3）得：

$$k_2 t = \frac{1}{\alpha(\kappa_t - \kappa_\infty)} - \frac{1}{\alpha(\kappa_0 - \kappa_\infty)}$$

$$= \frac{\kappa_0 - \kappa_t}{\alpha(\kappa_t - \kappa_\infty)(\kappa_0 - \kappa_\infty)}$$

$$= \frac{\kappa_0 - \kappa_t}{c_0(\kappa_t - \kappa_\infty)} \tag{6}$$

上式可写成：

$$c_0 k_2 t = \frac{\kappa_0 - \kappa_t}{\kappa_t - \kappa_\infty} \tag{7}$$

从式（7）可知，只要测定 κ_0、κ_∞ 以及一组 κ_t 值以后，利用 $\frac{\kappa_0 - \kappa_t}{\kappa_t - \kappa_\infty}$ 对 t 作图，应得一条直线，直线的斜率就是反应速率常数值 k_2 和原始浓度 c_0 的乘积，k_2 的单位为 $min^{-1} \cdot mol^{-1} \cdot L$。

根据 Arrhenius 公式，测得另一温度下的反应速率常数就可以求出反应的表观活化能 E_a：

$$\ln \frac{k_2(T_2)}{k_2(T_1)} = \frac{E_a}{R}\left(\frac{1}{T_1} - \frac{1}{T_2}\right) \tag{8}$$

三、仪器与试剂

1. 仪器：DDS-307A 电导率仪，恒温槽，停表，具塞锥形瓶（100 mL）4 只，移液管（50 mL）2 支。

2. 试剂：0.02 $mol \cdot L^{-1}$ NaOH 溶液（新鲜配制），0.01 $mol \cdot L^{-1}$ NaAc 溶液（新鲜配制），0.02 $mol \cdot L^{-1}$ 乙酸乙酯溶液（新鲜配制），0.01 $mol \cdot L^{-1}$ KCl 溶液（新鲜配制，用于电导池常数校正），蒸馏水。

四、实验步骤

1. κ_∞ 和 κ_0 的测量

将 0.01 $mol \cdot L^{-1}$ CH_3COONa 装入干燥的具塞锥形瓶中，液面高出铂黑电极 10 mm 为宜。浸入 25℃ 恒温槽内 10 min，然后接通电导仪，测定其电导率，直至读数不变为止，即为 κ_∞。按上述操作，测定 0.01$mol \cdot L^{-1}$ NaOH 溶液（将 0.02 $mol \cdot L^{-1}$ NaOH 稀释一倍）的电导率为 κ_0。注意每次往锥形瓶中装新样品时，都要先用蒸馏水淋洗铂黑电极三次，接着用所测液体淋洗三次。

2. κ_t 的测量

用移液管移取 50 mL 0.02 $mol \cdot L^{-1}$ NaOH 溶液注入干燥的 100 mL 具塞锥形瓶 A 中，用另一移液管移取 50 mL 0.02 $mol \cdot L^{-1}$ $CH_3COOC_2H_5$ 注入另一个干燥的具塞锥形瓶 B 中，然后用塞子塞紧，以防止 $CH_3COOC_2H_5$ 挥发。将两个锥形瓶置于恒温槽中恒温 10 min。然后将恒温好的 NaOH 溶液迅速倒入盛有 $CH_3COOC_2H_5$ 的锥形瓶中，同时开动停表，作为反应的开始时间。迅速将溶液混合均匀，并用少量溶液洗涤电极，测定溶液的电导率 κ_t，在 2 min、4 min、6 min、8 min、10 min、15 min、20 min、25 min、30 min、40 min、50 min、60 min 各测电导率一次，记下时间 t 对应的电导率数值。

3. 活化能的测定

调节恒温水浴的温度 35℃（或 40℃），依照上述操作步骤和计算方法，测定另一温度下的 κ_∞、κ_0 和 κ_t。

4. 实验结束后，关闭电源，取出电极，用蒸馏水洗净并置于蒸馏水中保存待用。

5. 注意事项

(1) 电极使用前必须放在蒸馏水中浸泡数小时，经常使用的电极应放在蒸馏水中；

(2) 在使用过程中，必须保证电极完全浸入溶液中；

(3) 在每次测电导率之前都应先用蒸馏水洗三次，再用待测液体洗三次；

(4) 在溶液混合时一定要迅速，混合均匀后马上放入恒温槽中，再测电导率。

五、数据记录与处理

1. 实验数据记录于表 1 与表 2。

表 1　实验数据记录表（Ⅰ）

实验温度____℃；反应物初始浓度 c_0=____ $mol \cdot L^{-1}$；反应开始时 κ_0=____ $\mu S \cdot cm^{-1}$

序号	反应时间 t/min	电导率 $\kappa_t/\mu S \cdot cm^{-1}$	$(\kappa_0-\kappa_t)/\mu S \cdot cm^{-1}$	$(\kappa_t-\kappa_\infty)/\mu S \cdot cm^{-1}$	$\frac{\kappa_0-\kappa_t}{\kappa_t-\kappa_\infty}$
1					
2					
…					

表 2　实验数据记录表（Ⅱ）

实验温度____℃；反应物初始浓度 c_0=____ $mol \cdot L^{-1}$；反应开始时 κ_0=____ $\mu S \cdot cm^{-1}$

序号	反应时间 t/min	电导率 $\kappa_t/\mu S \cdot cm^{-1}$	$(\kappa_0-\kappa_t)/\mu S \cdot cm^{-1}$	$(\kappa_t-\kappa_\infty)/\mu S \cdot cm^{-1}$	$\frac{\kappa_0-\kappa_t}{\kappa_t-\kappa_\infty}$
1					
2					
…					

2. 以 $\frac{\kappa_0-\kappa_t}{\kappa_t-\kappa_\infty}$ 对 t 作图，得一条直线，由直线的斜率算出反应速率常数 k_2。

3. 由式 (8) 求出此反应的表观活化能 E_a。

六、思考题

1. 为何本实验要在恒温条件下进行，而且 $CH_3COOC_2H_5$ 和 NaOH 溶液在混合前还要预先恒温？

2. 如果 NaOH 和 $CH_3COOC_2H_5$ 起始浓度不相等，试问怎样计算 k_2？
3. 如何从实验结果来验证乙酸乙酯皂化反应为二级反应？

七、附录

1. 参考数据（表 3、表 4）

表 3 测定电极常数的 KCl 标准溶液

电极常数/cm^{-1}	0.1	0.01	1	10
KCl 近似浓度/$mol \cdot L^{-1}$	0.001	0.01	0.01/0.1	0.1/1

表 4 KCl 溶液近似浓度及其电导率值关系

温度/℃	近似浓度/$mol \cdot L^{-1}$			
	1	0.1	0.01	0.001
	电导率/$\mu S \cdot cm^{-1}$			
15	0.09212	0.010455	0.0011414	0.0001185
18	0.09780	0.011163	0.0012200	0.0001267
20	0.10170	0.011644	0.0012737	0.0001322
25	0.11131	0.012852	0.0014083	0.0001465
35	0.13110	0.015351	0.0016876	0.0001765

2. 药品使用注意事项

（1）NaOH：危险化学品，具有强烈的刺激性和腐蚀性，需小心取液，避免接触人体。

（2）$CH_3COOC_2H_5$：属于一级易燃品，具有刺激性、致敏性，应贮于低温通风处，远离火种火源。

3. 仪器使用方法及电导池常数校正见实验九

参考文献

[1] 成昭，范涛，杨莉宁，等．电导法测定乙酸乙酯皂化反应速率常数的数据分析方法 [J]．化工时刊，2019，33（11）：10-12.
[2] 白云山，陈琳，史佳妮，等．电导法测定乙酸乙酯皂化反应速率常数的实验改进 [J]．高校实验室工作研究，2015，（4）：140-142.
[3] 王国平，张培敏，王永尧．中级化学实验．2 版 [M]．北京：科学出版社，2019.
[4] 罗诗琴．化学动力学在药学中的应用分析 [J]．科技资讯，2017，15（34）：221-222.

实验十九　电动势法测甲酸氧化动力学参数

一、实验目的

1. 掌握电动势法跟踪反应过程的实验原理和方法。
2. 测定甲酸被溴氧化的反应级次、速率常数及活化能。
3. 了解化学动力学实验和数据处理的方法。

二、实验原理

在水溶液中甲酸被溴氧化的化学计量方程式如下：

$$HCOOH+Br_2 \longrightarrow CO_2+2H^+ +2Br^-$$

其速率方程可表示为

$$-\frac{d[Br_2]}{dt}=k[HCOOH]^m[Br_2]^n[H^+]^p[Br^-]^q \tag{1}$$

如果在反应体系中加入过量的 Br^- 和 H^+，使其浓度在反应过程中保持近似不变，则式（1）可写为：

$$-\frac{d[Br_2]}{dt}=k_p[HCOOH]^m[Br_2]^n \tag{2}$$

同理，如果使反应体系中 c（HCOOH）远大于 c（Br_2），则式（2）可写成：

$$-\frac{d[Br_2]}{dt}=k'[Br_2]^n \tag{3}$$

式中，

$$k'=k_p[HCOOH]^m \tag{4}$$

$$k_1'=k_p[HCOOH]_1^m \tag{5}$$

$$k_2'=k_p[HCOOH]_2^m \tag{6}$$

联立式（5）、式（6），即可求得反应级次 m 和速率常数 k_p。

本实验采用电动势跟踪法测定 Br_2 浓度随时间的变化，以饱和甘汞电极和放在含 Br_2/Br^- 的反应溶液中的铂电极组成如下电池：

$$Hg|Hg_2Cl_2(s)|Cl^-(aq)|Br^-(aq),Br_2(aq)|Pt$$

电池电动势为：

$$E=E^{\theta}_{Br_2/Br^-}+(RT/2F)(\ln[Br_2]/[Br^-]^2)-E_{甘汞} \tag{7}$$

式中，$[Br^-]$ 保持不变，且 $E^{\theta}_{Br_2/Br^-}$、$E_{甘汞}$ 为已知，合并为常数 A，则式（7）可写为：

$$E=A+(RT/2F)\ln[Br_2] \tag{8}$$

式中，F、R、A 均为常数。当温度 T 一定时，如 U-t 图为一条准直线，则说明反应对 Br_2 是准一级，即 $n=1$，式（3）可以写成：

$$-\frac{d[Br_2]}{dt}=k'[Br_2] \tag{9}$$

对式（9）积分可得：

$$\ln[Br_2]=A-k't \tag{10}$$

将式（10）代入式（8）并对 t 微分：

$$k'=\frac{-2F}{RT}\times\frac{dE}{dt} \tag{11}$$

由式（11）可从直线斜率 dE/dt 计算出 k'。

三、仪器与试剂

1. 仪器：超级恒温水浴器，夹套反应器，HD2004W 电动搅拌器，SDC-Ⅱ数字电位差综合测试仪，Pt 电极，饱和甘汞电极，容量瓶（50 mL），移液管（10 mL）。

2. 试剂：1.00 mol·L^{-1} HCOOH 溶液，1.00 mol·L^{-1} HCl 溶液，1.00 mol·L^{-1} KBr 溶液，0.01 mol·L^{-1} Br_2 水溶液。

四、实验步骤

1. 铂电极先用热的浓硝酸浸泡数分钟，再用水冲洗。按图 1 连接好实验装置，在反应器夹套中通入循环恒温水，把超级恒温水浴调到指定温度。

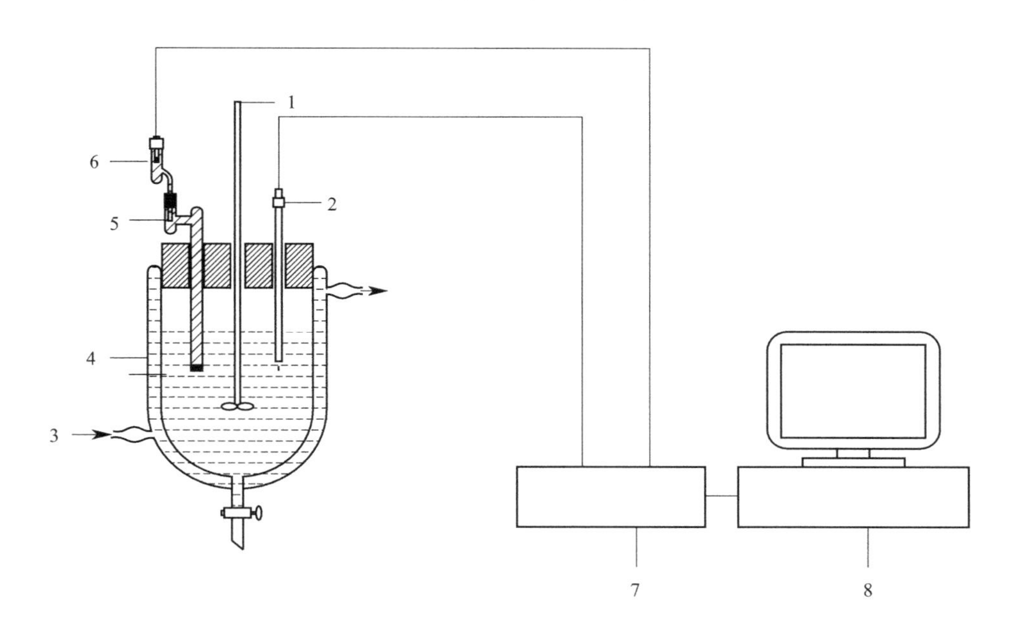

图 1　实验装置图

1—搅拌器；2—铂电极；3—恒温水；4—夹套反应器；5—盐桥；6—参比电极；7—电化学工作站；8—计算机

2. 按表 1 规定的浓度用贮备液配制 100 mL 反应液。为了防止预热时发生反应，反应液分别在 2 个 50 mL 容量瓶中配制。一个 50 mL 容量瓶中加所需甲酸及盐酸贮备液，加水至刻度；另一个 50 mL 容量瓶加所需溴化钾和溴水贮备液，加水至刻度，然后放入恒温水浴中恒温 20 min 左右。每组溶液所需贮备液的量见表 1。

表 1　每组溶液所需贮备液的量

HCOOH (1.00 mol·L^{-1})	HCl (1.00 mol·L^{-1})	KBr (1.00 mol·L^{-1})	Br_2 (0.01mol·L^{-1})
10 mL	10 mL	10 mL	10 mL
20 mL	10 mL	10 mL	10 mL
10 mL	10 mL	10 mL	10 mL
10 mL	10 mL	10 mL	10 mL
10 mL	10 mL	10 mL	10 mL

3. 开动搅拌器并调节到适当的搅拌速率，水温度稳定后（恒温）再预热 10 min，从恒温水中取出第一组溶液的两个容量瓶，立即同时从漏斗倒入反应器中，开始记录。

4. 第 1 组实验结束后，打开反应器下端活塞，放出残液，然后加少量蒸馏水到反应器中，清洗后放出。

5. 按表 2 规定的浓度和温度条件重复进行 2～5 组实验。

6. 注意事项

(1) 电路连接应该正确、可靠，铂电极和盐桥应浸在反应液中。

(2) 搅拌器叶片不能碰片，电机转速要平稳。

(3) 恒温水浴温度要稳定，溶液恒温时间不得少于 15 min。

(4) 做完一组实验后，应清洗容量瓶和反应器，再做下一组。

五、数据记录与处理

1. E-t 图为一条准直线，可截取线性较好的与 10mV 相当的长度，求出直线的斜率 $\mathrm{d}E/\mathrm{d}t$，再根据式（11）求出 k'。

2. 由k_1'、k_2'的值分别代入式（5）、式（6）联立方程即可求得级次 m 和速率常数 k。写出反应的速率方程。

3. 计算各温度下的反应速率常数 K_n 于下表中：

表 2　实验数据列表

温度/℃	c(HCOOH) /mol·L^{-1}	c(HCl) /mol·L^{-1}	c(HBr) /mol·L^{-1}	c(Br_2) /mol·L^{-1}	K_n' ×10^3	K_n ×10^2	ln K_n	T^{-1} ×10^6
25.0	0.100	0.100	0.100	0.001				
25.0	0.200	0.100	0.100	0.001				
30.0	0.100	0.100	0.100	0.001				
35.0	0.100	0.100	0.100	0.001				
40.0	0.100	0.100	0.100	0.001				

4. 根据 $\ln K=-\dfrac{E_a}{RT}+\mathrm{B}$，以 $\ln K$ 对 T^{-1} 作图，所得直线的斜率为$-\dfrac{E_a}{R}$，由此计算出反应的活化能 E_a。

六、思考题

1. 可以用一般的直流伏特计来测量本试验的电势差吗？为什么？
2. 如果甲酸氧化反应对溴来说不是一级，能否用本试验的方法测定反应速率系数？
3. 为什么用记录仪进行测量时要把电池电动势对消掉一部分？这样对结果有无影响？
4. 甘汞电极在装置中起什么作用？盐桥起什么作用？对它有何具体要求？
5. 本实验的反应物之一溴是如何产生的？写出有关反应。

七、附录

药品使用注意事项：盐酸、溴试剂、甲酸等都具有腐蚀性，请小心取用，避免溅入眼、鼻、口中及接触皮肤，若发生，需及时用水冲洗。操作者需穿实验服，戴口罩、手套等。

参考文献

[1] 尹红，周凯，袁慎峰，等．Pt/C 催化氧化甲醛和甲酸反应动力学研究 [J]．高校化学工程学报，2017，31（4）：870-876.
[2] 孙勇，林鹿，邓海波，等．麦草纤维在甲酸体系中的水解动力学研究 [J]．江西农业大学学报，2008（01）：157-162.
[3] 杨涛．甲酸氧化反应动力学反应装置的改进 [J]．大学化学，2008，23（001）：45.
[4] Hui Fang S，Hong H，Jin Qing Q，et al. 对硝基苯胺臭氧化反应动力学和吸收过程模拟 [J]．Journal of Chemical Industry and Engineering：China，2004，82（3）：179-195.
[5] 李英．邻二甲苯氧化反应动力学分析 [J]．辽宁化工，2009，38（009）：659-661.

实验二十　最大气泡法测定溶液的表面张力

一、实验目的

1. 了解表面自由能、表面张力及其与吸附量的关系。
2. 掌握最大气泡法测定溶液表面张力的实验原理和技术。
3. 通过测定不同浓度正丁醇溶液的表面张力，计算其表面吸附量和分子的横截面积。

二、实验原理

在液相内部任何一个分子受四周邻近相同分子的作用力是对称的，各个方向的力彼此抵消，合力为零，因此分子在液体内部移动不需要做功。而溶液表面层内的分子一方面是受到液体内层的邻近分子的吸引，另一方面受到液面上方气体分子的吸引，由于与气体分子间的力小于液体分子间的力，所以表面分子所受的作用力是不对称的，合力指向液体内部。因此在液体表面层中，每个分子都受到垂直于液面并指向液体内部的不平衡力（如图 1 所示），这种吸引力使表面上的分子向内挤，液体表面具有自动缩成最小的趋势。

如果要增加液体的表面积，相当于要把更多的分子从内部迁移到表面层上来，必须克服体系内部分子间的作用力而对体系作功。在温度、压力和组成恒定时，可逆地使表面积增加 dA，环境需对体系做的功 δW 为表面功。显然表面功为负值，并且与 dA 成正比，即：

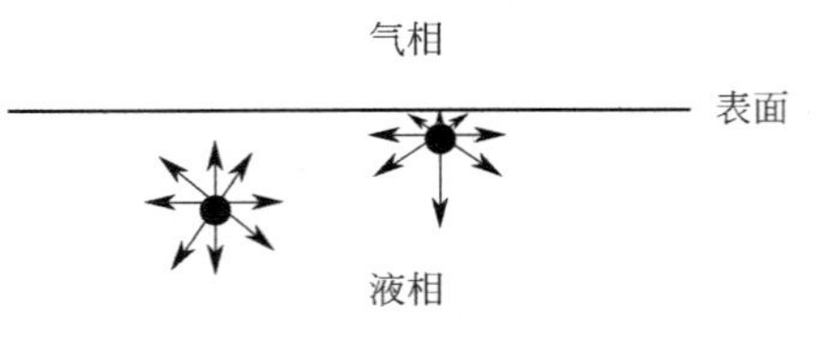

图 1　液体表面分子与内部分子受力情况

$$-\delta W = \gamma dA \tag{1}$$

式中，γ 为比例系数，它在数值上等于在温度、压力和组成恒定的条件下，增加单位表面积时所必须对体系做的可逆非膨胀功，其量纲为 $J \cdot m^{-2}$，被称为表面吉布斯自由能。γ 的物理意义也可理解为作用在单位直线长度的表面上力图使它收缩的力，故 γ 也称为表面张力。

液体的表面张力与温度、压力、液体的组成等条件有关。对纯溶剂而言，其表层与内部的组成是相同的，当加入溶质形成溶液后，液体的表面张力要发生变化，会出现溶液内部与表面浓度不同的现象，这种现象就叫溶液的表面吸附。溶质能降低溶剂的表面张力时，则表面层溶质的浓度比溶液内部大，这种现象称为正吸附。反之，称为负吸附。在一定的温度和压力下，溶质的吸附量（即表面和内部的浓度差）与溶液的表面张力及溶液浓度的关系服从吉布斯吸附等温式：

$$\Gamma = -\frac{c}{RT}\left(\frac{\partial \gamma}{\partial c}\right)_T \tag{2}$$

式中，Γ 为吸附量（$mol \cdot m^{-2}$）；γ 为表面张力；T 为热力学温度；c 为溶液的浓度，$mol \cdot L^{-1}$；R 为气体常数；$(\partial \gamma / \partial c)_T$ 为在一定的温度下表面张力随溶液浓度而改变的变化率。从式（2）可以看出，只要测出溶液的浓度和表面张力，就可求得各种不同浓度下溶液的吸附量。本实验用最大气泡压力法测定正丁醇水溶液的表面张力。实验装置见图 2。

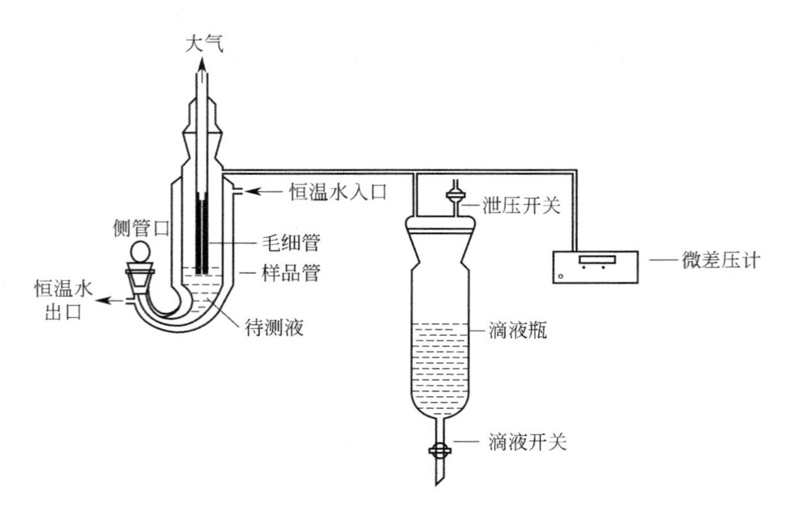

图 2　表面张力测定装置示意图

将毛细管插入样品管中，打开泄压开关，从侧管口中加入样品，使毛细管管口刚好与液面相切，接入恒温水恒温 5min 后，系统采零之后关闭泄压开关。缓慢打开滴液瓶的滴液开关，调节滴液开关使精密数字压力计显示值逐渐递减，使气泡由毛细管尖端成单泡逸出，气泡刚脱离毛细管管端破裂的一瞬间，记录精密数字压力计上显示压力值。

$$F=\pi r^2 p_{max} \tag{3}$$

式中，p_{max} 是精密数字压力计上显示压力值。

气泡在毛细管口受到表面张力引起的作用力为

$$F'=2\pi r\gamma \tag{4}$$

在刚有气泡逸出时，$F=F'$，即

$$\pi r^2 p_{max}=2\pi r\gamma \tag{5}$$

$$\gamma=p_{max}r/2 \tag{6}$$

在实验中，若使用同一支毛细管和压力计，则 $r/2$ 是一常数。用 K 来表示。所以

$$\gamma=Kp_{max} \tag{7}$$

如果将已知表面张力的液体作为标准，由实验测得 p_{max} 后，就可以求出仪器常数 K 的值。然后只要用这一仪器测定其他液体的 p_{max} 值。通过式（7）计算，可求得各种液体的表面张力 γ。

三、仪器与试剂

1. 仪器：恒温槽，DP-AW 精密数字（微差）压力计，ϕ0.2～0.5 mm 毛细管，滴液瓶，样品管，50 mL 容量瓶 10 个，烧杯，铁架台。

2. 试剂：正丁醇。

四、实验步骤

1. 正丁醇水溶液的配制

（1）正丁醇标准水溶液的配制　准确移取 10 mL 正丁醇于 250 mL 容量瓶中配制成标准溶液，其浓度为

$$标准溶液浓度=\frac{10\times0.81\times99\%\times1000}{74.124\times250}=0.4327\text{mol}\cdot\text{L}^{-1}$$

正丁醇分子量为 74.124，密度 $\rho=0.810\ \text{g}\cdot\text{mL}^{-1}$（20℃），纯度为 99%。

（2）各不同浓度正丁醇溶液的配制（在 50 mL 容量瓶中配制，见表 1）

表 1　配制不同浓度正丁醇溶液所需标准溶液的体积

容量瓶号	取标准溶液 /mL	浓度 /mol·L^{-1}	容量瓶号	取标准溶液 /mL	浓度 /mol·L^{-1}
1	2.31	0.02	6	13.87	0.12
2	4.62	0.04	7	16.18	0.14
3	6.93	0.06	8	18.49	0.16
4	9.24	0.08	9	20.80	0.18
5	11.56	0.10	10	23.11	0.20

2. 仪器准备

(1) 将样品管和毛细管洗净、烘干后按图 2 接好。

(2) 仪器检漏　在滴液瓶中盛入水，将毛细管插入样品管中，打开泄压开关，从侧管中加入样品，使毛细管管口刚好与液面相切，接入恒温水恒温 5min 后，系统采零之后关闭泄压开关。此时，将滴液瓶的滴液开关缓慢打开放水，使体系内的压力降低，精密数字压力计显示一定数值时，关闭滴液瓶的开关。若 2～3 min 内精密数字压力计数字不变，则说明体系不漏气，可以进行实验。

(3) DP-AW 精密数字压力计的使用方法

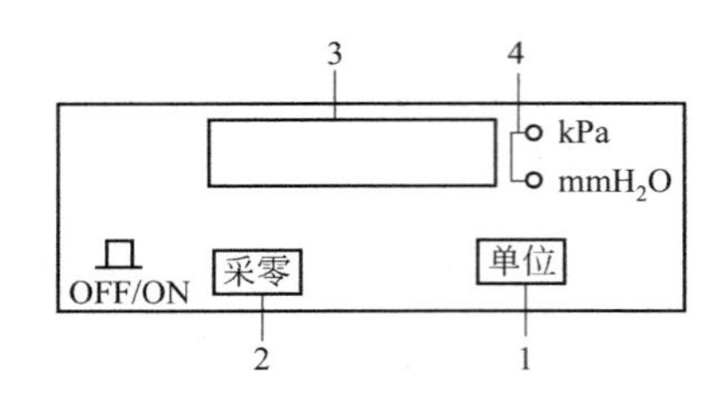

图 3　前面板示意图

1—单位键：选择所需要的计量单位；
2—采零键：扣除仪表的零压力值（即零点漂移）；
3—数据显示屏：显示被测压力数据；
4—指示灯：显示不同计量单位的信号灯

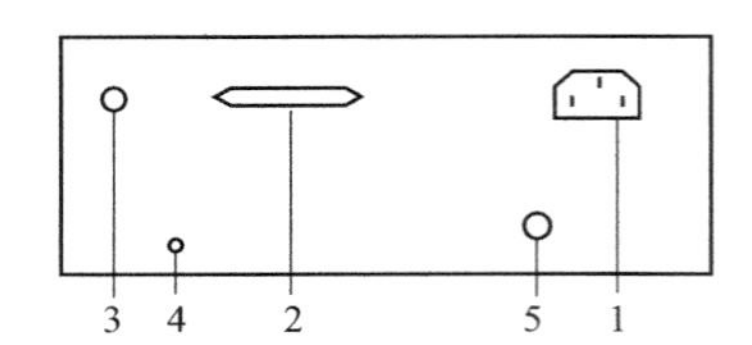

图 4　后面板示意图

1—电源插座：与～220 V 相接；2—电脑串行口：
与电脑主机后面板的 RS232C 串行口连接（可选配）；
3—压力接口：压力接口；4—压力调整：仪器校正调节；
5—保险丝：0.2A

单位键：接通电源，初始状态 kPa 指示灯亮，LED 显示以法定计量单位 kPa 为计量单位的压力值；按一下单位键，mm H_2O 指示灯亮，LED 显示以 mm H_2O 为计量单位的压力值。DP-AW 精密数字压力计的前、后面板示意见图 3、图 4。

3. 仪器常数的测定

在样品管中加入超纯水，按照图 2 接好装置，接入恒温水 5min，缓慢打开滴液瓶的滴液开关，调节滴液开关使精密数字压力计显示值逐渐递减，使气泡由毛细管尖端成单泡逸出，当气泡刚脱离毛细管管端破裂的一瞬间，精密数字压力计上显示压力值，记录压力值，连续读取三次，取其平均值。查文献，得到纯水表面张力，由式 (7) 计算仪器常数。

4. 待测溶液表面张力的测定

按上述方法改变溶液的浓度分别测定各自的压力值。

5. 整理仪器

实验完毕，使系统与大气相通，关掉电源，洗净玻璃仪器。

6. 注意事项

(1) 保持测量管及毛细管干净非常重要，否则气泡可能不能连续稳定地流过，而使压差计读数不稳定，如发生此种现象，应重新洗净毛细管。

(2) 毛细管一定要保持垂直，管口刚好插到与液面接触。

(3) 为减少恒温等待时间，可将待测溶液容量瓶预先置于恒温槽中恒温。

(4) 杂质对气泡逸出速度的影响很大，配制溶液应使用超纯水。

(5) 应读出气泡单个逸出时的最大压力差。

(6) 与温度密切相关，应使表面张力仪通恒温水。

五、数据记录与处理

1. 按照表 2 记录实验数据。

表 2 实验数据记录表

室温：____℃；大气压：____Pa；测量要求：________；水的表面张力：______

序号		c/mol·L^{-1}			P_{max}/Pa		$\bar{P}_{max}$/Pa	
1						γ/mN·m^{-1}	Γ/mol·m^{-2}	$\frac{c}{\Gamma}$ /m^{-1}
2								
3								
4								
5								
6								
7								
8								
9								
10								

2. 以浓度 c 为横坐标，表面张力 γ 为纵坐标作图（横坐标浓度以零开始）。

3. 在 γ-c 曲线上任取 8～10 个点，用镜像法分别作出各点的切线，求其斜率 $m\left(m=\frac{\partial \gamma}{\partial c}\right)$。

4. 根据吉布斯吸附方程式 $\Gamma=-\frac{c}{RT}\left(\frac{\partial \gamma}{\partial c}\right)_T$，求算各浓度的吸附量，并画出吸附量与浓度的关系图。

由斜率 m 求算吸附量的方法如图 5 所示，在 γ-c 图上任一点 a，过 a 作切线 ab，令 b，γ_i 间的距离为 Z，此切线的斜率为 m，则

$$m=\frac{Z}{c_i} \tag{8}$$

而

$$\frac{Z}{c_i}=\left(\frac{\partial\gamma}{\partial c}\right)_T \tag{9}$$

所以

$$Z=-c_i\left(\frac{\partial\gamma}{\partial c}\right)_T \tag{10}$$

$$\Gamma=\frac{Z}{RT} \tag{11}$$

5. 根据 Langmuir 吸附等温式

$$\Gamma=\Gamma_{\infty}K_c/(1+K_c) \tag{12}$$

线性化为：

$$\frac{c}{\Gamma}=\frac{c}{\Gamma_{\infty}}+\frac{1}{K\Gamma_{\infty}} \tag{13}$$

计算 c/Γ 的值，以 c/Γ 对 c 作图，由直线斜率和截距求得 Langmuir 吸附等温式中的饱和吸附量 Γ_∞ 和特性常数 K。

6. 计算正丁醇分子的横截面积 S。

设 N 代表 $1cm^2$ 溶液表面上的分子数，如果溶液是表面活性物质，则得 $N=\Gamma_\infty N_A$（N_A 为阿伏伽德罗常数），每个溶液分子在溶液表面上所占的面积为：

$$S=\frac{1}{N_A\Gamma_\infty} \tag{14}$$

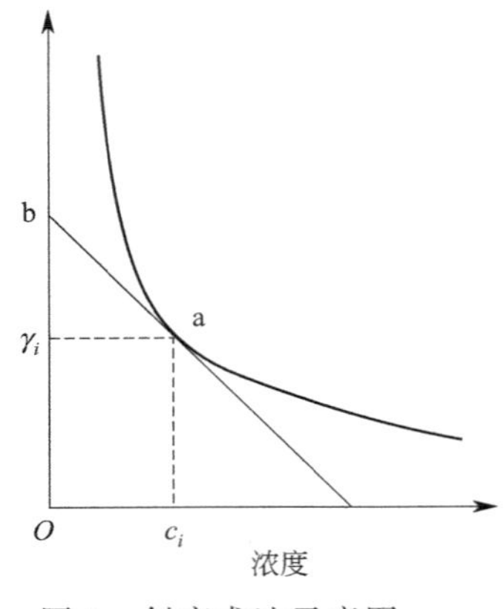

图 5　斜率求法示意图

六、思考题

1. 毛细管末端面为何要刚好与液面相切?
2. 本实验中为什么要读取最大压力差?
3. 玻璃器皿的洁净和温度的稳定程度对测量数据有何影响?

七、附录

药品使用注意事项

正丁醇易燃，其蒸气与空气可形成爆炸性混合物，遇明火、高热能引起燃烧爆炸，与氧化剂接触猛烈反应。操作者需穿实验服，戴口罩、手套等。

参考文献

[1] 施晓虹，李佳璇，洪燕龙，等．动态表面张力在药剂学研究中的应用前景［J］．国际药学研究杂志，2019，46（1）：27-34.

[2] 浙江大学化学系．中级化学实验［M］．北京：科学出版社，2005.

[3] 曹红燕，李建平，董超，等．最大气泡法测定溶液表面张力的实验探讨［J］．实验技术与管理，2006，23（8）：39-41.

实验二十一　黏度法测定高聚物的平均分子量

一、实验目的

1. 掌握黏度法测定高聚物平均分子量的原理和方法。
2. 掌握使用乌氏黏度计测定液体黏度的方法。

二、实验原理

高聚物的分子量是表征高聚物物理化学性能的重要参数之一。高聚物是由具有相同的化学组成而聚合度不同的同系物的混合物组成，因此，高聚物的分子量不均一，具有多分散性的特点，分子量一般在 10^3～10^7 之间，所以通常所测高聚物的分子量是平均分子量。黏度法测定高聚物分子量，可测分子量的范围在 10^4～10^7 之间，该法虽然精度较低，但设备简单，操作方便，使用范围广，是测定高聚物分子量最常用的方法之一。

高聚物稀溶液的黏度是它在流动过程中分子之间的内摩擦的反映。其中溶剂分子之间的内摩擦又称为纯溶剂的黏度，以 η_0 表示。在同一温度下，高聚物溶液的黏度一般要比纯溶剂的黏度大些，即 $\eta > \eta_0$。相对于纯溶剂，其溶液黏度增加的分数，称为增比黏度，以 η_{sp} 表示：

$$\eta_{sp}=\frac{\eta-\eta_0}{\eta_0}=\frac{\eta}{\eta_0}-1=\eta_r-1 \tag{1}$$

式中，$\eta_r=\frac{\eta}{\eta_0}$，称为相对黏度，反映的仍是整个溶液黏度的行为，而 η_{sp} 扣除了溶剂分子间的内摩擦，即只是纯溶剂与高聚物分子间以及高聚物分子之间的内摩擦。η_{sp} 的大小将随高聚物溶液的浓度而变化，浓度越大，黏度也越大。为此，常取单位浓度所呈现的黏度进行比较，以 η_{sp}/c 表示，称为比浓黏度。为了进一步消除高聚物分子间内摩擦的作用，将溶液无限稀释即 $c\to 0$，取比浓黏度的极限值为：

$$\lim_{c\to 0}\frac{\eta_{sp}}{c}=[\eta] \tag{2}$$

$[\eta]$ 主要反映了高聚物分子与溶剂分子之间的内摩擦作用，称为高聚物溶液的特性黏度。

高聚物分子量可通过测定高聚物溶液的特性黏度 $[\eta]$，再由 Mark-Houwink 非线性方程求得。

$$[\eta]=K\overline{M}^a \tag{3}$$

式中，$\overline{M}$ 为高聚物的平均分子量；K、a 为常数，与高聚物性质、溶剂、温度等因素有关，其数值可通过其他绝对方法确定。a 值一般在 0.5～1 之间。对聚丙烯酰胺溶于硝酸钠溶剂中，30℃时，$a=0.66$，$K=3.72\times10^{-2}$。溶液的黏度除了与分子量有关，还取决于聚合物分子的结构、形态和尺寸，因此黏度法测分子量只是一种相对的方法。

黏度的测定按照液体流经毛细管的速度来进行，根据泊塞勒（Poiseuille）公式

$$\eta=\frac{\pi r^4 thg\rho}{8lV}-\frac{mV\rho}{8\pi lt} \tag{4}$$

式中，V 为流经毛细管液体的体积；r 为毛细管半径；ρ 为液体的密度；l 为毛细管的长度；t 为流出时间；h 为流过毛细管液体的平均液柱高度；g 为重力加速度；m 为与毛细管形状有关的参数（当 $r \ll 1$ 时，$m=1$）。使用同一支黏度计，h、r、N、l 为定值。

当流出时间 t 大于 100 s 时第 2 项可以忽略，对于高聚物的稀溶液，溶液的密度 ρ 与纯溶剂的密度 ρ_0 可近似认为相等，则式（4）可写成（$A=\pi r^4 hg$）：

$$\eta_r=\frac{\eta}{\eta_0}=\frac{A\rho t}{A\rho_0 t_0}=\frac{t}{t_0} \tag{5}$$

式中，t 为溶液的流出时间；t_0 为纯溶剂的流出时间。

当高聚物溶液的浓度足够低时，有下列经验公式：

$$\frac{\eta_{sp}}{c}=[\eta]+k[\eta]^2c \tag{6}$$

$$\frac{\ln\eta_r}{c}=[\eta]+\beta[\eta]^2c \tag{7}$$

式（6）、式（7）是两个线性方程，式中 k、β 分别称为 Huggins、Kramer 常数。如果以 $\frac{\eta_{sp}}{c}$ 或 $\frac{\ln\eta_r}{c}$ 对 c 作图，外推至 $c=0$ 处，所得截距即为 $[\eta]$。

为了计算方便，引进相对浓度 c'，令

$$c'=c/c_1 \tag{8}$$

其中 c 表示溶液的真实浓度，c_1 表示溶液的起始浓度。

代入式（6）、式（7），并令

$$A=[\eta]\ c_1 \tag{9}$$

$$B=[\eta]^2c_1^2 \tag{10}$$

$$D=\beta[\eta]^2c_1^2 \tag{11}$$

得

$$\frac{\eta_{sp}}{c'}=A+Dc' \tag{12}$$

$$\frac{\ln\eta_r}{c'}=A-Bc' \tag{13}$$

见图 1，若以 $\frac{\eta_{sp}}{c'}$ 或 $\frac{\ln\eta_r}{c'}$ 对 c' 作图，外推至 $c'=0$ 处，所得截距即为 A，再由式（9）计算即可得 $[\eta]$。

三、仪器与试剂

1. 仪器：乌氏黏度计 1 支，恒温槽一套，秒表 1 只，10 mL 移液管 2 支，50 mL 移液管 2 支，洗耳球 1 个，吸滤瓶（250 mL）1 只，3 号砂芯漏斗 1 只，水抽气泵 1 台，烧杯（50 mL）1 个，锥形瓶（100 mL）1 个，容量瓶（50 mL）1 个，止气夹 2 只。

2. 试剂：聚丙烯酰胺，$NaNO_3$。

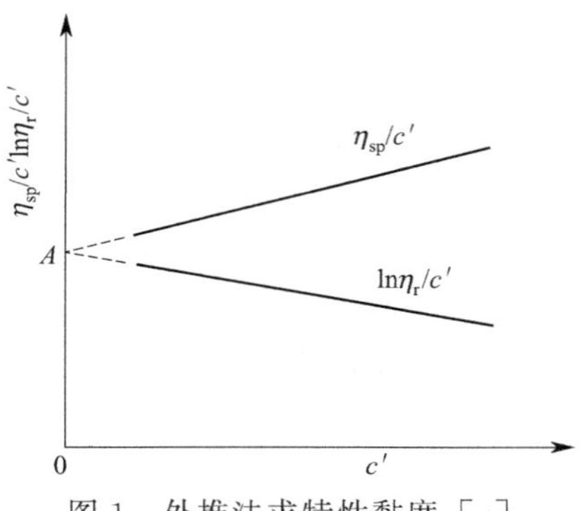

图 1　外推法求特性黏度 $[\eta]$

四、实验步骤

1. 高聚物溶液的配制

本实验使用 1 mol·L^{-1} 硝酸钠溶液为溶剂。称取 0.1g 的聚丙烯酰胺放入 100 mL 容量瓶中，注入 60 mL 左右的硝酸钠溶液，待聚丙烯酰胺全部溶解后再加硝酸钠溶液定容至刻度，摇匀。然后用 3 号砂芯漏斗分别将溶剂、溶液抽滤后待用。

2. 乌贝路德黏度计（乌氏黏度计）的使用

乌贝路德黏度计又叫气承悬柱式黏度计，其构造如图 2 所示。首先将黏度计用洗液浸洗，再用自来水、蒸馏水清洗三次，放在烘箱中烘干，冷却后备用。

3. 溶剂流出时间的测定

先用硝酸钠溶剂润洗黏度计 1～2 次，再用移液管准确取 20 mL 硝酸钠溶剂由 A 注入黏度计中。B 管及 C 管均套上胶管。然后置于 30℃恒温水中预热，恒温水面应超过 G 球。严格保持黏度计处于垂直位置。

恒温 5～10 min 后，将 C 管用止气夹夹紧使之不通气，在 B 管用洗耳球将溶液从 F 球经 D 球、毛细管、E 球抽至 G 球中部，解去夹子，让 C 管通大气，此时 D 球内的溶液即回入 F 球，使毛细管以上的液体悬空。毛细管以上的液体下落，当液面流经 a 刻度时，立即按秒表开始计时，当液面降至 b 刻度时，再按秒表结束计时，测得刻度 a、b 之间的液体流经毛细管所需时间。重复测量至少 3 次，使时间相差不大于 0.2 s，取 3 次测量的平均值即为溶剂的流出时间 t_0。

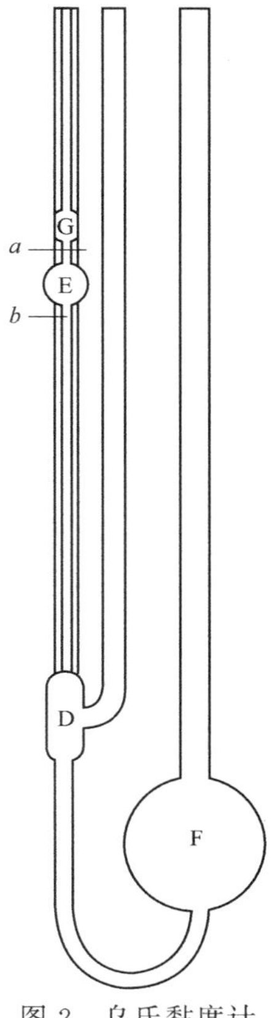

图 2　乌氏黏度计

4. 溶液流出时间的测定

（1）待 t_0 测完后，用移液管由 A 管从 F 球中准确取出 10 mL $NaNO_3$ 溶剂，然后准确量取 10 mL 聚丙烯酰胺溶液，注入黏度计。在 B 管用洗耳球将溶液反复抽洗黏度计的 E 球，使黏度计内的溶液混合均匀，恒温 5 min，测 $c'=1/2$ 的流出时间 t_1。

（2）按照（1）的操作方法，依次分别在做完上一实验的溶液中，加入 10 mL 溶剂，稀释成浓度为 $c'=1/3$；取出 15 mL（$c'=1/3$）混合液，加入 5 mL 溶剂稀释成浓度为 $c'=1/4$；再加入 5 mL 溶剂稀释成浓度为 $c'=1/5$。并且依次分别测定其流出时间 t_2、t_3、t_4。

5. 注意事项

（1）黏度计必须洁净，待测溶液中也不能含有絮状物或其他不溶性杂质。

（2）每加入一次溶剂进行稀释时必须反复抽洗 E 球和 G 球，并使黏度计内溶液混合均匀。

（3）实验过程中恒温槽的温度要恒定，溶液每次稀释恒温后才能测量。

（4）黏度计要垂直放置。实验过程中注意不要移动黏度计。

五、数据记录与处理

1. 将测得不同浓度的溶液的相应流出时间及通过计算所得数据记录于表 1。

表1　实验数据记录表

项目1＼项目2	流出时间				η_r	η_{sp}	$\frac{\eta_{sp}}{c'}$	$\ln\eta_r$	$\frac{\ln\eta_r}{c'}$
	测量次数			平均值					
	1	2	3						
溶剂				t_0=					
$c'=\frac{1}{2}$				t_1=					
$c'=\frac{1}{3}$				t_2=					
$c'=\frac{1}{4}$				t_3=					
$c'=\frac{1}{5}$				t_4=					

2. 利用表1数据，分别以 $\frac{\eta_{sp}}{c'}$ 和 $\frac{\ln\eta_r}{c'}$ 对 c' 作图，外推至 $c'=0$ 处，得截距 A，再由式（9）计算 $[\eta]$。

3. 利用式（3）求得高聚物聚丙烯酰胺的平均分子量 $\overline{M}$。30℃时，$a=0.66$，$K=3.72\times10^{-2}$。

六、思考题

1. 黏度法测定高聚物分子量有哪些优点？
2. $[\eta]$ 和 $\overline{M}$ 的关系式中 K 和 a 在什么条件下是常数？
3. 乌氏黏度计中的支管C有什么作用？除去支管C是否仍可以使用？

七、附录

1. 药品使用注意事项

颗粒状聚丙烯酰胺絮凝剂不能直接投加到污水中。使用前必须先将它溶解于水，用其水溶液去处理污水。溶解颗粒状聚合物的水应该干净（如自来水），不能是污水。常温的水即可，一般不需要加温。水温低于5℃时溶解很慢。水温提高溶解速度加快，但40℃以上会使聚合物加快降解，影响使用效果。一般自来水都适合于配制聚合物溶液。强酸、强碱、高含盐的水不适于用来配制。

2. 黏度计的清洁

洗涤黏度计和待测液体是否洁净，是决定实验成功的关键之一。由于毛细管黏度计中毛细管的内径一般很小，容易被溶液中的灰尘和杂质所堵塞，一旦毛细管被堵塞，则溶液流经刻线 a 和 b 所需时间无法重复和准确测量，导致实验失败。若是新的黏度计，先用洗液浸泡，再用自来水洗三次，蒸馏水洗三次，烘干待用。对已用过的黏度计，则先用甲苯灌入黏度计中浸洗除去留在黏度计中的聚合物，尤其是毛细管部分要反复用溶剂清洗，洗毕，将甲苯溶液倒入回收瓶中，再用洗液、自来水、蒸馏水洗涤黏度计，最后烘干。

参考文献

[1] 董炎明，朱平平，徐世爱．高分子结构与性能 [M]．上海：华东理工大学出版社，2010.
[2] 北京大学化学学院物理化学实验教学组．物理化学实验．4版 [M]．北京：北京大学出版社，2002.

实验二十二 溶液吸附法测定固体的比表面积

一、实验目的

1. 通过本实验用次甲基蓝水溶液吸附法测定颗粒活性炭的比表面积。
2. 通过本实验了解 Langmuir 单分子层吸附理论及溶液法测定比表面积的基本原理。

二、实验原理

测定固体比表面积有很多方法：BET 低温吸附法、气相色谱法、电子显微镜法等。这些方法需要复杂的仪器或者较长的实验时间。相比之下，溶液吸附法测量固体比表面积具有仪器简单、操作方便、能同时测量多个样品等优点。次甲基蓝是一种具有优良吸附性能的水溶性染料，由于它具有最大的吸附倾向，因此被应用于测定固体比表面积。次甲基蓝具有以下矩形平面结构：其阳离子大小为 $17.0\times7.6\times3.25\times10^{-30}\ m^3$。次甲基蓝在固体表面的吸附有三种取向：①平面吸附，其投影面积为 $135\times10^{-20}\ m^2$；②侧面吸附，其投影面积为 $75\times10^{-20}\ m^2$；③端基吸附，其投影面积为 $39\times10^{-20}\ m^2$。对于非石墨型的活性炭，次甲基蓝采取端基吸附取向而吸附在活性炭表面，因此其 $\sigma_A=39\times10^{-20}\ m^2$。

研究表明，在一定浓度范围内，大多数固体对次甲基蓝的吸附是单分子层吸附，符合 Langmuir 单分子吸附理论。Langmuir 单分子吸附理论是一种理想的吸附模型，其基本假定是：①固体表面是均匀的，各吸附中心的能量是相同的，吸附粒子之间的相互作用可以忽略不计；②吸附是单分子层吸附，吸附剂一旦被吸附质覆盖就不能被再吸附；③吸附是可逆的，在吸附平衡时，吸附和脱附建立动态平衡；吸附平衡前，吸附速率与空白表面成正比，解吸速率与覆盖度成正比。

根据以上假定，我们可以推导出 Langmuir 等温吸附模型方程：假设固体表面的吸附位总数为 N，覆盖度为 θ，溶液中吸附质的浓度为 c，那么

吸附速率：

$$v_{吸}=k_1N(1-\theta)c \tag{1}$$

解吸速率：

$$v_{解}=k_{-1}N\theta \tag{2}$$

当达到动态平衡时：

$$\Gamma=\frac{(c_0-c)V}{m} \tag{3}$$

式中，V（L）为吸附溶液的总体积；m（g）为加入溶液的吸附剂质量。

由此可得：

$$\theta=\frac{K_{吸}c}{1+K_{吸}c} \tag{4}$$

式中，$K_{吸}=K_1/K_{-1}$，称为吸附平衡常数，其值取决于吸附剂和吸附质的本质及温度，$K_{吸}$值越大，固体对吸附质的吸附能力越强。Langmuir 吸附的等温曲线如图 1 所示。

若以 Γ 表示浓度 c 时的平衡吸附量，以 Γ_{∞} 表示全部吸附位被占据的单分子层吸附量，即饱和吸附量，则：

$$\theta=\frac{\Gamma}{\Gamma_{\infty}} \tag{5}$$

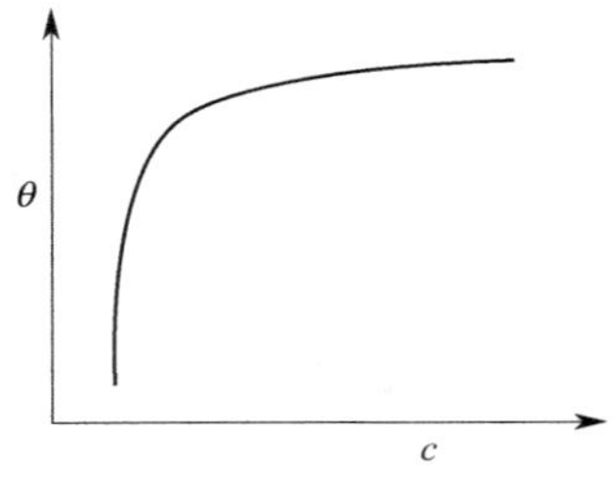

代入式（4）得：

$$\Gamma=\Gamma_{\infty}\frac{K_{吸}c}{1+K_{吸}c} \tag{6}$$

将式（6）重新整理，得到如下形式：

$$\frac{c}{\Gamma}=\frac{1}{\Gamma_{\infty}K_{吸}}+\frac{1}{\Gamma_{\infty}}c \tag{7}$$

图 1　Langmuir 等温吸附曲线

以 c/Γ 对 c 作图，从直线斜率可求得 Γ_{∞}，再结合截距便可得到 $K_{吸}$。Γ_{∞} 指每克吸附剂饱和吸附吸附质的物质的量，若每个吸附质分子在吸附剂上所占据的面积为 σ_A，则吸附剂的比表面积可以按照下式计算：

$$S=\Gamma_{\infty}L\sigma_A \tag{8}$$

式中，S 为吸附剂比表面积；L 为阿伏伽德罗常数。

根据光吸收定律，当入射光为一定波长的单色光时，某溶液的吸光度与溶液中有色物质的浓度及溶液层的厚度成正比。

$$A=-\lg(I/I_0)=abc \tag{9}$$

式中，A 为吸光度；I_0 为入射光强度；I 为透过光强度；a 为吸光系数；b 比色皿厚度；c 为溶液浓度。

次甲基蓝溶液在可见区有 2 个吸收峰：445 nm 和 665 nm。但在 445 nm 处活性炭吸附对吸收峰有很大的干扰，故本实验选用的工作波长为 665 nm，并用 721 型分光光度计进行测量。

采用溶液吸附测定固体比表面积时，其测量误差通常为 10%左右，其原因主要包括以下几个方面：①由于非球形的吸附质在各种吸附剂表面吸附时的取向并非一致，每个吸附分子的投影面积可以相差很远，故溶液吸附法的测定结果有一定的相对误差；②溶液温度高，吸附量低，反之吸附量就高；③吸附质的浓度至少要满足吸附剂达到饱和吸附时所需要的浓度，但溶液的浓度不能过高，否则会出现多层吸附；④振荡要达到饱和吸附的时间；⑤吸附剂颗粒大小不能相差太大，否则取样不均也容易造成偏差；⑥另外，由于上述过程是物理吸附，其他物质也同样吸附，因此仪器的清洁和药品的纯净是非常重要的。

三、仪器与试剂

1. 仪器：721 型分光光度计及其附件，康氏振荡器，2 号砂芯漏斗，容量瓶（100 mL），容量瓶（50 mL），具塞锥形瓶。

2. 试剂：0.5 $mg \cdot mL^{-1}$ 次甲基蓝溶液，颗粒状非石墨型活性炭。

四、实验步骤

1. 样品活化

颗粒状非石墨型活性炭置于瓷坩埚中放入500℃马弗炉活化1 h，然后置于干燥器中备用。

2. 标准溶液配制（0.05 mg · mL^{-1}）

用移液管移取25 mL 0.5 mg · mL^{-1}亚甲基蓝储备液于250 mL容量瓶中，用蒸馏水稀释到刻度。

3. 样品比表面积测定

用移液管分别移取10、20、30、40、50 mL 0.05 mg · mL^{-1}亚甲基蓝于50 mL容量瓶中，用蒸馏水稀释到刻度，分别配制成0.01、0.02、0.03、0.04、0.05 mg · mL^{-1}的亚甲基蓝吸附溶液。然后把这些配制好的溶液分别转入到5个100 mL清洁干燥的锥形瓶中，分别加入100 mg活性炭，盖上玻塞，放置在康氏振荡器上振荡3 h。静置后用砂芯漏斗过滤，得到吸附平衡后滤液。移取25 mL清液于100 mL容量瓶中，用蒸馏水冲稀到刻度。然后以蒸馏水为空白，用721型分光光度计在亚甲基蓝水溶液的最大吸光度处测定吸光度。

4. 亚甲基蓝标准曲线测定

用移液管分别移取5、10、15、20、25、30 mL 0.05 mg · mL^{-1}亚甲基蓝标准溶液于六个100 mL容量瓶中，蒸馏水稀释到刻度。以蒸馏水为参比，用721型分光光度计在亚甲基蓝水溶液的最大吸光度处测定吸光度。

5. 注意事项

（1）活性炭容易吸潮，称取活性炭时，动作要迅速；
（2）将吸光池垂直放在槽中，以免改变光程，保证有光通过的两壁洁净；
（3）配制溶液时使用的容量瓶和烧杯等不应有杂质。

五、数据记录与处理

1. 作亚甲基蓝标准溶液的工作曲线

以浓度为横坐标，吸光度为纵坐标绘制亚甲基蓝标准溶液的工作曲线。

2. 求亚甲基蓝各个平衡溶液浓度

将试验测定的各个稀释后平衡溶液的吸光度，从工作曲线上查得对应的浓度，乘上稀释倍数4，即为平衡溶液的浓度c。

3. 计算吸附量

由平衡浓度c及初始浓度c_0数据，按照式（3）计算吸附量Γ：

$$\Gamma=\frac{(c_0-c)V}{m}$$

4. 绘制 Langmuir 吸附等温线

以 Γ 为纵坐标，c 为横坐标，作 Γ 对 c 的吸附等温线。

5. 求饱和吸附量

由 Γ 和 c 数据计算 c/Γ 值，然后作 $c/\Gamma \sim c$ 图，由图求得饱和吸附量 Γ_∞。将 Γ_∞ 值用虚线作一水平线在 $\Gamma \sim c$ 图上。这一虚线即为吸附量 Γ 的渐近线。

6. 计算活性炭样品的比表面积

将 Γ_∞ 值代入式 (8)，可计算得活性炭样品的比表面积。

六、思考题

1. 根据 Langmuir 理论的基本假设，结合本实验数据，算出各平衡浓度的覆盖度，估算饱和吸附的平衡浓度范围。
2. 溶液产生吸附时，如何判断其达到平衡？

七、附录

1. 仪器（图 2）

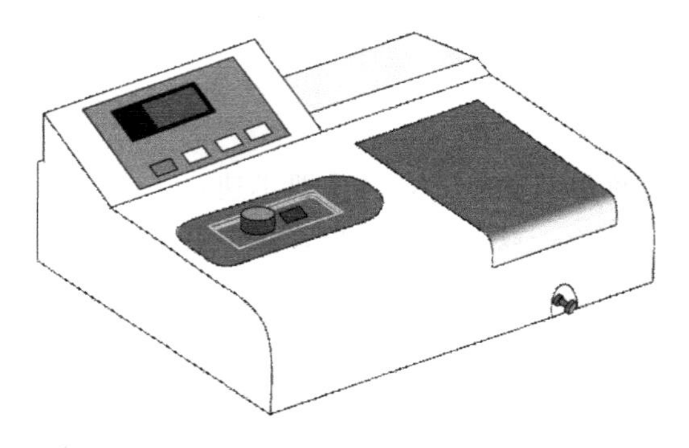

图 2　分光光度计

2. 拓展阅读（图 3、图 4）

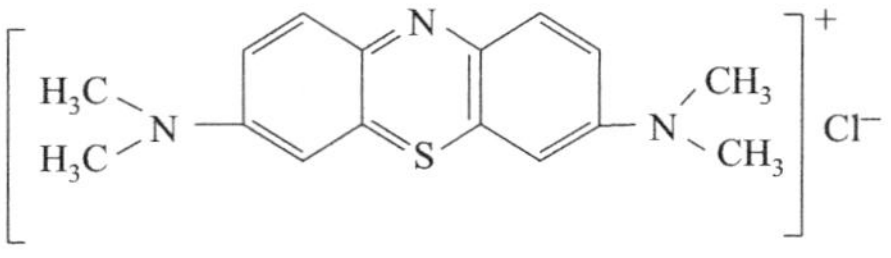

图 3　次甲基蓝分子式

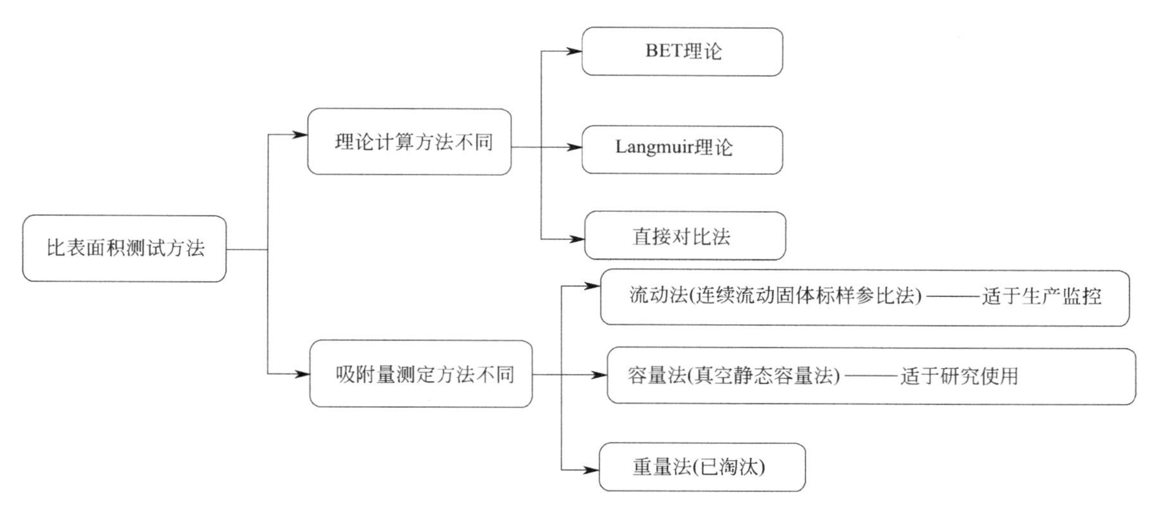

图 4　比表面积测试方法分类

参考文献

[1] 王利华，袁誉洪．“溶液吸附法测定固体比表面”实验的改进 [J]．中南民族学院学报: 自然科学版，1996，015 (001)：60-63.

[2] 陆益民，梁世强，Yi-min，等．“溶液吸附法测定活性炭比表面积”实验的改进 [J]．韶关学院学报（自然科学版），2004.

[3] 陈长宝，尚鹏鹏，朱树华，等．固液吸附法测定活性炭比表面积实验条件的探索 [J]．广州化工，2018，046 (013)：116-117，138.

[4] 徐忠．固相吸附剂在溶液中吸附特性的研究 [J]．化学工程师，2001，17 (001)：1.

实验二十三　胶体制备和电泳

一、实验目的

1. 采用水解凝聚法制备 $Fe(OH)_3$ 溶胶。

2. 用电泳法测定 $Fe(OH)_3$ 溶胶带电性质及其电动电位。

二、实验原理

溶胶是一种半径为 $10^{-9}\sim10^{-7}$ m（1～100nm）的固体粒子（称分散相）在液体介质中形成的多相高度分散系统。分散相粒子的颗粒小、表面积大、表面能高，使得溶胶为热力学不稳定系统，这是胶体系统的主要特征。

胶体的制备方法可分为两类，一类是分散法，另一类是凝聚法。分散法是将较大的物质颗粒分散成胶粒大小的质点，常用的分散法如下所述：

（1）机械作业法　如用胶体磨或其他研磨方法把物质分散。

(2) 电弧法　以金属为电极通电产生电弧，金属受高热变成蒸气，并在液体中凝聚成胶体质点，主要用于制备金属溶胶。

(3) 超声波法　利用超声波场的空化作用，将物质撕碎成细小的质点，它适用于分散硬度低的物质或制备乳状液。

(4) 胶溶作用　由于溶剂的作用，使沉淀重新“溶解”形成胶体溶液。

凝聚法是将物质的分子或离子聚合成胶粒大小的质点。常用的凝聚法如下所述：

(1) 凝聚物质蒸气。

(2) 变换分散介质或改变实验条件（如降低温度），使原来溶解的物质变为不溶。

(3) 在溶液中进行化学反应，生成不溶物。

本实验利用水解法制备 $Fe(OH)_3$ 溶胶

$$FeCl_3 + 3H_2O \xrightarrow{\text{沸腾}} Fe(OH)_3\text{(红棕色溶胶)} + 3HCl$$

聚集在溶液表面上的 $Fe(OH)_3$ 分子再与 HCl 反应：

$$Fe(OH)_3 + HCl \longrightarrow FeOCl + 2H_2O$$

而 FeOCl 解离成 FeO^+ 和 Cl^-。胶体结构大致为：

$$\{[Fe(OH)_3]_n \cdot mFeO^+ \cdot (m-x)Cl^-\}^{x+} \cdot xCl^-$$

制成的胶体溶液常由于其他杂质的存在而影响其稳定性，因此必须纯化。常用的纯化方法是半透膜渗析法。渗析时，以半透膜隔开胶体溶液和纯溶剂，胶体溶液中的杂质如电解质及小分子能透过半透膜，进入溶剂中，而胶粒却不能透过去，如果不断更换溶剂，则可把胶体溶液中的杂质除去。为了加快渗析速度，可用热渗析和电渗析方法。

几乎所有胶体体系的颗粒都带电荷，这是由于胶粒本身的电离或者胶粒表面从分散介质中选择性地吸附离子或胶粒与分散介质（非水介质）摩擦生电。胶粒表面所带电荷的符号与溶胶的本性及其制备方法等因素有关。胶粒附近的介质分布着与胶粒表面电荷符号相反、数量相等的电荷，以保持溶胶体系呈电中性。带电的胶粒吸附一定量介质构成溶剂化层，溶剂化层与胶粒一起运动。由溶剂化层界面到均匀液相内部（此处电势为零）的电势差称为动电电势或 ζ 电势。ζ 电势的大小与胶粒性质、介质成分和溶胶浓度等有关，它是表征胶粒特性的一个重要物理量，在研究胶体性质及实际应用中有着重要作用。ζ 电势和胶体的稳定性有密切关系。$|\zeta|$ 值越大，表明胶粒荷电越多，胶粒之间的斥力越大，胶体越稳定；反之，则不稳定；当 ζ 电势等于零时，胶体的稳定性最差，此时可观察到聚沉现象。因此，无论制备或破坏胶体，均需要了解所研究胶体的 ζ 电势。

在外加电场作用下，带电胶粒向一定方向移动的现象称为电泳。胶粒的电泳速度与它的 ζ 电势有关。原则上任何一种胶体的动电现象（电泳、电渗、流动电势和沉降电势）都可以利用来测定 ζ 电势，但最方便的方法则是通过电泳来测定。

利用电泳测定动电电势有宏观法和微观法两种。宏观法是观测胶体溶液与另一不含胶粒的无色导电溶液（辅助液）的界面在电场作用下的移动速度。微观法则是借助于显微镜观察单个胶体粒子在电场中的定向移动速度。对于高度分散的溶胶［如 $Fe(OH)_3$ 溶胶和 As_2S_3 溶胶］或过浓的溶胶，不易观察个别粒子的运动，只能用宏观法。对于颜色太淡或浓度过稀的溶胶，则适宜用微观法。

本实验用宏观法测定在一定的外加电压条件下 $Fe(OH)_3$ 胶粒的电泳速度，并计算其 ζ

电势。ζ 电势的数值可用亥姆霍兹方程计算：

$$\zeta=\frac{4\pi\eta v}{\varepsilon\mu} \tag{1}$$

式中，η 为分散介质黏度，Pa·s；μ 为两电极间的电势梯度，V/m；v 为电泳速度，$m \cdot s^{-1}$；ε 为介质常数，$F \cdot m^{-1}$。

若在电泳仪两极间接上电势差 E(V) 后，在时间 t(s) 内溶胶界面移动距离为 l'(m)，则溶胶电泳速度 $v=\frac{l'}{t}$，相距 l(m) 的两极间的电极电势梯度平均值为 $u=\frac{E}{l}$，则上式可表示为：

$$\zeta=\frac{4\pi\eta l' l}{\varepsilon E t} \tag{2}$$

式中，l'、l、E、t 值均可由实验求得；η、ε 值可从相关手册查到。据此可算出胶粒的 ζ 电势。

必须注意，由式 $v=\frac{l'}{t}$ 所表示的电泳速度是随外加电压及两极间距 l 的变化而变化的。一般文献中所记载的胶体电泳速度是指电位电势梯度下的，即由式 $\frac{l' l}{Et}$ 所求得的胶粒电泳速度。且上式是在溶胶与辅助液的电导率相同的情况下，根据扩散双电层的物理模型推导而得。在推导过程中，有如下假设：

(1) 扩散双电层内外的液体性质相同，因而流体力学公式对双电层内外的液体皆适用；

(2) 液体流动（电渗）或胶体质点运动（电泳）的速度很慢；

(3) 液体或胶粒的移动是外加电场与双电层的电场共同作用的结果；

(4) 双电层的厚度远小于胶粒的曲率半径。

三、仪器与试剂

1. 仪器：电泳仪 1 套，直流稳压电源，秒表，铂电极，电导率仪，烧杯，锥形瓶等。
2. 试剂：10% $FeCl_3$ 溶液，稀盐酸，胶棉液，KCl，$AgNO_3$，KSCN。

四、实验步骤

1. $Fe(OH)_3$ 溶胶的制备

在 250mL 烧杯中，盛蒸馏水 100mL，加热至沸腾，在搅拌条件下滴加 10% $FeCl_3$ 10mL，再煮沸 2min，即得 $Fe(OH)_3$ 棕色溶胶。

2. 胶体溶液的纯化

半透膜的制备：在 100mL 干燥的短颈锥形瓶中，倒入几毫升胶棉液（溶剂为体积比 1∶3 的乙醇-乙醚液），小心转动锥形瓶，使胶棉液在瓶内壁形成均匀的薄膜，倾出多余的胶棉液。倒置流尽胶棉液，并让溶剂挥发完至不粘手，然后在瓶口剥开一部分膜，从膜壁注入水，使膜与壁分离，取出成型的膜袋置于去离子水中浸泡待用，同时检查是否有漏洞。如有漏洞则不能使用，需重新制膜。

溶胶的渗析：将制得的 $Fe(OH)_3$ 溶胶倒入半透膜中，用线拴紧袋口，放入 60～70℃的水中渗析，半小时换一次水，直至水中不能检出 Cl^- 或 Fe^{3+} 为止。也可通过测溶胶的电导率来判断溶胶纯化的程度。将纯化后的 $Fe(OH)_3$ 溶胶移入洁净干燥的试剂瓶中，陈化一段时间。

3. $Fe(OH)_3$ 溶胶的 ζ 电位测定

U 形电泳管如图 1 所示。管上有刻度可以观察溶胶界面移动的距离，U 形管的两个活塞以下装入待测的溶胶，以上装入与溶胶电导率相同的无色辅助液，两铂电极要插入电泳管两边的辅助液中。使用电泳仪时应注意保持仪器清洁，若有杂质，特别是电解质时，会影响 ζ 电势的数值。

将渗析好的 $Fe(OH)_3$ 溶胶用电导率仪测定其电导率。配制 KCl 稀溶液，调节其中 KCl 的浓度，直至其电导率与溶胶的电导率相等。

将电泳管先用去离子水后用已渗析过的 $Fe(OH)_3$ 溶胶洗几次，再装入 $Fe(OH)_3$ 溶胶至两个活塞以上，关闭两个活塞，在活塞下不能有气泡。将活塞上部的溶胶倒掉，依次用去离子水及辅助液洗涤三次，然后装入辅助液至管口。将仪器固定在架子上，在 U 形管两端分别插入铂电极。两电极与直流稳压电源相连。同时缓慢打开活塞，使胶体溶液与上面辅助液界面相连（液面之间不能有气泡，且界面分明）。再打开稳压电源开关，调节工作电压在 110～120V 之间，观察界面移动的方向，根据电极的正负确定胶粒带电符号。

当 U 形管两边溶胶的界面清晰后，打开秒表计时，待胶体液面上升了一定距离（如 1cm）时（可在 U 形管管壁上准确读出），同时记下时间和电压值。在同样电压值和胶体液面上升同样距离时，再测定一次所需时间，求出两次时间的平均值。测完后关闭电源，用细铜丝量出电极在 U 形管内的导电距离，再用刻度尺测量铜丝的长度 l（注意：此长度并非两电极之间的直线距离），洗净电泳仪，并充满去离子水浸泡。

洗净电泳管，用滴管注入净化后的 $Fe(OH)_3$ 溶胶，关闭活塞，用蒸馏水和辅助液依次洗净电泳管上部三次，然后装入辅助液（电导率与溶胶相等的 HCl）至支管口。两边插入电极并安装好仪器。调节工作电压为 120～150V。打开活塞开始计时，准确记录界面移动 0.5cm，1cm，1.5cm，2cm 所需的时间。测定完毕关闭电源，测量两电极间的距离 l，计算 ζ 电势。

4. 注意事项

（1）溶胶净化要彻底，否则将影响电泳速度；

（2）辅助液电导率必须与溶胶电导率相等；

（3）掌握好水电泳技术，必须做到辅助液与溶胶的界面分明。

五、数据记录与处理

1. 根据电极符号及溶胶在电泳时的移动方向，确定胶粒所带电荷的符号。

2. 计算电泳速度和电势梯度，进而求得 ζ 电势。

3. 当分散介质为水时 η 和 ε 值均用水的相应值代替。水的介电常数与温度的关系为 $\varepsilon=80-0.4(T-293)$，$T$ 为实验热力学温度。水在不同温度下的黏度数据见表 1。

表 1　不同温度下水的黏度

温度/℃	η/cP	温度/℃	η/cP	温度/℃	η/cP
0	1.7921	21	0.9810	33	0.7523
10	1.3077	22	0.9579	34	0.7371
11	1.2713	23	0.9358	35	0.7225
12	1.2363	24	0.9142	40	0.6560
13	1.2028	25	0.8937	45	0.5988
14	1.1709	26	0.8737	50	0.5494
15	1.1404	27	0.8545	55	0.5064
16	1.1111	28	0.8360	60	0.4688
17	1.0828	29	0.8180	70	0.4061
18	1.0559	30	0.8007	80	0.3565
19	1.0299	31	0.7840	90	0.3165
20	1.0050	32	0.7679	100	0.2838

注：$1cP=10^{-3}Pa\cdot s$。

六、思考题

1. 写出 $Fe(OH)_3$ 胶团的结构式，并解释其电荷性质。
2. 用半透膜渗析法纯化溶胶的根据是什么？溶胶为什么需要纯化？
3. 电泳时辅助液的选择应根据哪些条件？
4. 连续通电使溶液不断发热会引起什么后果？
5. 电泳速度的快慢与哪些因素有关？要准确测定溶胶的电泳速度必须注意哪些问题？

七、附录

电泳装置示意图（图 1）。

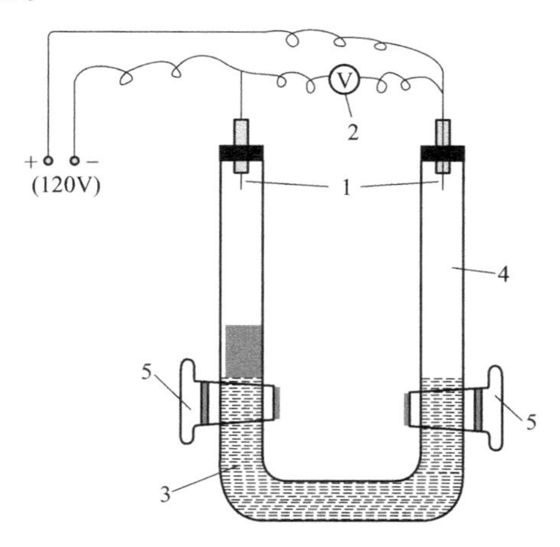

图 1　电泳装置图

1—铂电极；2—电压表；3—溶胶；4—辅助液（KCl 稀溶液）；5—活塞

宏观法测定溶胶的电泳，适合测量浓度大，动电位大的溶胶。

微观法测定溶胶的电泳，适合测量浓度小，动电位小的溶胶。不需要辅助溶液。用显微镜观察胶团的移动速度。

参考文献

[1] 赵雷洪，罗孟飞．物理化学实验 [M]．浙江：浙江大学出版社，2015.

[2] 王军，杨冬梅，张丽君，等．物理化学实验 [M]．北京：化学工业出版社，2015.

实验二十四 表面张力法测定水溶性表面活性剂临界胶束浓度

一、实验目的

1. 了解表面活性剂的特性及胶束的形成原理。
2. 掌握用表面张力法测定十二烷基硫酸钠的临界胶束浓度的方法。

二、实验原理

由具有明显“两亲”性质的分子组成的物质称为表面活性剂。这一类分子既含有亲油的足够长的（大于10个碳原子）烃基，又含有亲水的极性基团（通常是离子化的）。如肥皂和各种合成洗涤剂等。表面活性剂分子都是由极性和非极性两部分组成，若按离子的类型分类，可分为三类：

（1）阴离子型表面活性剂 如羧酸盐（肥皂、$C_{17}H_{35}COONa$），烷基硫酸钠［十二烷基硫酸钠、$CH_3(CH_2)_{11}C_6H_5SO_3Na$］等。

（2）阳离子型表面活性剂 主要是铵盐，如十二烷基二甲基叔胺［$RN(CH)_3HCl$］和十二烷基二甲基氯化铵［$RN(CH_3)_2Cl$］。

（3）非离子型表面活性剂 如聚氧乙烯类［$R\text{-}O\text{-}(CH_2CH_2O)_nH$］。

表面活性剂进入水中，在低浓度时呈分子状态，并且把亲油基团靠拢分散在水中。当溶液浓度加大到一定程度时，许多表面活性物质的分子立刻结合成很大的集团，形成“胶束”。以胶束形式存在于水中的表面活性物质是比较稳定的。表面活性物质在水中形成胶束所需的最低浓度称为临界胶束浓度，以CMC表示。在CMC点上，由于溶液的结构改变导致其物理及化学性质（如表面张力、电导率、渗透压、浊度、光学性质等）同浓度的关系曲线出现明显的转折，如图1所示。这个现象是测定CMC的实验依据，也是表面活性剂的一个重要特征。

这种特征行为可用生成分子聚集体或胶束来说明，如图2所示，当表面活性剂溶于水后，不但定向地吸附在水溶液表面，而且达到一定浓度时还会在溶液中发生定向排列而形成胶束，表面活性剂为了使自己成为溶液中的稳定分子，有可能采取两种途径：一是把亲水基留在水中，亲油基伸向油相或空气；二是让表面活性剂的亲油基团相互靠在一起，以减少亲油基与水的接触。前者就是表面活性剂分子吸附在界面上，其结果是降低界面张力，形成定向排列的单分子膜，后者就形成了胶束。由于胶束的亲水基方向朝外，与水分子相互吸引，使表面活性剂能稳定地溶于水中。

随着表面活性剂在溶液中浓度的增长，球形胶束还可能转变成棒形胶束，以至层状胶束，如图3所示。后者可用来制作液晶，它具有各向异性的性质。

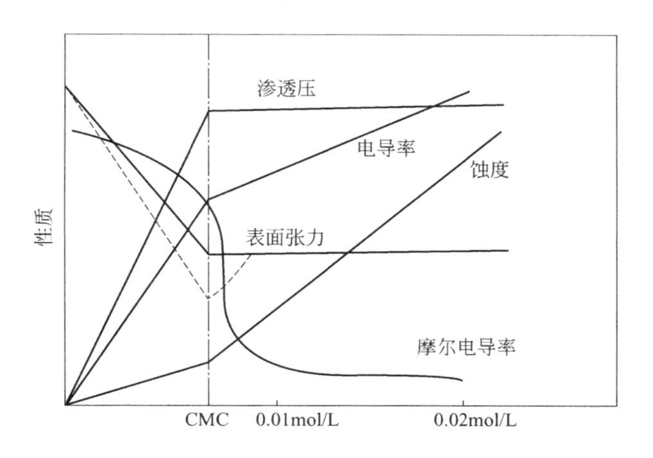

图 1　25℃时十二烷基硫酸钠水溶液的物理化学性质和浓度关系图

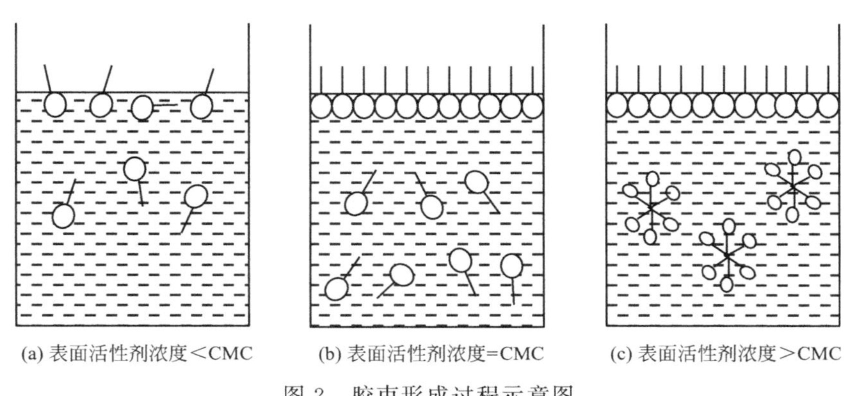

(a) 表面活性剂浓度＜CMC　(b) 表面活性剂浓度=CMC　(c) 表面活性剂浓度＞CMC

图 2　胶束形成过程示意图

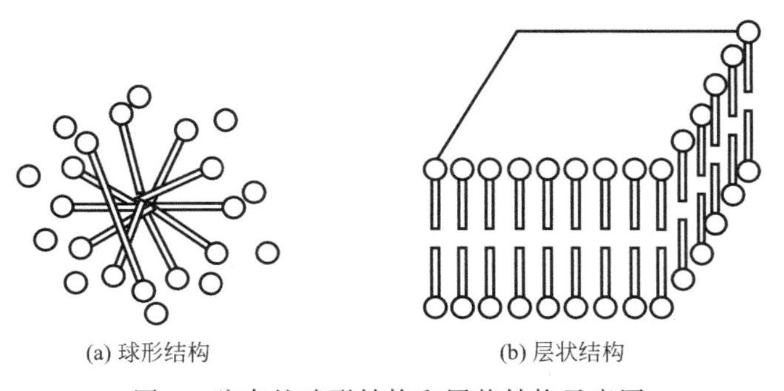

(a) 球形结构　(b) 层状结构

图 3　胶束的球形结构和层状结构示意图

本实验采用表面张力测定装置测得不同浓度的十二烷基硫酸钠水溶液的表面张力与浓度的关系图，从图中的转折点即可求得临界胶束浓度。

三、仪器与试剂

1. 仪器：表面张力仪（见实验二十），容量瓶（100mL）12 只，容量瓶（1000mL）1 只，恒温槽，锥形瓶（250mL）。

2. 试剂：十二烷基硫酸钠。

四、实验步骤

1. 取十二烷基硫酸钠在 800℃ 烘干 3h，用超纯水准确配制 0.002，0.004，0.006，0.007，0.008，0.009，0.010，0.012，0.014，0.016，0.018，0.020mol/L 的十二烷基硫酸钠溶液各 100mL。

2. 打开表面张力仪和恒温水槽，调节恒温水浴温度至 25℃ 或其他合适的温度。

3. 用蒸馏水洗净表面张力仪毛细管及样品管，在恒定温度下测定超纯水的表面张力，仪器使用方法见实验二十。

4. 用表面张力仪从稀到浓分别测定上述各溶液的表面张力。每次测量之前要润洗毛细管和样品管三次，各溶液测定前必须恒温 10min，每个溶液最大压力差读数 3 次，取平均值。

5. 列表记录并计算各溶液对应的表面张力。

6. 实验结束后用蒸馏水洗净毛细管及样品管内管壁。

7. 注意事项

（1）稀释十二烷基硫酸钠溶液时，应防止振摇猛烈，产生大量气泡影响测定；

（2）每次测定后，必须用下一个待测溶液充分润洗毛细管和样品管内管壁，以免溶液浓度变化引起测定误差；

（3）作图时应分别对图中转折点前后的数据进行线性拟合，找出两条直线，这两条直线的相交点所对应的浓度才是所求的水溶性表面活性剂的临界胶束浓度。

五、数据记录与处理

1. 按照表 1 记录实验数据。

表 1　实验数据记录表

室温：_____℃；大气压：_____kPa；实验温度：_____℃

序号	c/(mol/L)	p_{max}/Pa			γ/(mN/m)
1					
2					
3					
4					
5					
6					
7					
8					
9					

2. 作出表面张力与浓度的关系图，从图中转折点处找出临界胶束浓度（文献值：40℃，$C_{12}H_{25}SO_4Na$ 的 CMC 为 8.7×10^{-3} mol/L）。

六、思考题

1. 若要知道所测的临界胶束浓度是否准确，可用什么实验方法验证？

2. 溶解的表面活性剂分子与胶束之间的平衡同温度和浓度有关，其关系式可表示为：

$$\frac{\mathrm{d}\ln c_{\mathrm{CMC}}}{\mathrm{d}T}=-\frac{\Delta H}{2RT^2}$$

试问如何测出其热效应 ΔH 值？

3. 非离子型表面活性剂能否用本实验方法测定临界胶束浓度？为什么？若不能，则可用何种方法测定？

参考文献

[1] 王国平，张培敏，王永尧．中级化学实验．2版．北京：科学出版社，2019.
[2] 庄继华等．物理化学实验．3版．北京：高等教育出版社，2003.

实验二十五　用脉冲法进行苯加氢和金属活性位的中毒反应

一、实验目的

1. 通过本实验了解微型脉冲反应器的工作原理，掌握脉冲法考察催化剂活性的基本方法。

2. 通过本实验理解活性中心概念，并掌握脉冲中毒法用于活性中心测定的基本方法。

二、实验原理

1. 实验反应器

催化反应需经反应器来实现，因此反应器成为催化研究中至关重要的仪器。受各种因素（如浓度、温度、压力、传质、传热）的影响，反应速度的测定比较复杂，为方便操作和分析，实验室采用两类理想的反应器，一类是连续进料搅拌型槽式反应器（如图1所示），反应槽内各点反应物料的温度和浓度均匀一致，且等于流出物的浓度，测出的总体反应速度就是反应器内各点的活性。

另一类是柱塞流式反应器（如图2所示），物料像一个活塞柱在催化剂床层中推进。物料浓度在反应器的轴向有一个分布梯度，各点的产物浓度也各不相同。柱塞流式反应器为实验室常用的反应器，也称为固定床反应器，通常由细小的玻璃管（石英管）或不锈钢管制成。催化剂装填时应注意使床层处于加热电炉的恒温段内，装填量根据反应条件选择合适的高径比，一般在4～8左右，反应物料从上而下流过反应器，以防止催化剂床层松动而引起沟流。

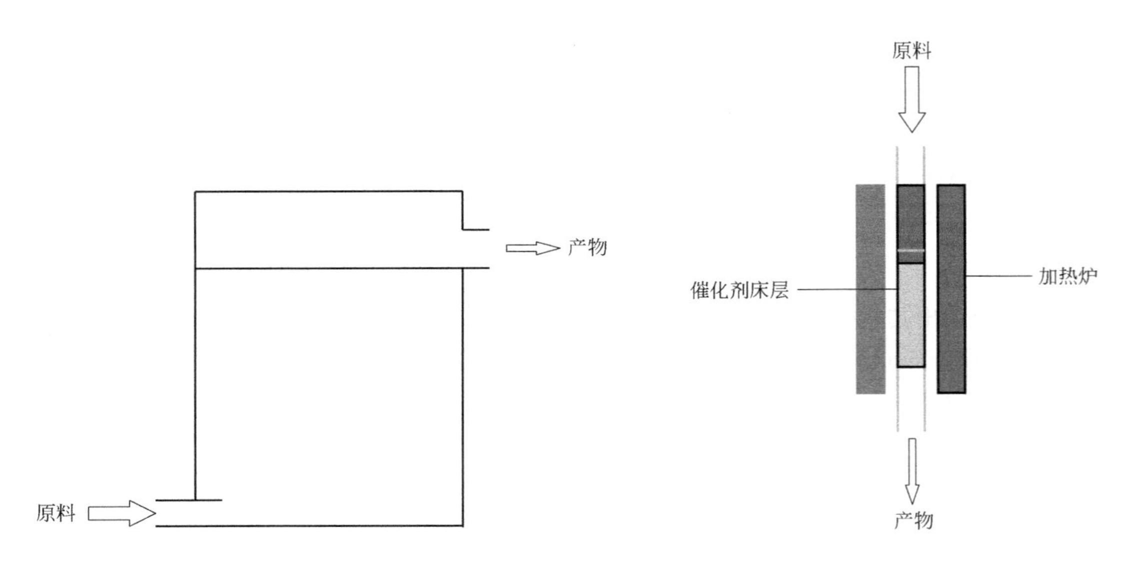

图 1　连续进料搅拌型槽式反应器　　　　图 2　柱塞流式反应器示意图

随着气相色谱技术的进步，20 世纪 50 年代中期发展了微型反应器，它有两个特点：

(1) 采用柱塞流管式反应器，但管径极小，一般在 2～5mm 之间，所以催化剂用量很少（0.01～0.5g）。这样就可以减少甚至消除反应中的热效应对测量的影响。从节省催化剂和物料的角度来看，该反应器对稀贵金属催化剂以及同位素物料反应更具有优势。

(2) 反应器与气相色谱仪紧密结合形成一体，产物自反应器流出后直接进入色谱柱进行分析，使进样后的催化反应、产物的分离和分析连续一次进行，从而达到快速筛选催化剂或研究催化反应过程的目的。

按照反应物进料方式的不同，微型反应器又可分为连续微型反应器和脉冲微型反应器。连续微型反应器又称尾气技术，与传统的流动法没有本质的区别，只是对反应产物定量采样，在线分析。脉冲反应器反应物料是以脉冲注入形式供给的，在流动特征上和连续微型反应器有较大差别。反应活性在非稳定状态下测定，所以必须考虑时间变量的影响，当脉冲进样的时间足够长时其结果也就与连续微型反应器的情况接近。此外，通过催化动力学方程的数学分析可知，线性反应即一级反应脉冲法与连续流动法结果一致，因此可以用脉冲进料方式代替连续流动法。

2. 催化剂的评价

催化剂的评价由许多物理和化学性质以及经济指标来决定。实验室研究中最主要的两个评价标准是催化剂的活性和选择性。所谓活性是指在一定的反应条件下原料转化为产物的速率。催化剂的活性是衡量催化剂效能大小的标准。因使用目的的差异，活性的表示方法也各不相同，大致分为两类：一类是实验室常用的比活性，即单位表面金属原子（或单位表面积）上的催化反应速率；另一类是工业常用的转化率表示法，定义为：

$$\text{转化率}/\% = \frac{\text{反应物转化的摩尔分数}}{\text{反应物真实的摩尔分数}} \times 100 \tag{1}$$

柱塞流式反应器可以在积分条件和微分条件下操作，其数据的处理方法也各不相同。分别称为积分反应器和微分反应器。微分反应器的转化率控制在5%以下，反应前后的物料浓度变化较小，可用平均值来表示反应器中的物料浓度，反应速度直接可从实验数据求得。积分反应器中进出口物料的浓度变化显著，只能测得转化率对空时的积分数据。微分反应器要求有较高精度的分析手段，受此限制一般实验室中多采用积分反应条件，通常使用在相同条件下催化剂的转化率来比较活性。

催化剂的选择性定义为：

$$选择性/\%=\frac{原料转化到某产物的相应摩尔分数}{原料转化的总摩尔数}\times100 \tag{2}$$

对催化剂而言，转化率和选择性都是极为重要的，所以有时在评价催化剂时也使用固定的反应条件下反应物转化到特定产物的转化率表示。

3. 活性中心的中毒

催化研究中有各种各样的假设来解释催化作用，但至今缺乏系统的理论。活性中心学说认为催化剂表面不是任何部位都能发生反应，只有一些具有特殊性质的部位才具有催化作用，这些部位就称为活性中心。如金属催化剂其活性中心往往是金属表面上的棱、角和缺陷位置，它们的金属不饱和程度高，具有较好的吸附性能，易于进行催化反应。

如果某些物质能与活性中心形成强吸附位，从而使这些活性中心消失，我们就称之为催化剂的中毒。如对固体酸而言若有一种能被吸附的碱性物质使这些酸中心被中和掉，那么催化剂就不再具有活性，这类活性中心的定量表示方法，就采用使1g催化剂全部失活所需要的中毒物质的毫克分子数，载金属催化剂的活性中心则以某一吸附物质的化学吸附量换算到单位重量催化剂上有多少活性金属表面积或原子数来表示。

三、仪器与试剂

1. 仪器：微型脉冲反应装置如图3所示，其中色谱仪上的四通阀可在色谱分析和催化

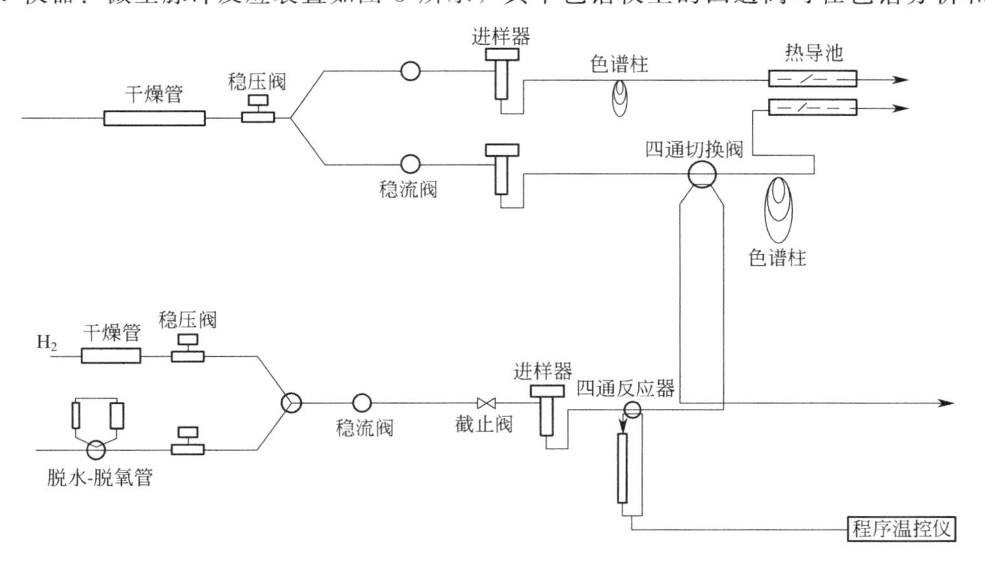

图3 微型脉冲反应装置流程图

反应系统间切换。反应器面板上的四通反应器用于连接（B）和关闭（A）反应管。程序控温仪上的 run 和 stop 键用来启动和停止反应炉的温度控制。

2. 试剂：苯（经雷尼镍提纯），含硫苯（体积分数 0.5%，噻吩/苯，噻吩密度约 0.8g/mL），石英砂，色谱标样（苯和环己烷混合物），质量分数 0.50% Pd/Al_2O_3 催化剂，1μL 微量进样器 1 支，色谱柱（10%聚乙二醇 6000/白色单体）。

四、实验步骤

1. 装填催化剂

称取 0.050g Pd/Al_2O_3（质量分数 0.50%）催化剂填入石英反应管中，石英砂将反应管填满，注意将催化剂填充均匀，不能产生沟流。然后将反应管接在反应器中。轻旋反应管上的接口，以 O 形圈将反应管和气路间密封良好。

2. 接通反应气路

接通反应管，即将四通反应器切换到 B；同时将色谱仪上的四通阀切换到分析，与色谱仪断开，以防催化剂还原后的气体污染色谱检测器。将氢气钢瓶打开，减压阀调节到 $1kg/cm^2$，稳流阀调节到 6.00（35mL/min）（其他阀件别动!）。

3. 还原催化剂

设置程序控温仪从初温 20℃经 10min 升温到 150℃，维持该温度不变，直到反应结束（控温程序已设置好）。按 run 运行程序控温仪。

4. 打开色谱分析

运行控温仪 25min 左右，连接反应器和色谱仪，即将色谱仪上的四通切换阀切换到催化反应（色谱仪上部的稳压阀调节到 $0.4kg/cm^2$，下部的稳压阀为 0，炉温设置 80℃，色谱进样器 100℃，检测器 90℃，随后打开加热电源）。开色谱仪 10min 后，升高热导电流到 100mA，极性选择（注意 0 位时逐渐升高电流，不可使用降低电流，以防电流直接升高到最大值损坏色谱检测器。热导池中没载气通过时绝对不能开启热导电流，否则将烧断热导丝）。

5. 脉冲进样加氢反应

催化剂还原 40min（同时调好色谱仪），打开色谱信号采集器和计算机色谱工作站。从进样器注入 0.50 μL 苯，同时采集信号计算反应的转化率。随后 5min 进样一次，连续采样，取三次反应转化率的平均值为催化剂脉冲反应的活性。

6. 催化剂的中毒反应

向反应器注入含硫苯（含噻吩 0.50%），每 2min 注射一次，每次 0.5 μL，直到反应混合物中的环己烷峰面积接近 0。注意色谱工作站连续采样，之后统一分析。

7. 色谱分析校正工作曲线

催化剂完全失活后向反应器中注入苯-环己烷的标准溶液，环己烷的摩尔分数分别为

0.0、0.2、0.4、0.6、0.8、1.0。每 2min 注入一次，每次 0.5 μL。检测环己烷的摩尔分数随面积分数的变化关系（如果时间紧张可近似认为环己烷和苯的校正因子相等，使用反应后环己烷的面积分数近似代表反应的转化率）。

8. 结束实验

反应结束 5min 后按控温仪上 stop 键，停止控温。将色谱仪热导池复位（热导电流变为 0），关闭色谱加热系统和色谱总开关，关闭氢气钢瓶和减压阀。将色谱仪上面的四通切换阀还原到色谱分析。

五、数据记录与处理

1. 作出环己烷摩尔分数和面积分数之间的对应关系曲线。根据环己烷的面积分数求出催化剂的转化率。

2. 做反应产物中苯的转化率与噻吩注入量的对应关系曲线，并用外推法计算催化剂完全失活所需的噻吩分子数（设反应完全失活之前噻吩被金属钯全部吸附）。

3. 根据金属原子的含量计算每个噻吩分子能使多少表面 Pd 原子中毒（近似认为 Pd 原子全部还原并且都暴露在催化剂载体表面上）。

六、思考题

1. 你认为催化剂表面上的 Pd 原子，是以单个形式孤立分散的还是聚集的？为什么？

2. 根据实验结果，一个孤立的金属原子能使苯加氢吗？为什么？

七、附录

1. 药品使用注意事项

本实验会用到苯、噻吩，注意试剂毒性，避免苯中毒。苯具有挥发性。苯、噻吩皆为易燃试剂，避免接触明火。操作者应穿实验服，戴口罩、手套等。

2. 拓展阅读

氢化反应是现代化学工业中的一种主要反应，广泛应用于精细化工、医药、食品、染料、功能高分子和香料等领域。引入高效催化剂，使加氢反应在相对温和的条件下还原各种不饱和化合物。金属催化剂在加氢反应中活性高，反应温度低，适用性广，但容易与 S、N、As、P 等元素结合，因“中毒”而失去反应活性。金属氧化物催化剂和金属硫化物催化剂都有一定的抗毒性，但是活性相对较差，通常需要使用高温高压反应条件，对催化剂本身和反应器的要求比较严格。传统催化剂在反应过程中存在一定的局限性，迫切需要开发新一代高效氢化催化剂，在保证高活性和高选择性催化效果的同时，降低能源消耗和对环境的负面影响。金属有机骨架材料作为一种新型的多孔材料，在催化、气体储存与分离、传感器、发光材料和药物传递等方面表现出了优异的性能，在近二十年来受到了广泛的关注。金属有机骨架材料（MOF）有良好的相容性，可以与其他功能材料结合形成新的复合材料，这可以在很大程度上扩展 MOF 的应用领域。与传统催化剂相比，MOF 具有优异的物理化学性能和结构可调性，通过合理的设计可以满足不同的催化加氢工艺。

（1）MOF 基催化剂具有多种和特定的活性位点。除了构成 MOF 的金属离子/团簇和功能有机配体外，还可以通过包封或包封其他活性物质将其他类型的催化位点引入到 MOF 中，进一步扩大 MOF 基催化剂在不同催化加氢反应中的适应性。此外，不同活性位点之间的协同效应可以特异性地促进反应，对提高反应的选择性起到重要作用。

（2）有效控制活性位点的大小和空间分布。这可以影响催化剂在催化反应过程中的活性和选择性，并通过 MOF 的限制效应提高活性位点的稳定性和耐久性。

（3）高比表面积可以提高 MOF 基催化剂的催化活性。这种结构特性不仅可以增加 MOF 基催化剂的活性位点，还可以吸附反应物和还原剂，扩大其局部浓度。

（4）通过调节 MOF 基催化剂的结构，可以控制反应分子的扩散。通过调节 MOF 的孔窗和孔道的大小，可以改变反应物在催化剂中的扩散路径，影响底物与活性位点之间的接触，进而影响反应物的活性和选择性。

参考文献

[1] 鲍强 . Ce-Si 改性的新型 V_2O_5/TiO_2 催化剂高效抗碱金属中毒试验研究 [D]. 杭州：浙江大学，2015.

[2] 陈芝杰, 陈俊英, 李映伟 . 金属有机骨架基催化剂在加氢反应中的应用 [J]. 催化学报，2017（07）：19-37.

[3] 王清云, 张贵, 佟永纯, 等 . PtCu 二元金属催化剂抗 CO 中毒性能的理论研究 [J]. 原子与分子物理学报，2018，35（01）：65-73.

实验二十六 简单离子晶体的晶格能和水合热计算实验

一、实验目的

1. 掌握 SWC-RJ 溶解热测定装置的使用方法，测定简单离子晶体（NaCl、KCl 或 KBr）的积分溶解热。

2. 掌握外推法测定无限稀释溶液的积分溶解热数值的方法。

3. 掌握设计 Born-Haber 循环过程的方法，计算出离子晶体的水合热。

二、实验原理

晶格能是 1mol 自由的气体离子在绝对零度下变成晶体的生成热。晶格能由正、负离子间的吸引能和排斥能组成，根据理论推导，离子晶体的摩尔晶格能可以表示为：

$$U_0=-\frac{NAz^2e^2}{r_0}\left(1-\frac{1}{n}\right) \tag{1}$$

式中，所有物理量均用厘米·克·秒（c·g·s）制表示，N 为阿伏伽德罗常数；z 为离子电荷（若 $z_1 \neq z_2$，则应以 $|z_1z_2|$ 代替 z^2）；e 为电子电荷，用电荷的高斯单位 e. s. u 表示，e. s. u 与电荷单位库仑（C）之间的关系是

$$1e.s.u = 1cm^{3/2} \cdot g^{1/2} \cdot s^{-1} = (10/\xi)C = 3.33564 \times 10^{-10}C \tag{2}$$

其中，$\xi = 2.99792458 \times 10^{10}$ cm/s，为 c.g.s 制单位表示的光速；r_0 是正、负离子在晶格中的平衡距离，cm；U_0 计算结果的单位是尔格（erg），1erg$=10^{-7}$J；A 为马德隆（Madelung）常数。常见晶体类型的配位数和 A 值列于表 1 中。

表 1　常见晶体类型的配位数和 A 值

晶体类型	配位数	A
NaCl（面心立方）	6	1.74756
CsCl（简单立方）	8	1.76267
ZnS（闪锌矿）	4	1.63806
ZnS（纤维锌矿）	4	1.641
CaF_2（氟石）	8 或 4	5.03878
TiO_2（金红石）	6 或 3	4.816
TiO_2（锐钛矿）	6 或 3	4.800
Cu_2O（赤铜矿）	4 或 2	4.11552

式(1) 中 n 为离子晶体的结构参数，可以根据晶体的压缩系数 β 按下面的公式计算

$$n = 1 + \frac{18r_0^4}{Az^2e^2\beta} \tag{3}$$

式中，各物理量的单位均用 c·g·s 制表示，同公式(1)。β 的单位取作 cm^2/dyn，1dyn$=10^{-5}$N。n 值约为 10。

晶格能也可以通过设计 Born-Harber 循环，利用热力学和结构化学数据进行计算。以 KCl 为例，设计 Born-Harber 循环（图 1）如下：

$K(s) + 1/2Cl_2(g) \longrightarrow KCl(s)$

ΔH_1　$\Delta H_2/2$

$K(g)$　$Cl(g)$　ΔH_5

ΔH_3　ΔH_4

$K^+(g) +$　$Cl^-(g)$

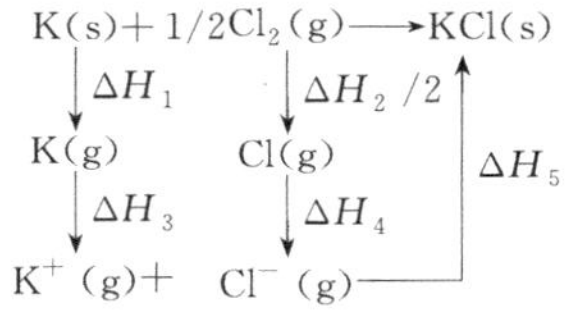

图 1　计算 KCl 晶格能的 Born-Harber 循环

其中，ΔH_1 是金属钾的气化焓；ΔH_2 是氯气分子的解离能；ΔH_3 是钾原子的电离能；ΔH_4 是氯原子的电子亲和能；ΔH_5 是 KCl 晶体的晶格能（即 U_0）；ΔH_6 是固体 KCl 的生成焓。由此可以得到：

$$\Delta H_6 = \Delta H_1 + \Delta H_{2/2} + \Delta H_3 + \Delta H_4 + \Delta H_5 \tag{4}$$

据此可以计算得出 KCl 晶体的晶格能 ΔH_5。

对于碱金属卤化物晶体盐类，摩尔晶格能 U_0 的值为$-1000 \sim -600$kJ/mol，其中 LiF 的 U_0 绝对值最大（$U_0=-1024$kJ/mol），CsI 的最小（$U_0=-602$kJ/mol）。由此可见，盐的晶格能是非常大的，即自由气体离子化合成晶体时，就有大量的热放出；反之，若在溶剂中把盐的晶体拆散为自由离子，也需要从环境吸收大量的能量。但是实际情况并不是这样的，在合适的溶剂中，盐会自动地溶解为独立离子，无需外界做功。这说明在盐类的溶解过程中，有一个特殊的过程发生，释放出与晶格能差不多的热量，用来拆散晶格，我们称这个过程为溶剂化，溶剂化过程释放大量的热，抵消了盐的晶格能，使得盐自动溶解。溶剂化过程释放的热量称为溶剂化热，若溶剂为水，也称为水合热 ΔH_{hydro}。

考虑 1mol 离子晶体 M^+A^-(s) 溶解于大量的溶剂中，形成无限稀释的溶液（由此可以避免离子间的相互作用），可以通过实验测定浓度无限稀释时的积分溶解热 $\Delta H_{I.S.}(\infty)$，方法是测定几个不同浓度溶液的积分溶解热，作溶解热对浓度的曲线，并外推至浓度为 0。可以把上述溶解过程分为两步：①离子晶体 M^+A^-(s) 变为气体离子 M^+(g) 和 A^-(g)，能量变化为晶格能的负值$-U$；②气体离子溶入溶剂中，能量变化为正、负离子的溶剂化热之

和，即溶剂化热（或水合热）ΔH_{hydro}。将这两步变化过程设计成 Born-Harber 循环（图 2），这两部分的能量变化之和就是离子晶体的溶解热

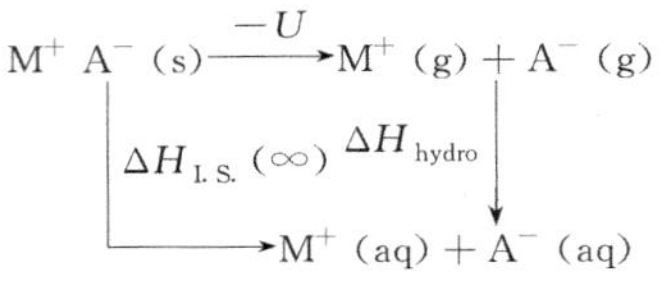

$$M^+A^-(s) \xrightarrow{-U} M^+(g)+A^-(g)$$
$$\Delta H_{I.S.}(\infty) \qquad \Delta H_{hydro}$$
$$M^+(aq)+A^-(aq)$$

图 2 离子晶体溶解热、水合热与晶格能关系

$$\Delta H_{I.S.}(\infty)=-U+\Delta H_{hydro} \tag{5}$$

式中的晶格能 U 采用的温度是实验温度，而晶格能 U_0 定义中采用的是绝对零度，两者之间的差别可以用基尔霍夫公式进行修正，但是差值很小，可以忽略，因此有

$$\Delta H_{I.S.}(\infty)=-U_0+\Delta H_{hydro} \tag{6}$$

若已知 U_0 和实验测出 $\Delta H_{I.S.}(\infty)$，就可以计算得到水合热 ΔH_{hydro}。

三、仪器与试剂

1. 仪器：SWC-RJ 溶解热（一体化）测定装置（包括杜瓦瓶、电加热器、Pt-100 温度传感器、电磁搅拌器、SWC-ⅡD 数字温度温差仪、数据采集接口、“溶解热 2.50”软件）（南京桑力电子设备厂），配套计算机、电子天平（精度 0.0001g）、台秤（精度 0.1g），研钵 1 只、干燥器 1 只、小漏斗 1 只、小毛刷 1 把、秒表 1 只、称量瓶 6 只。

2. 试剂：氯化钾、氯化钠、溴化钾、去离子水。

仪器说明及操作方法参见实验“溶解热的测定”。

四、实验步骤

1. 将 6 个称量瓶编号。

2. 将氯化钾进行研磨，在 110℃烘干，放入干燥器中备用。

3. 分别称量约 0.5g、1.0g、1.0g、1.0g、1.5g、1.5g 氯化钾，放入 6 个称量瓶中。称量方法：首先用 0.1g 精度的台秤，在每个称量瓶中加入需要量的氯化钾；然后在 0.0001g 精度的电子天平上，分别称量每份样品（氯化钾＋称量瓶）的精确重量；称好后放入干燥器中备用。在将氯化钾加入水中时，不必将氯化钾完全加入，称量瓶中残留的少量氯化钾可以通过后面的称量予以去除。也可以用称量纸直接称量，并做好编号标记，注意将较大的氯化钾颗粒剔除，以免堵塞加料漏斗管口，影响实验结果。

4. 使用 0.1g 精度天平称量 216.2g（12.0mol）去离子水放入杜瓦瓶内，放入磁力搅拌磁子，拧紧瓶盖，将杜瓦瓶置于搅拌器固定架上（注意加热器的电热丝部分是否全部位于液面以下）。

5. 用电源线将仪器后面板的电源插座与～220V 电源连接，用配置的加热功率输出线将加热线引出端与正、负极接线柱连接（红-红、蓝-蓝），串行口与计算机连接，Pt-100 温度传感器接入仪器后面板传感器接口中。

6. 将温度传感器擦干置于空气中，将 O 形圈套入传感器，调节 O 形圈使传感器浸入蒸馏水约 100mm，把传感器探头插入杜瓦瓶内（注意：不要与瓶内壁相接触）。

7. 打开电源开关，仪器处于待机状态，待机指示灯亮，如图 3 所示。

8. 启动计算机，启动“溶解热 2.50”软件，选择“数据采集及计算”窗口，如果默认的坐标系不能满足绘图要求，点击“设置—设置坐标系”重新设置合适的坐标系，否则绘制的图形不能完整地显示在绘图区。在此窗口的坐标系中纵轴为温差，横轴为时间。

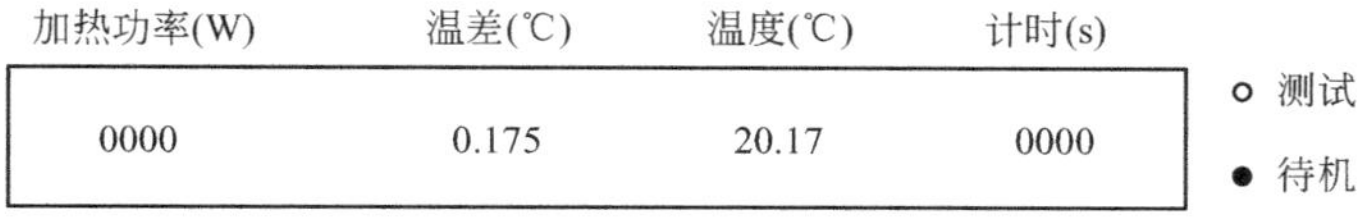

加热功率(W)	温差(℃)	温度(℃)	计时(s)
0000	0.175	20.17	0000

○ 测试

● 待机

图 3　仪器指示面板

9. 根据自己的计算机选择串行口。在“设置—串行口”中选择 COM1（串行口 1，默认口）或 COM2（串行口 2）。

10. 按下“状态转换”键，使仪器处于测试状态（即工作状态，工作指示灯亮）。调节“加热功率调节”旋钮，使功率为 1.0W 左右。调节“调速”旋钮使搅拌磁子为实验所需要的转速。观察水温的测量值，控制加热时间，使得水温最终高于环境温度 0.5℃左右（因加热器开始加热时有滞后性，故当水温超过室温 0.4℃后，即可按下“状态转换”键，使仪器处于待机状态，停止加热）。

11. 观察水温的变化，当在 1min 内水温波动低于 0.02℃时，即可开始测量。点击“操作—开始绘图”，软件开始绘制曲线，仪器自动清零并开始通电加热，立刻打开杜瓦瓶的加料口，插入小漏斗，按编号加入第一份样品，盖好加料口塞。在数据记录表格中填写所需数据，观察温差的变化或软件界面显示的曲线，等温差值回到零时，加入第二份样品，依此类推，加完所有的样品。

注：如手工绘制曲线图时，每加一份料前仪器必须清零，加料时同步记录计时时间。

12. 最后一份样品的温差值回到零后，实验完毕，先停止软件绘图，点击“操作—停止绘图”命令。保存实验数据和实验曲线。

13. 实验结束，按“状态转换”键，使仪器处于“待机状态”。将“加热功率调节”旋钮和“调速”旋钮左旋到底，关闭电源开关，拆去实验装置。上传实验数据和实验曲线至实验中心网站，关闭计算机。清理台面和清扫实验室。

五、数据记录与处理

1. 启动“溶解热 2.50”软件，在“数据采集及计算”窗口里，打开保存的实验数据，输入每组样品的质量、分子量、水的质量、电流和电压值（或功率值），注意顺序不能搞错，否则结果不正确。

2. 点击“操作—计算—Q、n 值”命令，软件自动计算出时间、积分溶解热（软件显示为 Q）和摩尔比值（软件显示为 n）。

3. 按照室温下水的密度数据，将上述摩尔比值换算为 KCl 的摩尔浓度 c。以积分溶解热对 KCl 摩尔浓度作图，外推至浓度为 0，获得无限稀释浓度时的积分溶解热数据 $\Delta H_{\text{I.S.}}(\infty)$。

4. 根据式(1)～(3) 计算 KCl 的晶格能，相关参数见附录。

5. 查阅相关物理化学数据手册，确定金属钾的气化焓、氯气分子的解离能、钾原子的电离能、氯原子的电子亲和能和固体 KCl 的生成焓，根据式(4) 计算 KCl 的晶格能。

6. 由计算得到的晶格能数据和实验测定的溶解热数据，根据式(6) 计算 KCl 的水合热。

六、思考题

1. 有人经实验测定，认为积分溶解热 $\Delta H_{\text{I.S.}} \sim \sqrt{c}$ 有线性关系。从你的实验结果能否得出该结论？

2. 由热化学和结构化学数据计算得到的晶格能数据与实验数据存在较大误差，试分析可能引起误差的原因。

七、附录

1. 参考数据（表 2）

表 2　参考数据

晶体	正负离子平衡间距 $r_0/10^{-10}m$	晶体压缩系数 $\beta/10^{-11}m^2\cdot N^{-1}$
NaCl	2. 820	4. 17
KCl	3. 147	5. 75
KBr	3. 298	6. 76

注：文献值 25℃时 KCl 的晶格能、极限摩尔溶解热和水合热分别为 -169kcal/mol、4. 4kcal/mol、-165kcal/mol。

2. 药品使用注意事项

本实验需要使用 KBr 试剂，要避免摄入或吸入，避免眼睛、皮肤与之接触。若摄入，会发生头晕眩、恶心，要立即请医生治疗。KBr 应注意密封干燥避光保存。注意穿实验服，戴口罩、手套等。

3. 拓展阅读

晶格能理论值与 Born-Haber 循环相结合，可以估算很多重要而又不易测定的化学数据，或判断化学反应，推断物性规律。例如电子亲和势的计算、质子亲和势的计算、多原子离子的热化学半径计算、键能的计算。甚至对于一些假想的化合物，可以通过这种推导的方式判断其能否稳定存在，对于未知物质的合成具有指导作用。

1962 年化学家 Bartlen 利用此理论方法合成了第一个惰性气体化合物——六氟合铂酸氙（$XePtF_6$）。

参考文献

[1]　许新华, 王晓岗, 王国平．物理化学实验 [M]．北京：化学工业出版社，2017.

[2]　何国方．晶格能和 Born-Haber 循环及其应用 [J]．泰山学院学报，1996（06）：21-25.

实验二十七　介电常数溶液法测定正丁醇分子的偶极矩

一、实验目的

1. 掌握溶液法测定偶极矩的原理和方法，用溶液法测定正丁醇分子的偶极矩。
2. 掌握 PCM1A 精密电容测量仪的使用方法。
3. 了解偶极矩与分子结构之间的关系。

二、实验原理

1. 偶极矩与极化度

整个分子是呈电中性的，由于分子空间构型不同，其正、负电荷中心可以重合，也可以不重合。前者称为非极性分子，后者称为极性分子。

分子的极性可用“偶极矩”来度量。其定义是

$$\boldsymbol{\mu} = qd \tag{1}$$

式中，$\boldsymbol{\mu}$ 为分子的偶极矩，是一个向量，其方向规定从正电荷中心到负电荷中心；q 为正、负电荷中心所带的电荷量；d 为正、负电荷中心之间的距离。

偶极矩的单位是库仑·米（C·m）。由于分子中原子距离的数量级为 10^{-10}m，电荷的数量级为 10^{-20}C，所以偶极矩的数量级为 10^{-30}C·m。

分子偶极矩与分子的对称性、分子的几何构型和分子结构中有关电子云分布之间存在一定的关系，因此，通过测定分子的偶极矩可以判别分子的几何异构体和立体结构等。

极性分子具有永久偶极矩，但在没有外电场的情况下，由于分子无规则的热运动，偶极矩指向各个方向的机会相同，所以偶极矩的统计值等于零。若将极性分子置于均匀的电场中，则偶极矩在电场的作用下会趋向电场方向排列。这时我们称这些分子被极化了，极化的程度可用摩尔转向极化度 $P_{转向}$ 来衡量。$P_{转向}$ 与永久偶极矩平方成正比，与热力学温度 T 成反比，其关系为：

$$P_{转向} = \frac{4}{3}\pi N_A \frac{\mu^2}{3kT} = \frac{4}{9}\pi N_A \frac{\mu^2}{kT} \tag{2}$$

在外电场作用下，不论极性分子还是非极性分子都会发生电子云对分子骨架的相对移动，分子骨架也会发生变形，这种现象称为诱导极化或变形极化，用摩尔诱导极化度 $P_{诱导}$ 来衡量。显然，$P_{诱导}$ 可分为两项，即电子极化度 $P_{电子}$ 和原子极化度 $P_{原子}$，因此，$P_{诱导} = P_{电子} + P_{原子}$。$P_{诱导}$ 与外电场强度成正比，与温度无关。

如果外电场是交变电场，极性分子的极化情况则与交变电场的频率有关。当处于频率小于 $10^{10}\mathrm{s}^{-1}$ 的低频电场或静电场中，极性分子所产的摩尔极化度 P 是转向极化、电子极化和原子极化的总和

$$P = P_{转向} + P_{电子} + P_{原子} \tag{3}$$

当频率增加到 $10^{12} \sim 10^{14}\mathrm{s}^{-1}$ 的中频（红外频率）时，电场的交变周期小于分子偶极矩的弛豫时间，极性分子的转向运动跟不上电场的变化，即极性分子来不及沿电场定向，故 $P_{转向}=0$。此时极性分子的摩尔极化度等于摩尔诱导极化度 $P_{诱导}$。当交变电场的频率进一步增加到大于 $10^{15}\mathrm{s}^{-1}$ 的高频（可见光和紫外频率）时，极性分子的转向运动和分子骨架变形都跟不上电场的变化，此时极性分子的摩尔极化度等于电子极化度 $P_{电子}$。

因此，原则上只要在低频电场下测得极性分子的摩尔极化度 P，在红外频率下测得极性分子的摩尔诱导极化度 $P_{诱导}$，两者相减得到极性分子的摩尔转向极化度 $P_{转向}$。

对于分子间相互作用非常小的体系，即温度不太低的气相体系，物质宏观介电性质和分子微观极化性质间的关系可用克劳修斯-莫索第-德拜（Clausius-Mosotti-Debye）公式表示：

$$\frac{\varepsilon - 1}{\varepsilon + 2}\frac{M}{\rho} = P \tag{4}$$

式中，ε 为介电常数；ρ 为密度；M 为摩尔质量；P 为摩尔极化度。

由 Maxwell 电磁理论，物质介电常数 ε 与折射率 n 之间有如下关系：

$$\varepsilon(v)=n^2(v) \tag{5}$$

当使用高频电场，即用可见光或紫外光测定物质折射率时，

$$R=P_{电子}=\frac{n^2-1}{n^2+2}\frac{M}{\rho} \tag{6}$$

式中，R 为摩尔折射度；n 为折射率。

2. 溶液法测定偶极矩

所谓溶液法就是将极性待测物溶于非极性溶剂中进行测定，然后外推到无限稀释。因为在无限稀的溶液中，极性溶质分子所处的状态与它在气相时十分相近，此时分子的偶极矩可按下式计算：

$$\mu=0.0426\times10^{-30}\sqrt{(P_2^{\infty}-R_2^{\infty})T} \tag{7}$$

式中，P_2^{∞} 为无限稀释时极性分子的摩尔极化度；R_2^{∞} 为无限稀释时极性分子的摩尔折射度；T 为热力学温度。

将待测物质溶于非极性溶剂中形成稀溶液，然后在低频电场中测量溶液的介电常数和溶液的密度求得 P_2^{∞}；在可见光下测定溶液的R_2^{∞}，然后由式(7) 计算待测物质的偶极矩。

(1) 极化度的测定　无限稀释时，溶质的摩尔极化度 P_2^{∞} 的公式为：

$$P=P_2^{\infty}=\lim_{x_2\to0}P_2=\frac{3\alpha\varepsilon_1}{(\varepsilon_1+2)^2}\frac{M_1}{\rho_1}+\frac{\varepsilon_1-1}{\varepsilon_1+2}\frac{M_2-\beta M_1}{\rho_1} \tag{8}$$

式中，ε_1 为溶剂的介电常数；M_1 为溶剂的相对分子质量；ρ_1 为溶剂的密度，g/cm^3；M_2为待测物质的相对分子质量；α 和 β 为常数，可通过稀溶液的近似公式求得：

$$\varepsilon_{溶液}=\varepsilon_1(1+\alpha X_2) \tag{9}$$

$$\rho_{溶液}=\rho_1(1+\beta X_2) \tag{10}$$

式中，$\varepsilon_{溶液}$ 为溶液的介电常数；$\rho_{溶液}$ 为溶液的密度；X_2 为待测物质的摩尔分数。

无限稀释时，溶质的摩尔折射度 R_2^{∞} 的公式为：

$$P_{电子}=R_2^{\infty}=\lim_{x_2\to0}\frac{n_1^2-1}{n_1^2+2}\frac{M_2-\beta M_1}{\rho_1}+\frac{6n_1^2M_1\gamma}{(n_1^2+2)^2\rho_1} \tag{11}$$

式中，n_1 为溶剂的折射率；γ 为常数，可由稀溶液的近似公式求得：

$$n_{溶液}=n_1(1+\gamma X_2) \tag{12}$$

式中，$n_{溶液}$ 是溶液的折射率。

(2) 介电常数的测定　介电常数是通过测定电容计算而得。设 C_0 为电容器极板间处于真空时的电容量，C 为充以电介质时的电容量，则 C 与 C_0 的比值 ε 称为该电介质的介电常数：

$$\varepsilon=C/C_0 \tag{13}$$

通常空气介电常数接近于 1，故介电常数可近似地写为：

$$\varepsilon=C/C_{空} \tag{14}$$

式中，$C_{空}$ 为电容器以空气为介质时的电容。

将待测样品放在电容的样品池中测量，所测得的电容值 C_x 包括样品的电容 $C_{样}$ 和电容池的分布电容 C_d，即

$$C_x = C_{样} + C_d \tag{15}$$

因此，应从 C_x 中扣除 C_d。

C_d的测定方法是：先测定无样品时空气的电容 $C'_{空}$，

$$C'_{空} = C_{空} + C_d \tag{16}$$

再测定一已知介电常数（$\varepsilon_{标}$）的标准物质的电容 $C'_{标}$，

$$C'_{标} = C_{标} + C_d = \varepsilon_{标} C_{空} + C_d \tag{17}$$

近似取 $C_0 \approx C_{空}$，可以导出：

$$C_0 \approx C_{空} = \frac{C'_{标} - C'_{空}}{\varepsilon_{标} - 1} \tag{18}$$

$$C_d \approx C'_{空} - \frac{C'_{标} - C'_{空}}{\varepsilon_{标} - 1} \tag{19}$$

若测得样品的电容为 C_x，待测样品的真实电容为：

$$C_{样} = C_x - C_d \tag{20}$$

三、仪器与试剂

1. 仪器：电子天平，阿贝折光仪，比重瓶，长针头 2 支，PCM1A 精密电容测量仪，超级恒温槽，电容池，电吹风，滴管 4 只，干燥器，20mL 注射器。

2. 试剂：正丁醇，环己烷。

四、实验步骤

1. 溶液配制

配制正丁醇的摩尔分数分别为 0.020、0.040、0.060、0.080、0.100 的正丁醇-环己烷溶液 50mL，分别盛于磨口试剂瓶中，操作时应注意防止挥发以及吸收水汽，溶液配好后迅速盖上瓶塞，并于干燥器中存放。

2. 密度测定

在（25.0±0.1)℃条件下，用比重瓶分别测定环己烷和五份溶液的密度。

3. 折射率测定

在（25.0±0.1)℃条件下，用阿贝折光仪分别测定环己烷和五份溶液的折射率。

4. 介电常数测定

电容 C_0 和 C_d 的测定。

5. 电容测定

(1) 将 PCM1A 精密电容测量仪通电，预热 20min。

(2) 将电容仪与电容池连接线先接一根（只接电容仪，不接电容池），调节零电位器使数字表头指示为零。

(3) 将两根连接线都与电容池接好，此时数字表头上所示值即为 $C'_{空}$ 值。

(4) 用 1mL 移液管移取 1mL 环己烷加入电容池中，盖好，数字表头上所示值即为 $C'_{标}$，已知环己烷的介电常数与温度 t 的关系式为：

$$\varepsilon_{环己烷}=2.023-0.0016(t-20) \tag{21}$$

式中，t 为测定时的摄氏温标，℃。

(5) 溶液电容的测定

测定方法与溶剂的测量相同。重新测定时，不但要用注射器吸去电极间的溶液，还要用电吹风将两极间的空隙吹干，然后复测 $C'_{空}$ 值。再加入该浓度溶液，测出电容值。两次测定数据的差值应小于 0.05pF，否则要继续复测。

6. 注意事项

(1) 操作时应注意防止挥发以及吸收水汽，为此溶液配好后应迅速盖上瓶塞，并于干燥器中存放。取样动作迅速，取样后立即加盖进行测定。

(2) 每次测定前要用冷风将电容池吹干，并重测 $C'_{空}$，与原来的 $C'_{空}$ 值相差应小于 0.01pF。严禁用热风吹样品室。

(3) 用阿贝折射仪测定环己烷和溶液的折射率，温度波动应控制在± 0.2℃ 范围内。

五、数据记录与处理

1. 将所测实验数据列入表 1。

表 1　电容测定数据表

电容/pF 待测样		C'				$C_{25℃}$
		1	2	3	平均值	
空气						
环己烷						
溶液/(mol/L)	0.0200					
	0.0400					
	0.0600					
	0.0800					
	0.1000					

2. 根据式(21) 计算 $\varepsilon_{标}$。
3. 根据式(18) 和式(19) 分别计算 $C_{空}$ 和 C_d。
4. 根据式(15) 和式(14) 计算 $C_{溶}$ 和 $\varepsilon_{溶}$。
5. 分别作 $\varepsilon_{溶}-x_2$ 图、$\rho_{溶}-x_2$ 图和 $n_{溶}-x_2$ 图，由各图的斜率求 α、β、γ。
6. 根据式(8) 和式(11) 分别计算 P_2^{∞} 和 R_2^{∞}。
7. 由式(7) 计算正丁醇的 μ。

六、思考题

1. 本实验测定偶极矩时做了哪些近似处理？
2. 准确测定溶质的摩尔极化度和摩尔折射度时，为何要外推到无限稀释？
3. 试分析实验中误差的主要来源，实验中应该如何注意避免？

七、附录

1. 药品使用注意事项

正丁醇易燃，应避免明火；环已烷对呼吸道和眼睛有刺激作用；操作人员应注意穿实验服，戴口罩、手套等。

2. 拓展阅读

溶剂效应（solvent effect）亦称“溶剂化作用”。指液相反应中，溶剂的物理和化学性质影响反应平衡和反应速度的效应。溶剂化本质主要是静电作用。对中性溶质分子而言，共价键的异裂将引起电荷的分离，故增加溶剂的极性，对溶质影响较大，能降低过渡态的能量，结果使反应的活化能降低，反应速度大幅度加快。了解溶剂效应，有助于研究有机物的溶解状况和反应历程。

通常我们对溶剂效应的静态模拟，关心的是溶剂效应的两个方面：一个是溶剂分子反应中心有键的作用，包括配位键和氢键等，这种作用属于短程作用；另一个是极性溶剂的偶极矩和溶质分子偶极矩之间的静电相互作用，这种属于远程作用。

参考文献

[1] 孙尔康, 高卫, 徐维清, 等．物理化学实验 [M]．南京：南京大学出版社，2010.
[2] 郑传明, 吕桂琴．物理化学实验 [M]．北京：北京理工大学出版社，2015.
[3] 天津大学物理化学教研室．物理化学实验 [M]．北京：高等教育出版社，2015.

实验二十八　古埃磁天平法测定物质的磁化率

一、实验目的

1. 通过本实验测定络合物的摩尔磁化率，推算分子磁矩，估算中心离子未成对电子数，判断络合物分子的配键类型。

2. 通过本实验掌握古埃（Gouy）磁天平测定磁化率的原理和方法。

3. 通过本实验测定顺磁性物质的磁化率，计算摩尔磁化率并估算不成对电子数。

二、实验原理

1. 物质的磁化率

物质在外加磁场$\vec{H}$ 的作用下会感应产生一个附加磁场$\vec{H}'$，该物质磁感应强度$\vec{B}$为附加磁场$\vec{H}'$与外磁场强度 $\vec{H}$ 之和：

$$\vec{B}=\mu_0(\vec{H}'+\vec{H}) \tag{1}$$

式中，$\mu_0=4\pi\times10^{-7}\mathrm{N/A^2}$，称为真空磁导率。

对于非铁磁质：

$$\vec{H}'=\chi\vec{H} \tag{2}$$

式中，χ 为物质的体积磁化率。化学上常用单位质量磁化率 m 和摩尔磁化率 M 来表示物质的磁性质。

$$\chi_{\mathrm{m}}=\frac{\chi}{\rho} \tag{3}$$

$$\chi_{\mathrm{M}}=M\chi_{\mathrm{m}}=\frac{M\chi}{\rho} \tag{4}$$

式中，ρ 为物质的密度，$\mathrm{kg/m^3}$；M 为摩尔质量，kg/mol。

根据 χ 的特点可以把物质分为三类：$\chi>0$ 的物质为顺磁性物质；$\chi<0$ 的物质为反磁性物质；另外少数物质的 χ 值与外磁场$\vec{H}$ 有关，它随外磁场强度的增加而急剧地增强，当外加磁场消失时，其附加磁场并不立即随之消失，这类物质为铁磁性物质。

2. 摩尔磁化率与分子的磁矩

物质的磁性与组成物质的原子、离子或分子的微观结构有关。当原子、离子或分子的两个自旋状态电子数不相等，即有未成对电子时，该物质具有永久磁矩。反之，则无永久磁矩。

在外磁场作用下，具有永久磁矩的原子、离子或分子其永久磁矩会顺着外磁场方向同向排列，表现为顺磁性。相反，物质本身并不呈现磁性，但由于它内部的电子轨道运动感应出一个诱导磁矩，其方向与外磁场相反，表现出反磁性。无永久磁矩的原子、离子或分子则只有反磁性。所以这类物质的摩尔磁化率为顺磁化率 $\chi_{顺}$ 和反磁化率 $\chi_{反}$ 之和：

$$\chi_{\mathrm{M}}=\chi_{顺}+\chi_{反} \tag{5}$$

对于顺磁性物质，当 $|\chi_{顺}|\gg|\chi_{反}|$，$\chi_{顺}\approx\chi_{反}$。对于反磁性物质，则只有 $\chi_{顺}$，故 $\chi_{顺}=\chi_{反}$。

摩尔顺磁化率和分子永久磁矩 μ_{m} 间的关系为

$$\chi_{顺}=\frac{N_{\mathrm{A}}\mu_{\mathrm{m}}^2\mu_0}{3kT} \tag{6}$$

$$\chi_{\mathrm{M}}\approx\frac{N_{\mathrm{A}}\mu_{\mathrm{m}}^2\mu_0}{3kT} \tag{7}$$

式中，玻尔兹曼常数 $k=1.380662\times10^{-23}\mathrm{J/K}$。因此通过测定 χ_{M} 可计算分子的磁矩 μ_{m}。

物质的永久磁矩与它所包含的未成对电子数 n 的关系为：

$$\mu_{\mathrm{m}}=\sqrt{n(n+2)}\,\mu_{\mathrm{B}} \tag{8}$$

式中，μ_{B} 为玻尔磁子，其物理意义为单个自由电子自旋产生的磁矩：

$$\mu_{\mathrm{B}}=\frac{eh}{4\pi m_{\mathrm{e}}c}=9.273\times10^{-24}\mathrm{J/T} \tag{9}$$

式中，m_{e} 为电子静止质量，g；e 为电子电荷，e・s・u；c 为光速，cm/s。在 SI 单位制中，$\mu_{\mathrm{B}}=9.273\times10^{-24}$ J/T，T 为特斯拉，为磁感应强度单位。

求得 n 值后可以进一步判断有关络合物分子是共价配键还是电价配键。由磁矩的测定可以判别化合物如 Fe^{2+} 外层含 6 个 d 电子，可能有两种排布结构：

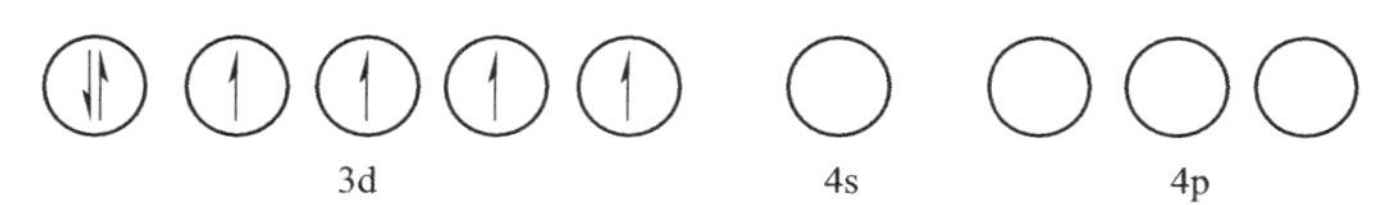

图 1　Fe^{2+}自由离子状态下的电子排布

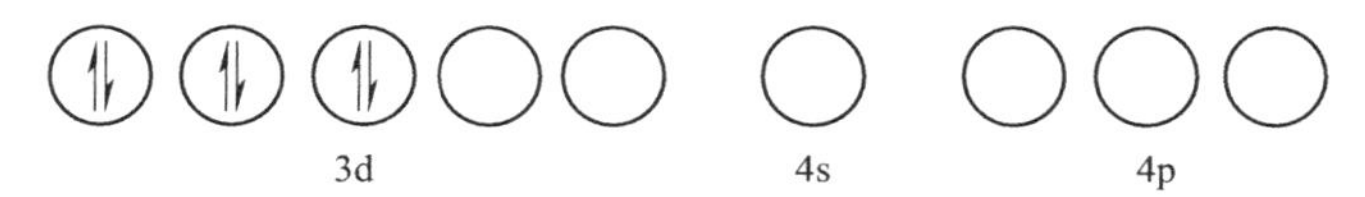

图 2　Fe^{2+}在配位场中的电子排布

在图 1 的结构中，Fe^{2+}未成对电子数 n 为 4，$\mu_m=\sqrt{n(n+2)}\mu_B=4.9\mu_B$；

在图 2 的结构中，Fe^{2+}无未成对电子数，$\mu_m=0$。电子发生了重排，形成了 6 个 d^2sp^3 轨道，能接受 6 个配位体。共价络合物以中心离子的空的价电子轨道接收配位体的孤对电子以形成共价配键。

$Fe(CN)_6^{4-}$ 和 $Fe(CN)_5(NH_3)^{3-}$ 等络离子的磁矩为零，故为共价络离子。$Fe(H_2O)_6^{2+}$，磁矩为 $5.3\mu_B$，其中心离子 Fe^{2+}采用 d^2sp^3 杂化，配位体与 Fe^{2+}是电价配键。这是因为 H_2O 有相当大的偶极矩，能与中心 Fe^{2+}以库仑静电引力相结合而成电价配键。电价配键不需中心离子腾出空轨道，即中心离子与配位体以电价配键结合的数目与空轨道无关，而是取决于中心离子与配位体的相对大小和中心离子所带的电荷。

3. 摩尔磁化率的测定

本实验采用 Gouy 磁天平法测定物质的 χ_m，其实验装置如图 3 所示。Gouy 法测量物质磁化率的原理请参阅《实验化学导论：技术与方法》。

将盛有样品的圆柱形玻璃管悬挂在两磁极中间，使样品管底部处于两磁极中心磁场强度最强处。若样品足够长，则其上端所在处磁场强度几乎为零。这样圆柱形样品就处在一不均匀磁场中。沿样品的长度方向 Z 存在一磁场强度梯度 $\frac{\partial H}{\partial Z}$。若样品截面积为 A，作用在样品一体积元 $A\mathrm{d}Z$ 上的磁矩为 $(\chi-\chi_0)HA\mathrm{d}Z$，该体积元样品沿磁场方向受力 $\mathrm{d}f$ 为

$$\mathrm{d}f=(\chi-\chi_0)HA\left(\frac{\partial H}{\partial Z}\right)\mathrm{d}Z \tag{10}$$

作用在整个样品上的力 f 为：

$$f=\int_{H_0}^{H}(\chi-\chi_0)HA\left(\frac{\partial H}{\partial Z}\right)\mathrm{d}Z \tag{11}$$

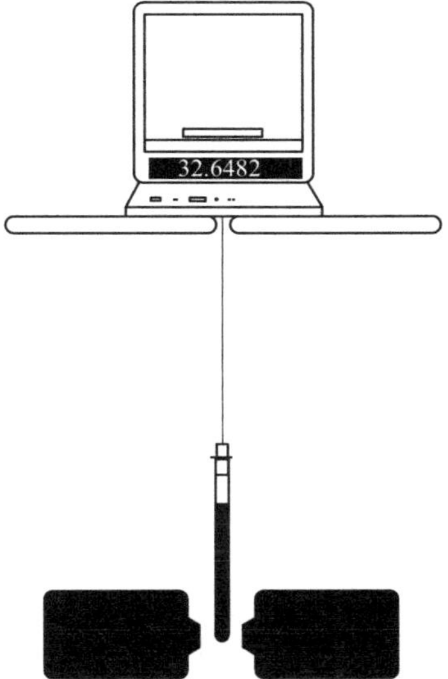

图 3　Gouy 磁天平示意图

式中，χ_0 为空气的磁化率；积分边界条件 H 为磁场中心的磁场强度；H_0 为样品顶端的磁场强度。若忽略空气的磁化率 $H_0=0$，得

$$f=\frac{1}{2}\chi H^2A \tag{12}$$

对于顺磁性物质，在磁场中能量降低，力 f 把样品拉入磁场，样品重量增大。对于反磁性物质，在磁场外能量较小，力 f 把样品推出磁场，样品重量减小。设 ΔW 为样品置于磁场内外称量的重量差，则

$$f=\frac{1}{2}\chi H^2 A=\Delta W g=g(\Delta W_{空管+样品}-\Delta W_{空管}) \tag{13}$$

由于 $\chi=\chi_m\rho$、$\rho=\frac{W}{Ah}$，代入上式得摩尔磁化率：

$$\chi_M=\frac{2(\Delta W_{空管+样品}-\Delta W_{空管})gdM_{样品}}{\mu_0 H^2 W_{样品}} \tag{14}$$

式中，d 为样品高度；$W_{样品}$ 为样品在无磁场作用下的重量；$M_{样品}$ 为样品的摩尔质量；H 为磁场强度，可由已知单位质量磁化率的标准物质莫尔盐 $[(NH_4)_2SO_4 \cdot FeSO_4 \cdot 6H_2O]$ 标定。

在实际应用时，可采用“相对法”。即待测样品和标定用样品使用同一样品管，样品装填高度相同，并在同一磁场强度下进行测量，这时由式(14) 可得：

$$\chi_{M,样}=\chi_{m,标}\frac{\Delta W_{样}}{\Delta W_{标}}\frac{W_{标}}{W_{样}}M_{样} \tag{15}$$

式中，下标“样”代表待测样品，“标”代表莫尔盐。

标准物质莫尔盐的 χ_m 与温度 T 的关系为：

$$\chi_m=\frac{9500}{T+1}\times 4\pi\times 10^{-9} \tag{16}$$

三、仪器与试剂

1. 仪器：Gouy 磁天平（配电子天平），CT-S 高斯计，玻璃样品管，直尺（200mm），研钵，角匙，玻棒，小漏斗。

2. 试剂：$Fe(NH_4)_2 \cdot (SO_4)_2 \cdot 6H_2O$，$K_3Fe(CN)_6$，$FeSO_4 \cdot 7H_2O$，$CuSO_4 \cdot 5H_2O$。

四、实验步骤

1. 用已知 χ_m 的莫尔盐标定磁场强度

将干燥清洁的样品管（长约 120mm，带塞，未装样品）挂在天平托盘下的挂钩上，调节连接线的长度，使样品管底距磁极中心距离在 150mm 以上，称空样品管在磁场外的重量 $W_{管}$。改变样品管位置，使样品管底处于磁场中心处，再称取空样品管在磁场中的重量 $W'_{管}$。

取下样品管，用小漏斗把事先研细的莫尔盐装入样品管中，边装边振动并用玻棒压紧，使样品层装填均匀，紧密，样品层高约 70mm。准确量取样品层高 h，同样称取样品及管在磁场外和磁场内的重量 $W_{管+样品}$ 及 $W'_{管+样品}$。

称量过程中，样品管不得与磁极有任何摩擦，磁极距不得变动，如有变动，需重新进行标定，每次称量取三次读数，再取平均值。

2. 测定样品的摩尔磁化率

按上述操作方法，在样品管中分别装入 $K_3Fe(CN)_6$、$Fe(NH_4)_2 \cdot (SO_4)_2 \cdot 6H_2O$、

$CuSO_4 \cdot 5H_2O$ 等样品，测出它们在磁场内外的重量变化。

3. 实验完毕，将试样倒入回收瓶，洗净样品管。

4. 注意事项

（1）装填样品应紧密，每加入约 10mm 高样品，应振动并用玻棒逐层压紧样品。

（2）放入磁场中的样品管底部应处于磁场中心位置，称量中样品管不能与磁极发生接触。

（3）称量时应使样品静止后再开启天平。挂取样品管时动作应轻，避免天平受损。

（4）本实验中使用到古埃磁天平，靠近到磁铁操作时，需要先拿掉机械手表或者磁性物质。所测样品需要研细。

五、数据记录与处理

1. 由莫尔盐的测定数据按式(13) 和式(12) 计算磁场强度（T）。

2. 实验数据记录于表 1。

表 1　实验数据记录表（Ⅰ）

样品	$W_{管}$/g	$W'_{管}$/g		$W_{样+管}$/g	$W'_{样+管}$/g	
$Fe(NH_4)_2 \cdot (SO_4)_2 \cdot 6H_2O$		1			1	
		2			2	
		3			3	
		平均			平均	
$K_3Fe(CN)_6$		1			1	
		2			2	
		3			3	
		平均			平均	
$CuSO_4 \cdot 5H_2O$		1			1	
		2			2	
		3			3	
		平均			平均	

3. 由式(14)、(7)、(8) 计算各样品的 χ_m、μ_m 和 n 值（表 2）。

表 2　实验数据记录表（Ⅱ）

样品	$Fe(NH_4)_2 \cdot (SO_4)_2 \cdot 6H_2O$	$K_3Fe(CN)_6$	$CuSO_4 \cdot 5H_2O$
H/T			
M/(kg/mol)			
$W_{样}$/kg			
$\Delta W_{样}$/kg			
χ_m/(m^3/mol)			
μ_m/(J/T)			
$n_{实验}$			
$n_{理论}$			

4. 根据未成对电子数 n，讨论各络合物的外电子层结构和配键类型。

六、思考题

1. 不同磁场强度下测得的摩尔磁化率是否不同？为什么？
2. 本实验对装样有何要求？装样太多、太少或装填不均匀对实验结果有何影响？
3. 若样品管在磁场中未处于中心位置对测定结果有何影响？

七、附录

1. 参考数据

单位换算：$1m^3 \cdot kg^{-1}$(SI 质量磁化率)＝$(10^3/4\pi)cm^3/g$(CGSM 制)；$1m^3 \cdot mol^{-1}$(SI 质量磁化率)＝$(10^6/4\pi)cm^3/mol$(CGSM 制)。

293K，$CuSO_4 \cdot 5H_2O$ 的质量磁化率为 $5.85\times10^{-6}cm^3/g$（CGSM 制）＝$73.6\times10^{-9}cm^3/kg$（SI 质量磁化率，也有文献值在该温度下为 $74.4\times10^{-9}cm^3/kg$)，摩尔磁化率为 $1462.5\times10^{-6}cm^3/mol$(CGSM 制)＝$18.38\times10^{-9}cm^3/mol$（SI 质量磁化率）。

293K，莫尔盐的质量磁化率为 $31.6\times10^{-6}cm^3/g$(CGSM 制)＝$397\times10^{-9}cm^3/kg$（SI 质量磁化率，也有文献值在该温度下为 $406\times10^{-9}cm^3/kg$)，摩尔磁化率为 $12387\times10^{-6}cm^3/mol$(CGSM 制)＝$155.7\times10^{-9}cm^3/mol$（SI 质量磁化率）。

297K，$K_3Fe(CN)_6$ 的质量磁化率为 $6.96\times10^{-6}cm^3/g$(CGSM 制)＝$87.5\times10^{-9}cm^3/kg$（SI 质量磁化率），摩尔磁化率为 $2289.8\times10^{-6}cm^3/mol$(CGSM 制)＝$28.77\times10^{-9}cm^3/mol$（SI 质量磁化率）。

2. 拓展阅读

研究表明，作为在土壤环境地质调查研究中的一种方法，磁化率具有明显的指示意义，具有经济快捷的特点。用磁化率检测一水泥厂边水田样品的磁化率值，该地行人多，汽车多，周围有水泥厂、石灰岩采石场，还有轻质建材厂堆放的粉煤灰等，粉尘污染特别严重，一片灰蒙蒙的感觉。化学分析结果显示该点的 Cu、Pb、Zn、As、P 含量较高，通过较高的磁化率值证实了环境有污染的结论。

黄泥土的平均磁化率值比白土要高 10 倍之多。不同的土壤类型的平均磁化率值不同，其中黄泥土（包括油黄泥、黄筋泥、黄泥田等最高为 $123.33\times10^{-8}m^3/kg$＞堆叠土 $36.01\times10^{-8}m^3/kg$＞湖松土 $22.17\times10^{-8}m^3/kg$＞青紫泥 $18.36\times10^{-8}m^3/kg$＞白土 $11.42\times10^{-8}m^3/kg$。

参考文献

[1] 武丽艳，郑文君，尚贞锋．Gouy 磁天平法测定物质磁化率实验数据处理公式的讨论 [J]．大学化学，2006 (5)：51-52.

[2] 汤小菊，颜瑷珲，黄立民．一种新型磁天平在配合物磁化率测定中的应用 [J]．大学化学，2020，35 (02)：60-65.

[3] 王春凤，田英．磁化率在 C. G. S 单位制和 SI 单位制之间的单位转换及公式 [J]．哈尔滨师范大学自然科学学

报，2000，16（1）：61-64.
[4] 谷名学, 朱伟 . Gouy 法测定 $[Cu(NH_3)_4]SO_4$ 和 $[Co(NH_3)_6]Cl_3$ 的磁化率与配合物 [J]. 西南农业大学学报, 1995, 17（4）：312-315.
[5] 复旦大学, 等 . 物理化学实验 . 3 版 [M]. 北京: 高等教育出版社, 2004.
[6] 王润华, 王力波, 姜月华, 等 . 磁化率方法在生态环境地质调查研究中的应用 [C]. 中国地球物理学会年刊2002——中国地球物理学会第十八届年会论文集 . 2002.

第二部分　提高篇

实验二十九　表面活性剂分子在固液界面吸附行为研究

一、实验目的

1. 学习表面活性剂表面吸附原理和模型。
2. 学习吸附覆盖度的 Tafel 测定方法及吸附等温式拟合方法。

二、实验原理

水中的表面活性剂在低浓度时呈分子状态分散在水中，随着其碳氢链的增长，当表面活性剂达到一定浓度时，表面张力将不再下降，为使整个溶液体系的能量趋于最低，溶液内部的双亲分子会自动形成极性基向水碳氢链向内的胶束（Micelle)，表面活性剂在水中形成胶束所需的最低浓度即为临界胶束浓度（CMC)。临界胶束浓度常用以评价表面活性剂作用效果的大小。

表面活性剂的性质和分子结构是影响吸附性能和缓蚀效果的首要因素。其中的极性基团能与金属表面形成配键而发生化学吸附，若极性基团多，分子能够以多中心方式吸附，增大覆盖度。影响极性基团吸附能力的主要因素有：中心原子的极化性能、非极性基团和取代基的诱导效应、共轭效应，非极性基团通过憎水基提供一定的隔离作用。另外，分子立体结构的空间位阻也对缓蚀性能产生重要影响，空间位阻小，有利于吸附。表面活性剂的主要疏水基类型有：脂肪胺（RNH_2)、脂肪酸（RCOOH)、烷基酚（RC_4H_6-OH)、长链烃（C_8～C_{20})、脂肪醇（ROH)、烷基苯（RC_6H_5)；主要亲水基类型有：羧酸盐（—COOM)、磺酸盐（—SO_3M)、硫酸酯盐（—OSO_3M)、磷酸酯盐（—OPO_3M)、胺盐及季铵盐、不离解的羟基、醚链。

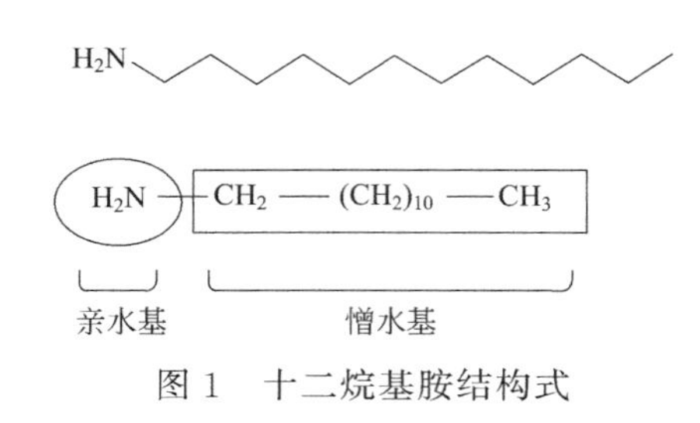

图 1　十二烷基胺结构式

以十二烷基胺（图 1）为例，其分子结构对缓蚀作用的影响主要来自：①表面活性剂在金属表面的吸附是由杂原子（N，O，S，P 等）提供孤对电子与金属表面的金属离子形成配位键。烷基为斥电子基，碳链的增长及烷基的增多可提高斥电效应，使杂原子上的电子云密度增大，使得形成的配位键更加稳定，有利于提高缓蚀效率；②疏水碳链增长使疏水层厚度增加，金属离子、氧分子、氢分子的扩散难度增大，从而提高了缓蚀效率。但碳链过长的表面活性剂溶解度会下降，在腐蚀介质中的浓度达不到饱和吸附所需的浓度，所以达到一定的链长后，进一步增加碳原子数缓蚀效率将会下降；另外，碳链过长及烷基上侧链（特别是靠近极性端点附近）

增多，会对吸附造成空间阻碍，显著影响表面活性剂在表面的吸附强度，使之不易吸附，导致缓蚀效率下降。

本实验选择十二烷基胺作为研究对象。十二烷基胺可吸附在金属表面，一方面可以改变金属的表面电荷状态和界面性质，使金属的表面能降低，增加腐蚀活化能并减缓腐蚀速率；另一方面分子中所具有的两种性质相反的基团（亲水基和疏水基）以亲水基（如氨基）吸附于金属表面上，在整个阳极和阴极区域形成一层致密的憎水膜，阻碍与腐蚀反应有关的电荷或物质转移，使腐蚀速率减小。

不仅如此，表面活性剂在电极表面的覆盖度直接影响吸附等温式的形式和正吸附过程，并且与腐蚀电流密切相关。表面活性剂的覆盖度与缓蚀效率呈线性相关，如式(1)：

$$\theta=\frac{\eta}{100} \tag{1}$$

式中，θ 为覆盖度；η 为缓蚀效率。故覆盖度越高，缓蚀效率越高。

吸附等温式是在温度固定的条件下，表达吸附量同溶液浓度之间关系的数学式，根据不同体系和假定条件，缓蚀剂的吸附等温式模型具有不同的形式。常见的有 Langmuir 吸附等温式、Temkin 吸附等温式以及 Frumkin 吸附等温式等，表达式如下：

$$\text{Langmuir}\quad \frac{c}{\theta}=\frac{1}{K}+C \tag{2}$$

$$\text{Temkin}\quad \exp(-2a\theta)=KC \tag{3}$$

$$\text{Frumkin}\quad \left(\frac{\theta}{1-\theta}\right)\exp(2a\theta)=KC \tag{4}$$

式中，c 为浓度；θ 为覆盖度（由缓蚀效率 η 计算得到，即 $\theta=\eta/100$）；K 为吸附平衡常数；a 为吸附层分子间的侧向相互作用以及表面的异质性，是吸附等温线锐度的量度，当 $a>0$，表明吸附的有机缓蚀剂分子之间存在侧向引力，$a<0$，表明存在侧向斥力。

根据热力学原理，引起溶液中某种粒子在界面吸附的基本原因是吸附过程伴随着体系自由能的降低，即若吸附时体系的自由能降低，则能够实现吸附过程。当水溶液中吸附粒子在电极/溶液界面吸附时，吸附自由能主要由以下几项组成：憎水项、电极表面与吸附粒子之间的相互作用、吸附层中吸附粒子之间的相互作用、置换电极表面上的水分子（缓蚀剂取代水分子吸附比直接吸附在电极表面需要释放额外的自由能）。对于金属和缓蚀剂构成的吸附体系，根据吸附等温式计算出吸附系数 K，由式(5) 可以求得吸附自由能：

$$\Delta G_{\text{ads}}^{\ominus}=-RT\ln(55.5K) \tag{5}$$

三、仪器与试剂

1. 仪器：三电极体系，CHI660E 电化学工作站，恒温水浴锅，温度计，烧杯，电子天平。

2. 试剂：十二烷基胺，浓盐酸。

四、实验方法

1. 准备电极与试剂

电极材料为 Q235 碳钢，实验前切割成（1×1×1）cm^3 立方体，焊接铜线，再用环氧树脂

封装只裸露 $(1\times1)cm^2$ 的工作面。试剂有 HCl 和十二烷基胺，均为分析纯，实验时配制成 $0.5mol\cdot L^{-1}$ HCl 水溶液，加入十二烷基胺的浓度为 0、0.25、0.30、0.50 和 $1.00mmol\cdot L^{-1}$。

2. 吸附行为的开路电位-时间曲线测量（E_{ocp}-t）

在 25℃下，分别使用电化学工作站进行缓蚀行为测试，分别使用不同浓度缓蚀剂溶液进行实验。每组实验首先扫描开路电位曲线，确定后续测试的开路电位初始值，具体步骤如下：

（1）将 Q235 型碳钢电极夹在电解池的内侧面，工作面全部浸入电解液液面下。每次测试，使用同一 Q235 型碳钢电极并重新打磨抛光。

（2）打开恒温水浴锅，设定温度 25℃。以铂电极为对电极，饱和甘汞电极为参比电极形成三电极体系；将电解池放置于水浴锅中，保持电解液液面始终处于水浴锅的水面之下。

（3）连接对应电极的导线，开启电脑上的 CHI660E 软件。

（4）打开实验技术窗口，选择“开路电位-时间”，参数按照表 1 设置。

表 1　开路电位-时间测试设置参数

参数名称	参数值	参数名称	参数值
扫描时间/s	800	高电位/V	1
取样间隔/s	0.1	低电位/V	-1

注：800s 为基本值，扫描结束后分析曲线，若 500～800s 内纵坐标极差大于等于 5mV，则继续扫描 200s，直至最后 300s 内纵坐标极差小于 5mV 为止。读出曲线右端点纵坐标值作为开路电位值。不同的缓蚀剂浓度，开路电位值均稳定在－0.500V 左右。测试时数值均取到小数点后三位。

（5）开路电位扫描结束后，保存实验数据，进行后续吸附行为电化学测试。

3. 吸附行为的 Tafel 测试

Q235 型碳钢电极作为工作电极，铂片电极和饱和甘汞电极（SCE）分别作为对电极和参比电极，采用同 Tafel 法进行测试。具体测试步骤如下：

（1）打开实验技术窗口，选择“塔菲尔曲线”。测试参数如表 2 所示。

表 2　塔菲尔曲线测试设置参数

参数名称	参数值	参数名称	参数值
初始电位/V①	$E_{ocp}-0.25$	扫描速度/(V/s)	0.0005
终止点位/V①	$E_{ocp}+0.25$	静置时间/s	2
扫描段数/S	1	灵敏度/(A/V)	自动灵敏度
终止电位处保持时间/s	0		

① 初始电位为实验所得的开路电位值 E_{ocp}，数值因每次试验条件不同而存在微小差异。

（2）每次测试结束后，保存实验数据。

（3）将工作电极取下用超纯水清洗，晾干。

（4）采用 Origin 模板作图，保证图片的格式统一，采用 CHI 软件拟合 Tafel 数据，再分别计算缓蚀电流，并根据 Frumkin 吸附等温式、Temkin 吸附等温式和 Langmuir 吸附等温式进行数据拟合。

(5) 将烧杯等玻璃仪器用纯水洗净，晾干后放回。废液倒入回收桶。

(6) 关闭电子天平、超纯水系统、烘箱、电化学工作站和电脑。

五、数据记录与处理

1. 计算腐蚀电流和缓蚀效率

由测得的 Tafel 数据，经拟合后得到的腐蚀电流、斜率，以及根据式(6)（式中，$I_{corr,0}$ 为空白溶液中的腐蚀电流密度，I_{corr} 为添加表面活性剂后的腐蚀电流密度）计算得到的缓蚀效率等列在表 3 中。表中 β_c 为阴极塔菲尔斜率；β_a 为阳极塔菲尔斜率；I_{corr} 为腐蚀电流；E_{corr} 为腐蚀电位（开路电位）；η 为缓蚀效率。

$$\eta/\% = (I_{corr,0} - I_{corr})/I_{corr,0} \times 100 \tag{6}$$

表 3　实验数据记录表

室温：______℃；大气压：______kPa

c/mM	$-\beta_c$/(mV/dec)	β_a / (mV/dec)	I_{corr}(mA/cm^2)	E_{corr}/V vs. SCE	η /%
空白					
0.25					
0.30					
0.50					
1.00					

注：1M= 1mmol/L。

2. 通过在 Origin 中根据缓蚀效率由式(1) 计算覆盖度，然后由各个模型的覆盖度与缓蚀剂浓度关系分别进行线性拟合，比较拟合结果与上述三种吸附等温式的匹配程度。

3. 再由式(5) 得到同一温度下吸附平衡常数与吸附吉布斯自由能的定量关系，计算出吸附吉布斯自由能。

六、思考题

1. 根据吸附吉布斯自由能和吸附平衡常数能否得到其他热力学参数?

2. 简述 Langmuir 吸附等温式、Temkin 吸附等温式以及 Frumkin 吸附等温式三种吸附等温模式的特点。

3. 除了通过 Tafel 来探究固液界面吸附行为，还有什么其他方法?设计实验并简述实验原理、步骤等。

七、附录

1. 药品使用注意事项

浓盐酸（质量分数约为 37%）有强烈的刺鼻气味，具有较高的腐蚀性，具有极强的挥发性，如发生皮肤沾染，应立即用水冲洗。建议操作人员穿实验服，戴口罩、手套等。

2. 仪器

电化学工作站（见实验十三）。

参考文献

[1] 李文坡, 罗微, 张鑫, 等 . 表面活性剂分子在固液界面吸附行为的实验设计 [J]. 实验技术与管理, 2020, 37 (7): 66-69.

[2] 崔国印, 黄刚, 聂小鹏, 等 . "双一流"目标下的高校实验室建设与管理 [J]. 实验技术与管理, 2019, 36 (2): 275-277.

[3] 任淑霞, 孙英, 边刚, 等 . 物化实验教学的教法探索 [J]. 实验技术与管理, 2019, 36 (8): 186-189.

[4] Zhang X, Zhang S, Li W, et al. Investigation of 1-butyl-3-methyl-1 H -benzimidazolium iodide as inhibitor for mild steel in sulfuric acid solution [J]. Corrosion Science, 2014, 80 (3): 383-392.

实验三十 $Co(OH)_2$/rGO 纳米电极的表面电容及扩散控制反应过程研究

一、实验目的

1. 了解超级电容器储能原理和基本概念。
2. 理解表面电容和扩散控制电极反应机理。
3. 学会动力学数据分析方法。

二、实验原理

随着全球经济的迅速发展，能源和环境这两大课题已经逐渐吸引了全球研究者的关注。研究人员致力于开发可再生能源以取代传统的化石能源，从而缓解能源短缺和减少环境污染。目前，多种电化学能量储存和转换装置用于实际应用，如可充电电池（锂离子电池，钠离子电池和金属空气电池）、超级电容器等。电池和超级电容器的电化学过程产生了不同的电荷存储特性。在锂离子（Li^+）电池中，锂离子的插入可以使大块电极材料中的氧化还原反应是扩散控制，而且是缓慢的。在超级电容器中，电荷存储机理有两种：①通过双电层电容储能（非法拉第储能），依靠离子在电极表面快速可逆地吸附（充电）和脱附（放电）储存能量；②通过法拉第电荷转移储能，在电极表面发生的氧化还原过程储存电子。超级电容器中的法拉第和非法拉第电荷存储，统称为表面电容控制过程。但是，越来越多的新型电极材料（如过渡金属氧化物、氢氧化物、导电聚合物等）显示出既不是纯电容性（超级电容器，表面电容控制）也不是纯法拉第性（电池，扩散控制）的电化学特性。这些新材料的报道更加模糊这两种根本不同的能源储存方式之间的差异，使读者和作者都感到困惑。

本实验采用电沉积方法制备一种即非纯电容性又非纯法拉第性的 $Co(OH)_2$ 电极，再用快速的浸泡-火焰还原法将纯电容性材料还原氧化石墨烯复合在 $Co(OH)_2$ 电极表面，制得 $Co(OH)_2$/rGO 复合电极。并在 $1mol \cdot L^{-1}$ KOH 水溶液体系中（不需要像锂离子电池那样在手套箱里进行操作，物理化学实验室很容易实现），对上述两个电极分别进行了不同低扫描速度下的循环伏安测试。再根据循环伏安（Cyclic Voltammetry，CV）曲线中电流与扫速的幂律公式，电流 i 正比扫描速度 v 即为表面电容控制，电流 i 正比扫描速度 $v^{1/2}$ 即为扩散控制，利用不同扫描速度下的循环伏安曲线进行动力学计算，精确地分辨出电化学过程中扩散控制反应（电池行为）、电容控制反应（电容行为）所占的比例。比较还原氧化石墨烯复合前后样品的电化学行为，直观体会表面电容控制和扩散控制的电荷存储的差异。表面电容更利于提升材料的倍率性能和循环稳定性。将这一方法进一步推广，则可以在测试电极材料电化学性能之前对其进行倍率性能以及稳定性能的预测，有效节省了实验过程的时间（倍率性能和循环稳定性能的通用测试方法需要耗费大量的时间）。该实验将当前的储能研究热点整合到一个高等物理化学实验中，学生学会区分电池、超级电容器材料及其储能原理等相关概念，对电极材料储能动力学分析方法和原理有了一定的了解，并学会了一种储能电极材料的制备方法，由此，能很好地激发学生对科学研究的兴趣。

本实验通过测试不同扫描速度（扫速）下的循环伏安曲线，得到不同扫速下的峰电流。通过将扫描速率与所得峰电流响应进行对应来分辨电极材料在充放电过程中的扩散行为与赝电容行为，并计算各自的占比从而判断物质的倍率性能。电极材料在某一扫速下的电荷贡献量来自两个方面：一方面是由表面原子的电荷转移造成的法拉第行为，即赝电容以及非法拉第行为的双电层电容控制过程；另一方面是由离子在材料内部进行嵌入脱出过程中引起的扩散控制过程。以上两个过程可以根据以下公式分析不同扫描速度 v 下的 CV 曲线来区分：

$$i = av^b \tag{1}$$

为了便于分析，可将上式两边取对数为：

$$\log i = b\log v + \log a \tag{2}$$

式中，i 为 CV 曲线中的响应电流，A；v 为扫描速度，$mV \cdot s^{-1}$；a 和 b 为两个可调整的参数，b 值由 $\log i$ 对 $\log v$ 的曲线斜率决定。当 $b=1.0$ 和 $b=0.5$ 时，有两个明确的定义。当 $b=0.5$ 时，电流 i 与扫速 v 的 0.5 次方成正比，此时的电流与扫速的关系式为：

$$i = nFAc^* D^{1/2} v^{1/2} (\alpha nF/RT)^{1/2} \pi^{1/2} \chi^{bt} \tag{3}$$

式中，c^* 为反应物在电极材料表面浓度；b 为传递系数；D 为化学扩散系数；n 为电极反应涉及的电子数；A 为电极材料的表面积；F 为法拉第常数；R 为摩尔气体常数；T 为温度；函数 χ^{bt} 为由 CV 响应的完全不可逆系统的归一化电流。式(2) 和式(3) 中的电流响应由扩散控制（diffusion controlled），这表示法拉第离子嵌入过程。

另一个定义条件 $b=1.0$ 表示电容响应（surface capacitive），因为双电层充电电流与扫描速度成正比，关系式如下所示：

$$i = vC_dA \tag{4}$$

式中，C_d 为双电层电容。

对循环伏安扫描速率依赖性的研究能够进一步定量区分电容对电流响应的贡献。使用上述提出的概念，我们可以将固定电位的电流响应表示为两个独立机制的组合，即表面电容控制过程与扩散控制过程：

$$i(V) = k_1 v + k_2 v^{1/2} \tag{5}$$

为了便于分析，可将上式两边同时除以 $v^{1/2}$，可得到下式

$$i(V)/v^{1/2} = k_1 v^{1/2} + k_2 \tag{6}$$

式(5) 中，$k_1 v$ 和 $k_1 v^{1/2}$ 分别表示来自表面电容效应和扩散控制嵌入过程的电流贡献。因此，我们可以通过确定特定电位下 k_1 和 k_2 来计算每种贡献的电流比例。根据公式（6），在特定电势下，以 $v^{1/2}$ 为横坐标，$i(V)/v^{1/2}$ 为纵坐标作图可得到一条直线，则直线的斜率

为 k_1 与 y 轴的截距即为 k_2。将得到的 k_1 和 k_2 代入式（5），可以绘制多个电势下的电流响应与扫速的关系图，从而定量区分离子嵌入产生的电流和表面电容过程产生的电流。通过动力学分析，则可分析两种材料的倍率性能。

三、仪器与试剂

1. 仪器：三电极体系，CHI660E电化学工作站，超声清洗器，真空干燥箱，烧杯，电子天平。

2. 试剂：$Co(NO_3)_2 \cdot 6H_2O$，CH_4N_2O，GO，2mol/L KOH，泡沫镍，丙酮，3mol/L 盐酸，无水乙醇，氧化石墨烯。

四、实验步骤

1. 配制溶液与准备电极

$Co(NO_3)_2 \cdot 6H_2O$ 和 CH_4N_2O 均为分析纯试剂，无需进行进一步的纯化，GO 为实验室已制备的成品。

1 号：0.05mol/L $Co(NO_3)_2 \cdot 6H_2O$ 溶液用于电沉积 $Co(OH)_2$ 电极材料；

2 号：1g/L GO+1g/L CH_4N_2O 混合溶液用于制备 $Co(OH)_2$/rGO 复合物电极材料；

3 号：2mol/L KOH 溶液用于电化学测试。

泡沫镍在使用之前分别用丙酮、3mol/L 盐酸、超纯水以及无水乙醇超声清洗，然后将其剪成 $(1\times2)cm^2$ 的长条备用。

2. 计时电流法制备 $Co(OH)_2$ 电极材料

（1）在电化学工作站上采用 Chronoamperometry 模块进行电沉积 $Co(OH)_2$，参数设置如表 1 所示。

表 1　Chronoamperometry 法参数设置

参数名称	参数值	参数名称	参数值
初始电位/V	0	脉冲宽度/s	200
高电位/V	0	采样间隔/s	0.001
低电位/V	-1	静止时间/s	2
起始扫描极性	negative	灵敏度/(A/V)	0.1
扫描段数	1		

（2）沉积实验结束后，保存实验数据，标记为样品 A。相同条件下再电沉积制备另一个样品，标记为样品 B。

（3）将制备好的 $Co(OH)_2$ 电极材料用超纯水仔细清洗三次，放置在真空干燥箱中，60℃干燥 3h。

（4）利用电子天平称量电沉积前后泡沫镍的质量差，即为电极活性材料的质量。

3. 浸泡-火焰还原法制备 $Co(OH)_2$/rGO 复合材料

（1）将配制好的 2 号溶液放置于超声清洗器中超声 1 h，使溶液中的氧化石墨烯分散得更均匀。

（2）将步骤 2（2）制备好的样品 B 放置在 2 号溶液中浸泡 1 min，浸泡后的样品放置于真空干燥箱中，60℃干燥 3 h。

（3）干燥后负载 $Co(OH)_2/GO$ 的样品用酒精灯进行还原处理得到 $Co(OH)_2/rGO$ 复合材料，当泡沫镍的颜色变成黑色时停止。

（4）利用电子天平称量空白泡沫镍和负载样品后的泡沫镍，二者的质量差即为电极活性材料的质量。

4. 动力学测试

在室温下用三电极体系与 CHI660E 电化学工作站配合使用测试 $Co(OH)_2$ 和 $Co(OH)_2/rGO$ 电极材料电化学性能。$Co(OH)_2$ 或 $Co(OH)_2/rGO$ 为工作电极，铂片和饱和甘汞电极（SCE）分别为辅助电极和参比电极，电解液为 2mol/L KOH 溶液。具体操作步骤如下：

（1）将负载活性物质 $Co(OH)_2/rGO$ 的电极作为工作电极，铂片作为对电极，饱和甘汞电极为参比电极，鲁金毛细管的尖嘴对准工作电极，并与工作电极的距离保持在 1～2 mm。

（2）连接对应的电极导线，开启电脑上的 CHI660E 软件，进行动力学测试，测试方法选用循环伏安（CV）法，其相应的参数如表 2 所示。

表 2　循环伏安（CV）测试参数

参数名称	参数值	参数名称	参数值
初始电位/V	0	扫描段数	6
高电位/V	0.45	采样间隔/V	0.001
低电位/V	-0.1	静置时间/s	2
起始扫描极性	positive	灵敏度/(A/V)	0.1
扫描速度/(V/s)	0.02		

注：根据计算需求，这一部分的循环伏安曲线测试扫描速度梯度为 20、16、12、10、8、6、4、2、1mV/s。

$Co(OH)_2$ 电极材料的电容性能测试以及电化学动力学测试与 $Co(OH)_2/rGO$ 的测试方式以及参数设置相同，重复上述步骤即可。

（3）每次测试结束后，保存实验数据。

（4）将工作电极取下用超纯水清洗，晾干后，装入样品袋。

（5）将烧杯等玻璃仪器用纯水洗净，晾干后放回，废液倒入废液桶。

（6）关闭电子天平、超纯水系统、真空干燥箱、电化学工作站和电脑。

五、数据记录与处理

1. 实验数据记录于表 3。

表 3　实验数据记录表

室温：______℃；　大气压：______kPa

制备 $Co(OH)_2$ 电极材料	
空白泡沫镍的质量/g	负载样品泡沫镍的质量/g
制备 $Co(OH)_2/rGO$ 复合材料	
空白泡沫镍的质量/g	负载样品泡沫镍的质量/g

2. 计算 b 值

为了更加精确地区分与量化电极材料中的电容行为与电池行为，通过低扫速下的 CV 测试，通过将扫描速度与所得响应电流进行对应，电流 i 随扫速 v 的 0.5 次幂变化，即电池行为；如果电流 i 随扫速 v 线性变化，那么反应为表面控制过程，是一种电容行为。因此，对于任何材料，通过求解式(2) 中的 b 值，即可判断反应类型。以 0.05 V 为例说明 b 值的求解过程。取不同扫速下 0.05 V 的阴极所对应的电流，根据式(2)，分别以 $\log v$ 和 $\log i$ 为横纵坐标，利用 Origin 作图，所得直线的斜率即为 b 值，按照同样的方法即可求解其他电势下的 b 值，所取电势尽量包含整个氧化峰或整个还原峰。

3. 计算 k_1 值

根据式(6)，某一特定电势下 k_1 值的求解过程为（以 0.1 V 为例）：取不同扫速下 0.1 V 的阴极响应电流，分别以 $i/v^{1/2}$ 和 $v^{1/2}$ 为横纵坐标，利用 Origin 作图，所得直线的斜率即为 k_1 值，按照相同的方法可求解其他电势下的 k_1 值，此方法与 b 值的求解方法相似。通过 k_1 值的求解，将多个不同电势下的 k_1 值代入到式(5)，利用 Origin 软件即可做出某一扫速下的循环伏安电流响应图。通过计算可知此时的电容响应电流贡献值，以说明在复合电极中绝大部分电流响应来自电容或扩散贡献。

六、思考题

1. 实验中盐桥的作用是什么？对盐桥的具体要求是什么？
2. 影响电沉积产物结构与性能的因素有哪些？
3. 进行动力学测试为什么要在循环伏安测试时选择低扫速？

七、附录

1. 药品使用注意事项

（1）无水乙醇：燃爆危险，该品易燃，具刺激性，注意明火。

（2）盐酸：对皮肤有腐蚀性，如发生皮肤沾染，立即用水冲洗。

（3）丙酮：全面通风，远离火种、热源；避免与氧化剂、酸类、碱金属、胺类接触；操作人员应穿实验服，戴口罩、手套等。

2. 电化学工作站

见实验十九（电动势法测甲酸氧化动力学参数）。

3. 真空干燥箱的箱体结构

电热真空干燥箱外壳由钢板冲压折制、焊接成型，外壳表面采用高强度的静电喷塑涂装处理，漆膜光滑牢固。工作室采用碳钢板或不锈钢板折制焊接而成，工作室与外壳之间填充保温棉。工作室的内部放有试品搁板，用来放置各种试验物品，工作室外壁的四周装有云母加热器。门封条采用硅橡胶条密封，箱门上设有可供观察用的视镜。电热真空干燥箱的抽空与充气均由电磁阀控制，电器箱在箱体的左侧或下部，电器箱的前面板上装有真空表、温控仪表及控制开关等，电器箱内装有电器元件。

4. 拓展阅读

早在1879年，Helmholz就发现了电化学双电层界面的电容性质，并提出了双电层理论。但是，超级电容器这一概念最早是于1979年由日本人提出的。1957年，Becker申请了第一个由高比表面积活性炭作电极材料的电化学电容器方面的专利（提出可以将小型电化学电容器用作储能器件）；1962年标准石油公司（SOHIO）生产了一种6V的以活性炭（AC）作为电极材料，以硫酸水溶液作为电解质的超级电容器，并于1969年首先实现了碳材料电化学电容器的商业化。后来，该技术转让给日本NEC公司。1979年NEC公司开始生产超级电容器，用于电动汽车的启动系统，开始了电化学电容器的大规模商业应用，才有了超级电容器名称的由来。几乎同时，松下公司研究了以活性炭为电极材料，以有机溶液为电解质的超级电容器。此后，随着材料与工艺关键技术的不断突破，产品质量和性能得到不断稳定和提升，超级电容器开始大规模的产业化。

超级电容器的产业化最早开始于20世纪80年代——用于1980年NEC/Tokin与1987年松下、三菱的产品。20世纪90年代，Econd和ELIT推出了适合于大功率启动动力场合的电化学电容器。如今，Panasonic、NEC、EPCOS、Maxwell、NESS等公司在超级电容器方面的研究非常活跃。目前美国、日本、俄罗斯的产品几乎占据了整个超级电容器市场，各个国家的超级电容器产品在功率、容量、价格等方面都有自己的特点和优势。

参考文献

[1] 李文坡，郝江瑜，杨欣，等．Co（OH）$_2$/rGO电极储能动力学实验设计［J］．实验技术与管理，2020，285（05）：75-79.

[2] Wang J，Polleux J，Lim J，et al. Pseudocapacitive Contributions to Electrochemical Energy Storage in TiO_2 (Anatase) Nanoparticles [J]. The Journal of Physical Chemistry C，2007，111（40）：14925-14931.

[3] Brezesinski T，Wang J，Polleux J，et al. Templated Nanocrystal-Based Porous TiO_2 Films for Next-Generation Electrochemical Capacitors [J]. Journal of the American Chemical Society，2009，131（8）：1802-1809.

[4] 余丽丽，朱俊杰，赵景泰．超级电容器的现状及发展趋势［J］．自然杂志，2015，37（3）：188-196.

实验三十一　Cu掺杂锰基锌离子电池正极材料的离子扩散动力学研究

一、实验目的

1. 了解锌离子电池储能原理和基本概念。
2. 理解掺杂对于材料的影响及其机理。
3. 学会组装纽扣电池的方法。

二、实验原理

本实验通过简单的循环伏安法电沉积得到了 MnO_2 电池正极材料，先是测试了不同电流密度下的充放电时间（Chronoptentiometry，CP），进而计算得到电池的比容量、能量密度和功率密度。其具体计算公式如下：

$$C=\frac{\Delta t I}{\Delta m \times 3600} \tag{1}$$

式中，C 为比容量（$mAh \cdot g^{-1}$）。比容量分为两种，一种是质量比容量，即单位质量的电池或活性物质所能放出的电量；另一种是体积比容量，即单位体积的电池或活性物质所能放出的电量。这里我们选用质量比容量。Δt 表示 CP 曲线中的放电时间（s），I 表示测试电流（mA），Δm 表示活性物质的质量（g）。

$$E=C \times 3600 \times \frac{V_{max}+V_{min}}{7.2} \tag{2}$$

式中，E 为能量密度，$Wh \cdot kg^{-1}$，电池能量密度是指电池的平均质量所释放出的电能；V_{max} 和 V_{min} 分别为电势窗口的最大值和最小值，V。

$$P=\frac{E \times 3600}{\Delta t} \tag{3}$$

式中，P 为功率密度，W/kg，含义是单位重量的电池活性材料放电时以何种速率进行能量输出。

经过以上几个公式即可得到此电池的主要性能指数。

其次，本实验通过恒电流间歇滴定技术测试（Galvanistatic Intermittent Titration Technique，GITT），计算得出了化学扩散系数。GITT 研究的是物质的扩散过程与电荷转移的关系。锌离子电池充放电过程中，锌离子在正极材料中的嵌入脱出就是一种扩散，此时锌离子的化学扩散系数 D，具有反应速率常数的含义，在一定程度上决定了电池的性能。GITT 测试由一系列“脉冲+恒电流+弛豫”组成，弛豫过程是指此段时间没有电流通过电池。GITT 测试数据处理：

$$D=\frac{4}{\pi\tau}\left(\frac{n_B V_m}{S}\right)^2\left(\frac{\Delta E_s}{\Delta E_t}\right)^2 \tag{4}$$

$$n_B=\frac{m_B}{M_B} \tag{5}$$

$$V_m=\frac{V_B}{n_B}=\frac{m_B}{\rho_B n_B} \tag{6}$$

$$D=\frac{4}{\pi\tau}\left(\frac{m_B}{\rho_B S}\right)^2\left(\frac{\Delta E_s}{\Delta E_t}\right)^2 \tag{7}$$

式中，m_B 为活性物质的质量；ρ_B 为活性物质的密度；S 为活性物质的面积（注意不一定是集流体的面积）；τ 为电池静置的时间，即弛豫时间；ΔE_s 为弛豫过程电压的变化；ΔE_t 为脉冲过程电压变化（应注意在脉冲或弛豫瞬间，电压会突降或突升，故 ΔE_t 计算时的电压应取突降或突升后的电压，而非初始电压）。式(7) 中，活性物质的密度可以通过 MDI Jade 6 得到，从而计算化学扩散系数。

三、仪器与试剂

1. 仪器：CHI 电化学工作站（包括电脑），工作电极（碳布），辅助电极[(2×2)cm^2 铂片电极]，真空干燥箱 ，电子天平 ，体系瓶（烧杯），参比电极（饱和甘汞电极，饱和 KCl 做盐桥），水浴锅，纽扣电池壳，蓝电测试系统，LED 小灯，MSK-110-小型液压纽扣电池封口机，手动冲孔冲环机。

2. 试剂：$MnCl_2 \cdot 4H_2O$（AR）、$CuCl_2 \cdot 2H_2O$、$ZnSO_4 \cdot 7H_2O$、$MnSO_4 \cdot H_2O$、超纯水。

四、实验步骤

1. 配制溶液与准备电极

（1）配制 1 号溶液：0.12mol/L $MnCl_2 \cdot 6H_2O$ 溶液用于电沉积 MnO_2 电极材料；

（2）配制 2 号溶液：0.12mol/L $MnCl_2 \cdot 6H_2O$ 和 0.06mol/L $CuCl_2 \cdot 2H_2O$ 混合溶液用于制备 Cu MnO_2 复合物电极材料；

（3）配制 3 号溶液：2mol/L $ZnSO_4 \cdot 7H_2O$ 和 0.2mol/L $MnSO_4$ 混合溶液用于电化学测试。

碳布在使用之前先用 10%的硫酸和 10%的硝酸混合液超声 2h，然后用 65%硝酸在 80℃下水热 6 h，用超纯水以及无水乙醇超声清洗，将其剪成(1×1.5)cm^2 的长条状备用(可在实验课前准备好)。

2. 循环伏安法制备 MnO_2 电极材料

（1）在电化学工作站上采用循环伏安（CV）模块进行电沉积 MnO_2，参数设置见表 1。

表 1　循环伏安法参数设置

参数名称	参数值	参数名称	参数值
初始电位/V	0.7	扫描速度/（V/s）	0.01
高电位/V	1.3	扫描段数	10
低电位/V	0.7	采样间隔/s	0.001
终止电位/V	0.7	静止时间/s	2
起始扫描极性	positive	灵敏度/（A/V）	0.1

（2）在 $MnCl_2 \cdot 6H_2O$ 溶液沉积结束后，保存实验数据，标记为样品 A。相同条件下在 $MnCl_2 \cdot 4H_2O$ 和 $CuCl_2 \cdot 2H_2O$ 混合溶液电沉积制备另一个样品，标记为样品 B。

（3）将制备好的电极材料用超纯水仔细清洗三次，放置在真空干燥箱中，80℃干燥 30min。

利用电子天平称量电沉积前后碳布的质量差，即为电极活性材料的质量。

3. 封装纽扣电池

（1）首先将正极材料集流体剪掉刀柄，使其形状为(10×10)mm^2 的正方形，备用；负极为厚度 0.05mm 的锌片，将其冲压成直径为 12mm 的圆片；隔膜为常用的中速滤纸，将其冲压成直径为 19mm 的圆片；电解质为 2mol/L $ZnSO_4 \cdot 7H_2O$ 和 0.2mol/L $MnSO_4$ 混合溶液。此外，还需准备型号为 2032 的纽扣电池壳（包括正极、负极、垫片和弹片）若干套。

（2）封装过程在大气中即可进行。将正极壳底向下放置，先放进正极，滴加约 200μL

电解质，再放入 2 片隔膜，然后依次是负极、垫片、弹片和负极壳。在压片机约 500kPa 压力下完成纽扣电池的封装。

4. 充放电能力测试

将步骤 3 封装得到的纽扣电池在 CHI 760E 电化学工作站进行测试。对于充放电能力的测试选用计时电位法（CP），具体测试参数见表 2。

表 2　计时电位法参数设置

参数名称	参数值	参数名称	参数值
阳极电流/A	0.001	低电位/V	0.8
阴极电流/V	0.001	低电位保持时间/s	0
高电位/V	1.8	起始扫描极性	放电
高电位保持时间/s	0	扫描段数	3

注：根据计算需求，这一部分的 CP 曲线测试电流密度梯度为 0.5、 0.7、 1、 2、 3A/g，阳极和阴极电流依据活性物质量相应计算而得。

$CuMnO_2$ 电极材料的比容量性能测试与 MnO_2 的测试方式以及参数设置相同，重复上述步骤即可。

（1）每次测试结束后，保存实验数据。

（2）将纽扣电池取下后装入样品袋，注明条件、姓名、日期等信息。

（3）关闭电子天平、超纯水系统、真空干燥箱、电化学工作站和电脑。

5. GITT 测试

将封装得到的纽扣电池在蓝电系统进行测试。具体测试参数见图 1。

两样品测试方法相同。需要注意的是静置时间应为恒流充放电时间的 3 倍以上。

6. 点灯实验

首先准备一个电压为 3 V 的 LED 灯，因为 MnO_2 的最大电压为 1.8 V，故而想要点亮此灯至少需要两个纽扣电池串联。通过一个夹子将两个电池和小灯的导线相连接，即可点亮。为了对掺杂效果进行对比，将两种材料分别进行点灯实验。对前后二者所点亮的灯进行计时，对最终所亮时长进行记录。

7. 注意事项

（1）电沉积的样品质量控制在 2mg 左右。

（2）在电沉积后将碳布冲洗干净后再烘干。

（3）测试过程中不要触碰体系。

（4）制作纽扣电池时注意各部分放置的顺序。

五、数据记录与处理

将实验数据记录于表 3。

1. 沉积的物质的量为 m_1：______；m_2：______。

2. 计算两种材料充放电能力、扩散系数、能量密度、功率密度。

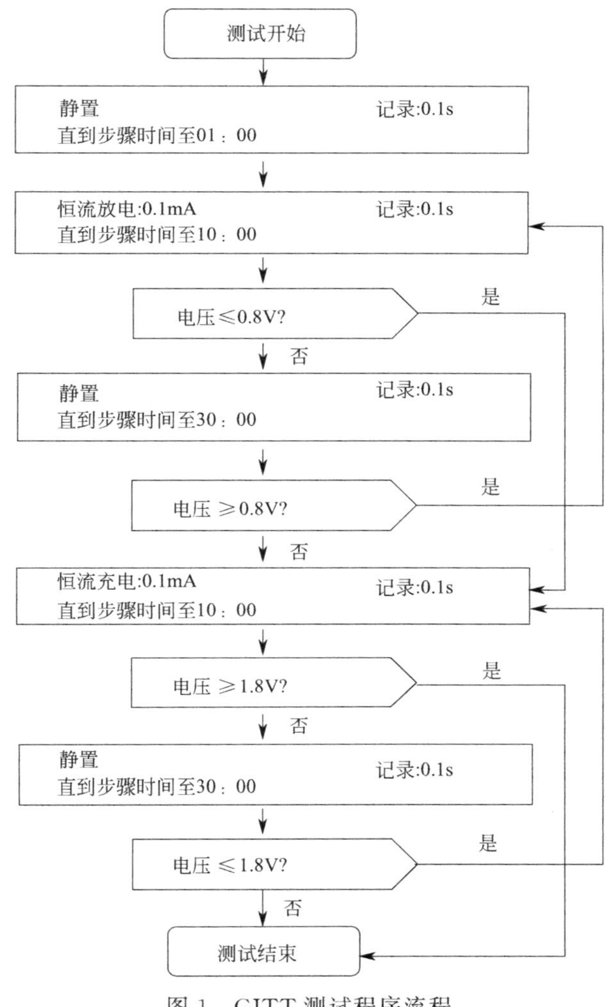

图 1　GITT 测试程序流程

表 3　实验数据记录表

室温：______℃；　大气压：______kPa

项目	容量 C/（mAh/g）	扩散系数 D	能量密度 E/（Wh/kg）	功率密度 P/（W/kg）
空白 MnO_2				
掺 Cu MnO_2				

六、思考题

1. 掺杂为什么可以使得二氧化锰材料性能变好？
2. 能使电池性能变好的方法还有哪些？
3. 制作纽扣电池时要注意的要点都有什么？

七、附录

1. 参考数据：总的来说，在进行掺杂后，材料的各方面性能都有所提高。

2. 拓展阅读

锌电池能够以铅酸电池的成本提供锂离子电池的电量，并且可充电，更安全，原材料更丰富。锌是地球上储量排在第 4 位的元素，年产量 1400 万吨。更为奇妙的是，锌电池的可用尺寸几乎没有限制，从纽扣电池、消费电子产品、电动汽车到大型储能站，都可以使用。相比于使用易燃、有毒的有机电解质的锂离子电池，基于水系电解液的水系锌离子电池（ZIBs）是一种低成本、环保、安全的新型储能系统，并且在将来其可能会被应用于电网储能系统和可穿戴设备。近年来对水系 ZIBs 的正极、锌负极和电解液的研究已经取得了一定的进展，但水系 ZIBs 在正极和负极方面仍然面临着巨大的挑战。正极溶解、静电相互作用产生的不良影响、锌枝晶、腐蚀、钝化和副产物等问题都可能会导致水系 ZIBs 容量衰减、库仑效率低和短路等，这严重制约了水系 ZIBs 的发展和商业化。因此，总结水系 ZIBs 面临的挑战及提出相关的解决方案是非常有必要的。

参考文献

[1] Ghosh M, Vijayakumar V, Anothumakkool B, et al. Nafion Ionomer-Based Single Component Electrolytes for Aqueous Zn/MnO_2 Batteries with Long Cycle Life [J]. *ACS Sustainable Chemistry & Engineering*, 2020, 8 (13): 5040-5049.

[2] Zhang H, Liu Q, Wang J, et al. Boosting the Zn-ion storage capability of birnessite manganese oxide nanoflorets by La^{3+} intercalation [J]. *Journal of Materials Chemistry A*, 2019, 7 (38): 22079-22083.

[3] Song M, Tan H, Chao D, et al. Recent Advances in Zn-Ion Batteries [J]. *Advanced Functional Materials*, 2018, 28 (41): 1802564.

[4] Chao D, Ye C, Xie F, et al. Atomic Engineering Catalyzed MnO_2 Electrolysis Kinetics for a Hybrid Aqueous Battery with High Power and Energy Density [J]. *Advanced Materials*, 2020, 32 (25): 2001894.

[5] Fang G, Zhu C, Chen M, et al. Suppressing Manganese Dissolution in Potassium Manganate with Rich Oxygen Defects Engaged High-Energy-Density and Durable Aqueous Zinc-Ion Battery [J]. *Advanced Functional Materials*, 2019, 29 (15): 1808375.

[6] Zhang M, Wu W, Luo J, et al. A high-energy-density aqueous zinc-manganese battery with a La-Ca co-doped ε-MnO_2 cathode [J]. *Journal of Materials Chemistry A*, 2020, 8 (23): 11642-11648.

[7] Sun W, Wang F, Hou S, et al. Zn/MnO_2 Battery Chemistry With H (+) and Zn (2+) Coinsertion [J]. *Journal of the American Chemical Society*, 2017, 139 (29): 9775-9778.

[8] Sun T, Nian Q, Zheng S, et al. Layered $Ca_{0.28}MnO_2 \cdot 0.5H_2O$ as a High Performance Cathode for Aqueous Zinc-Ion Battery [J]. *Small*, 2020, 16 (17): e2000597.

实验三十二　五水硫酸铜热分解反应的动力学研究

一、实验目的

1. 掌握差热分析仪的操作技术。
2. 用 Kissinger 法测定 $CuSO_4 \cdot 5H_2O$ 第一、第二脱水过程的活化能。

二、实验原理

五水硫酸铜的脱水过程可以简单表示为：

$$CuSO_4 \cdot 5H_2O(s) \xrightarrow{k_1} CuSO_4 \cdot 3H_2O(s) + 2H_2O(g) \tag{1a}$$

$$CuSO_4 \cdot 3H_2O(s) \xrightarrow{k_2} CuSO_4 \cdot H_2O(s) + 2H_2O(g) \tag{1b}$$

$$CuSO_4 \cdot H_2O(s) \xrightarrow{k_3} CuSO_4(s) + H_2O(g) \tag{1c}$$

假设 α 表示在反应时刻 t 已经反应掉的固体 $CuSO_4 \cdot 5H_2O$ 的摩尔分数，则反应的速率方程可以表示为：

$$\frac{d\alpha}{dt} = k(1-\alpha)^n = Ae^{-\frac{E_a}{RT}}(1-\alpha)^n \tag{2}$$

式中，k 为反应速率常数；A 为指前因子；E_a 为活化能。

热分析常采用线性升温法。假定温度 T 与时间 t 之间满足线性关系：

$$T = T_0 + \beta t \tag{3}$$

式中，T_0 为起始温度，K；β 为升温速率，$K \cdot min^{-1}$。则

$$dt = \frac{dT}{\beta} \tag{4}$$

代入式(2) 得到

$$\frac{d\alpha}{dT} = \frac{A}{\beta}e^{-\frac{E_a}{RT}}(1-\alpha)^n \tag{5}$$

若反应过程伴有热效应（图 1），则 α 可以表示为 H_t/H_0，这里 H_t 为物质在某时刻的反应热，相当于差热曲线下的部分面积，H_0 为反应完成后物质的总放热量，相当于差热曲线下的总面积。由此可见，$d\alpha/dt$ 相当于图 1 所示的差热曲线。

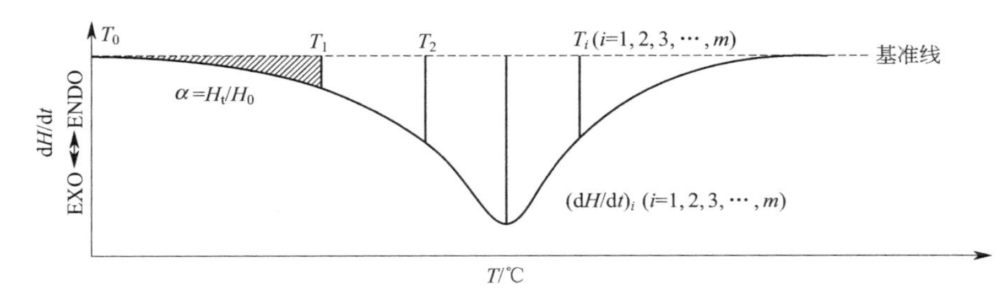

图 1　反应过程的差热曲线

在差热曲线的极值点温度 T_p，$d\alpha/dT$ 的一阶导数为零，即

$$\left[\frac{d}{dT}\left(\frac{d\alpha}{dT}\right)\right]_{T=T_p} = 0 = \left\{\frac{d}{dT}\left[\frac{A}{\beta}e^{-\frac{E_a}{RT}}(1-\alpha)^n\right]\right\}_{T=T_p} \tag{6}$$

由此得到

$$\begin{aligned}\frac{d}{dT}\left(\frac{d\alpha}{dT}\right) &= \frac{A}{\beta}\frac{E_a}{RT^2}e^{-\frac{E_a}{RT}}(1-\alpha)^n - \frac{A}{\beta}e^{-\frac{E_a}{RT}}n(1-\alpha)^{n-1}\frac{d\alpha}{dT} \\ &= \left[\frac{E_a}{RT^2} - \frac{A}{\beta}e^{-\frac{E_a}{RT}}n(1-\alpha)^{n-1}\right]\frac{d\alpha}{dT}\end{aligned} \tag{7}$$

所以

$$\frac{\beta E_a}{RT_p^2}=An(1-\alpha)^{n-1}e^{-\frac{E_a}{RT_p}} \tag{8}$$

Kissinger 认为 $n(1-\alpha)^{n-1}$ 近似与 β 无关，且其值近似等于 1（即固相反应物的热降解反应的反应级数为 1），因此可以得到

$$\frac{\beta E_a}{RT^2}=Ae^{-\frac{E_a}{RT_p}} \tag{9}$$

方程（9）两边取对数，得到 Kissinger 方程

$$\ln\left(\frac{\beta}{T_p^2}\right)=\ln\left(\frac{AR}{E_a}\right)-\frac{E_a}{RT_p} \tag{10}$$

在不同的升温速率 β 下测定热降解差热曲线的峰顶温度 T_p，$\ln\left(\frac{\beta}{T_p^2}\right)\sim\frac{1}{T_p}$ 成线性关系，由该直线斜率可以求出反应活化能 E_a。

三、仪器与试剂

1. 仪器：ZCR-Ⅲ 差热实验装置［差热分析炉（电炉）、差热实验仪］。
2. 试剂：α-Al_2O_3，$CuSO_4\cdot5H_2O$。

四、实验步骤

1. 打开电脑、差热实验仪的电源开关。
2. 装样。用小锉刀将坩埚里面的样品轻轻转出来，多转几次使之变干净。先称量空坩埚质量，然后用镊子夹住小坩埚往里面填装 $CuSO_4\cdot5H_2O$，填装的高度大约为三分之一，再将坩埚在桌面轻轻抖几下，使其填充均匀，再称量。
3. 轻轻抬起炉体后，逆时针旋转炉体（90°），露出样品托盘，分别用镊子将试样、参比物坩埚放在两只托盘上，以炉体正面为基准，左托盘放置 $CuSO_4\cdot5H_2O$、右托盘放置 α-Al_2O_3，顺时针转回炉体（90°），当炉体定位杆对准定位孔时，向下轻轻放下炉体，打开冷却水。
4. 仪器参数设定：打开软件界面，点击“通信”，选择其中一个，直到“联机状态”变为绿色；点击“仪器设置”中的“控温参数设置”，弹出一个对话框，设置“定时”为 0s，“升温速率”为 3℃/min，“目标温度”为 150℃，“控温传感器”选择“T_0”，点击“修改”。点击“画图设置—设置坐标系”，进行数据记录参数设置：在弹出窗口中填写横坐标时间值范围（以升温时间的 2 倍左右为宜）和左纵坐标温度值范围。点击“画图设置—DTA 量程”，在弹出窗口中填写右纵坐标 DTA 值范围，若不确定可选择 10V。实验中测量数据超出预先设置值时，软件会自动调整显示范围。

点击“画图设置—清屏”擦除前次实验曲线。点击“仪器设置—开始控温”，仪器进入程序升温阶段，此时差热分析仪上待机状态下连续闪烁的窗口停止闪烁，表示仪器进入控温状态。电脑自动记录和显示温度 T_0 和 DTA 讯号随时间变化的曲线。

5. 当 DTA 曲线越过 $CuSO_4\cdot5H_2O$ 第二脱水峰峰顶后，可以结束测量。点击“仪器设置—停止控温”，关闭电炉加热电源。保存实验数据。
6. 数据读取：点击“画图设置—显示坐标值”，将测量绿线移动到相应位置，可在

软件界面上直接读取任意实验时间的 T_0 和 DTA 值，并截屏粘贴在 Word 文档中打印出来。

7. 将炉体轻轻抬起（陶瓷炉盖温度较高，注意防护并使用适当工具），揭开炉盖（用干抹布包着），将风扇放置在炉体上端口吹风冷却，按下冷却风扇电源按键至软件界面上炉温值“T_s”低于 45℃。与此同时，将样品坩埚取下，倒出样品，重复实验，在升温速率 6、9、12℃/min 下分别测定样品的 DTA 曲线。

8. 清理实验台面，关闭仪器和电脑，关闭冷却水，差热炉复原。

9. 注意事项

（1）实验过程中不能触碰到仪器连接的导线，否则会影响程序中生成的曲线图。

（2）注意数据处理中温度取热力学单位。

（3）装样时，样品尽量薄而均匀地平铺在坩埚底部，并在桌面轻敲坩埚以保证样品之间有良好的接触。

（4）在实验过程中，取坩埚及放置坩埚都要用镊子，动作要轻巧、平稳、准确，切勿将样品撒落在炉膛里。

（5）设置好参数后再启动程序。

五、数据记录与处理

实验数据记录于表 1、表 2 和表 3。从 DTA 曲线上读取不同升温速率 β、$CuSO_4 \cdot 5H_2O$ 分解吸热峰顶温度 T_p，输入 Origin 数据处理软件或 Excel 软件中，按照 Kissinger 方程（8），以 $\ln\left(\frac{\beta}{T_p^2}\right) \sim \frac{1}{T_p}$ 作图，直线拟合，求出热分解反应的活化能、拟合度、标准偏差。

表 1　实验数据记录表

室温：______℃；　大气压：______ kPa

序号	样品质量/mg	升温速率 /（℃/min）	第一脱水峰 峰顶温度/℃	第二脱水峰 峰顶温度/℃
1				
2				
3				
4				

表 2　第一脱水峰数据处理

β	T_p	$\frac{1}{T_p}$	$\ln\left(\frac{\beta}{T_p^2}\right)$

表 3　第二脱水峰数据处理

β	T_p	$\frac{1}{T_p}$	$\ln\left(\frac{\beta}{T_p^2}\right)$

六、思考题

1. 为什么要求五水硫酸铜热分解反应的活化能？
2. 第一脱水峰活化能与第二脱水峰活化能有什么关系？

七、附录

1. 仪器

参考实验四硫酸铜的差热分析实验。

2. 参考数据

$CuSO_4 \cdot 5H_2O$ 的脱水过程可以分为 3 个步骤：第一步脱水反应的温度范围为 45～90℃，失去 2 个与中心二价铜离子靠配位键能结合的水分子，活化能为 69.86kJ/mol，反应级数为 0.37；第二步反应的温度范围为 90～130℃，失去 2 个与铜离子结合的不仅靠配位键能结合，而且还有氢键作用的水分子，活化能为 95.69kJ/mol，反应级数为 1.02；第三步的脱水反应的温度范围为 173～260℃，失去 1 个以氢键的形式与硫酸根离子结合的水分子，活化能为 164.13kJ/mol，反应级数为 1.28。以上三步反应的反应机理均为 F_n（n 级反应）。

参考文献

[1] 许新华，王晓岗，王国平．物理化学实验 [M]．北京：化学工业出版社，2017.
[2] 李稳，闫石，段良宝，等．$CuSO_4 \cdot 5H_2O$ 脱水反应的动力学研究 [A]．“国际化学年在中国”——中国化学会第三届全国热分析动力学与热动力学学术会议暨江苏省第三届热分析技术研讨会论文集 [C]．中国化学会，2011：5.

实验三十三　B-Z 振荡反应动力学研究

一、实验目的

1. 通过本实验初步认识自然界中普遍存在的非平衡非线性的现象。
2. 了解 B-Z 反应的基本原理。求出诱导表观活化能和振荡表观活化能。

二、实验原理

化学振荡现象是化学反应体系中呈现出的一种周期性动力现象，即体系中某些宏观状态量如物质浓度等发生周期变化或呈现出时空有序演变规律。早在20世纪振荡现象就被发现了。1873年，G. Lippmann首次报道了化学振荡现象，他把汞放在玻璃杯中央，再把硫酸和重铬酸钾溶液注入杯中，然后将一颗铁钉放在紧靠汞附近的溶液中，发现汞会像心脏一样地跳动，这就是汞心实验。1921年，W. C. Bray报道了一个著名反应，即 H_2O_2 被碘酸和碘氧化物耦联催化分解反应。该反应为一个均相反应。Bray发现，在一定条件下氧的生成速率和溶液中碘的浓度都呈周期变化，表现出明显的振荡特性。但在其后的很长时间内，这种报道并没有引起人们的重视。一个主要的原因是大多数化学家一直认为这样的振荡现象是和热力学原理特别是和热力学第二定律的预言相违背的。按照化学热力学的传统观点，化学反应应该单向地不可逆地趋于平衡态，即宇宙的熵或随机性趋向于增加。从经典动力学观点来看，振荡现象也是极难思议的，因为化学反应是由碰撞引起的，由于碰撞的杂乱性和随机性，从反应概率来说，在空间的这一点和那一点应该是没有差别的，在这一刻和那一刻的反应事件应该是彼此独立的和等概率的。但在化学振荡和形成有序花纹过程中，反应分子在宏观的空间尺度上和宏观的时间间隔上呈现出一种长程的一致性，即长程的相关，就好像受到了某种统一的命令，自己组织起来形成宏观空间上和时间上的一致行动。因而经典动力学无法解释此类现象。因此，当时Bray反应被认为是由于尘埃或杂质引起的假象，未曾受到重视。

直到1958年，Belousov在金属铈离子作催化剂的情况下进行了柠檬酸的溴酸氧化反应。该反应比Bray反应有明显的优点：它在室温下就能进行，而且当铈离子从黄色的高氧化态（四价）到无色的低氧化态（三价）来回变化时振荡过程很明显。其后Zhabotinsky等人用锰离子或邻菲啰啉离子代替铈催化剂，同时使用两种催化剂，甚至在没有金属离子作催化剂的情况下也实现了某些有机化合物（例如各种酚和苯胺的衍生物）被溴酸氧化的振荡反应。柠檬酸也可用其他具有亚甲基或者氧化时易生成这种基团的有机物（如丙二酸，苹果酸，丁酮二酸等）代替。至此，人们才逐渐接受振荡反应，并开始探索其理论实质和理论根源。

20世纪60年代末，比利时科学家I. Prigogine首次提出耗散结构理论，为振荡反应提供了深刻的理论基础。经过几十年的努力，耗散结构理论逐渐走向成熟和完善。耗散结构理论认为：一个远离平衡态的开放体系，通过与外界交换物质和能量，在一定的条件下，可能从原来的无序状态转变为一种在时间、空间或功能上的有序状态。形成新的有序结构是靠不断地耗散物质的能量来维持的，这就称为“耗散结构”。从此，振荡反应得到了重视，它的研究得到了迅速发展。

在过去几十年里，人们对化学振荡反应进行了大量研究，其中反应机理的探讨和化学振荡器的系统设计是两个主要的方面。人们不但深入研究了B-Z反应、B-R反应、B-L反应等振荡反应，而且成功地设计出了亚氯酸盐、溴酸盐等新的振荡器。与此同时，化学反应体系中复杂自组织现象及其模型也得到了大量研究。这些问题的研究对于弄清自组织现象的本质有重要意义。

电化学振荡现象是在远离平衡的电极反应体系中产生的一种时间有序现象。根据非平衡态热力学和耗散结构理论，产生时空有序的现象必须具备两个条件：第一，体系必须远离热力学平衡；第二，体系内部的动力学过程必须有适当的非线性反馈步骤。对于许多电化学体系，上述两个条件很容易得到满足：首先，许多交换电流小的易极化电极可以很方便地通过

“极化”，使电极电位偏离它的平衡电位，到达非平衡的非线性区域；并且在实验中，采用连续流动的搅拌反应器（CSTR）也可以很方便地实现这一点。其次，由于电极过程本身就是一种复杂的多相反应过程，往往包含非线性动力学反馈步骤，更不用说还有许多电化学过程和其他过程发生耦合更容易产生非线性反馈。因此，电化学振荡现象在许多电化学体系中广泛存在。

化学工作者们对B-Z反应进行了大量试验研究，从宏观上提出了影响B-Z振荡的因素，包括反应物浓度、温度、抑制剂、溶液的非理想性、电解液性质、电极的极化条件、扩散的影响及电极材料等。1972年，Fiela R J、Koros E、Noyes R等人通过实验对B-Z振荡反应作出了解释。其主要思想是：体系中存在着两个受溴离子浓度控制的过程A和B，当$c(Br^-)$高于临界浓度$c(Br^-, Crit)$时发生A过程，当$c(Br^-)$低于$c(Br^-, Crit)$时发生B过程。也就是说，$c(Br^-)$起着开关作用，它控制着从A到B过程，再由B到A过程的转变。在A过程，由于化学反应$c(Br^-)$降低，当$c(Br^-)$到达$c(Br^-, Crit)$时，B过程发生。在B过程中，Br^-再生，$c(Br^-)$增加，当$c(Br^-)$达到$c(Br^-, Crit)$时，A过程发生，这样体系应在A过程和B过程间往复振荡。即当$c(Br^-)$足够高时，发生下列A过程：

$$BrO_3^- + Br^- + 2H^+ \xrightarrow{K_1} HBrO_2 + HOBr \tag{1}$$

$$HBrO_2 + Br^- + H^+ \xrightarrow{K_2} 2HOBr \tag{2}$$

其中第一步是速率控制步骤，当达到准定态时，有

$$c(HBrO_3) = K_1 c(Br^-) c(H^+)/K_2$$

当$c(Br^-)$较低时，发生下列B过程，Ce^{3+}被氧化

$$BrO_3^- + HBrO_2 + H^+ \xrightarrow{K_3} 2BrO_2 + H_2O \tag{3}$$

$$BrO_2 + Ce^{3+} + H^+ \xrightarrow{K_4} HBrO_2 + Ce^{4+} \tag{4}$$

$$2HBrO_2 \xrightarrow{K_5} BrO_3^- + HOBr + H^+ \tag{5}$$

其中，反应(2)是速率控制步骤。反应经（3）、（4）将自催化产生$HBrO_2$，达到准定态时：

$$c(HBrO_2) = K_3 c(BrO_3^-) c(H^+)/2K_5 \tag{6}$$

由反应（2）、（3）可以看出：Br^-和BrO_3^-是竞争$HBrO_2$的。当$K_2 c(Br^-) > K_3 c(BrO_3^-)$时，自催化过程式(3)不可能发生。自催化是BZ振荡反应中必不可少的步骤，否则该振荡不能发生。Br^-的临界浓度为：

$$c(Br^-, Crit) = K_3 \frac{c(BrO_3^-)}{K_2} = 5\times 10^{-6} c(BrO_3^-) \tag{7}$$

Br^-的再生可通过下列C过程即式（8）实现：

$$4Ce^{4+} + BrCH(COOH)_2 + H_2O + HOBr \xrightarrow{K_6} 2Br^- + 4Ce^{3+} + 3CO_2 + 6H^+ \tag{8}$$

A、B、C 3个过程合起来完成一个振荡周期，振荡的控制物种是Br^-。该体系的总反应为：

$$2H^+ + 2BrO_3^- + 3CH_2(COOH)_2 \longrightarrow 2BrCH(COOH)_2 + 3CO_2 + 4H_2O \tag{9}$$

B-Z振荡反应在封闭体系中能持续振荡几天，而在开放体系中，由于反应过程中CO_2不断挥发，BrO_3^-、$CH_2(COOH)_2$和H^+都会被消耗一部分，随着振荡反应的进行，体

系的能量和物质逐渐耗散，振荡周期将越来越长，振荡现象逐渐衰减，如果不补充新的原料将导致振荡结束。

测定、研究B-Z化学振荡反应可采用离子选择性电极法、分光光度法和电化学方法等。本实验采用电化学方法，以甘汞电极作为参比电极，用铂电极作为工作电极，即在不同的温度下通过测定因 Ce^{4+} 和 Ce^{3+} 浓度之比产生的电势随时间变化曲线，分别从曲线中（图2）得到诱导时间（$t_{诱}$）和振荡周期（$t_{振}$），并根据阿仑尼乌斯（Arrhenius）方程，因为 $t_{诱}^{-1} \propto K$，$t_{振}^{-1} \propto K$，

根据 $\ln K = \frac{-E_a}{RT} + B$

式中，E_a 为表观活化能；R 为摩尔气体常数；T 为热力学温度；B 为经验常数。

可得 $\ln t_{诱}^{-1} = \frac{-E_a}{RT} + B$ $\ln t_{振}^{-1} = \frac{-E_a}{RT} + B$

作 $\ln t_{诱}^{-1} \sim T^{-1}$ 图，得到一条直线，该直线的斜率 $-E_a/RT$，由此求出反应的诱导表观活化能 $E_{a诱}$；同理作 $\ln t_{振}^{-1} \sim T^{-1}$ 图，求出反应的振荡表观活化能 $E_{a振}$。

三、仪器与试剂

1. 仪器：电动势测定实验装置LB-RD-10（上海辰华仪器公司）；B-Z振荡实验装置（南京多助科技发展有限责任公司）；SYP-ⅡC玻璃恒温水浴锅（南京多助科技发展有限责任公司）；HD2004W电动搅拌机（常州荣华仪器制造有限公司）；232型甘汞电极（上海伟业仪器厂）；213型铂电极（上海伟业仪器厂）；100mL夹套反应器；

2. 试剂：0.50mol/L丙二酸溶液，0.35mol/L $KBrO_3$ 溶液，3.00mol/L H_2SO_4 溶液，7×10^{-3} mol/L $(NH_4)_2Ce(SO_4)_3$ 溶液。

四、实验步骤

1. 准备工作

实验装置如图1所示，测量线路如图2所示。打开仪器电源预热10 min；同时开启恒温槽电源（包括加热器的电源），并调节温度为30℃（或比当时的室温高3～5℃）。在夹套反应器中加入丙二酸溶液、$KBrO_3$ 溶液、H_2SO_4 溶液各20mL，取 $(NH_4)_2Ce(SO_4)_3$ 溶液20mL置于恒温水浴中预热。

2. 被测溶液在指定温度下恒温足够长时间（至少10 min）后，点击工具栏里的运行键，实验即刻开始，屏幕上会显示电位-时间曲线（同时也分别显示电位和时间的数值），此时的曲线应该为一平线。60 s（或基线平坦）后将预先已恒温的20mL $(NH_4)_2Ce(SO_4)_3$ 溶液倒入夹套反应器中。此时曲线（电位）会发生突跃，同时注意溶液颜色的变化。经过一段时间的"诱导"，开始振荡反应，此后的曲线呈现有规律的周期变化（如图2所示），至少记录10个以上振荡周期，实验结束后给实验结果命名存盘。

3. 将恒温槽温度调至35℃，清洗夹套反应器和所有用过的电极，重复上述步骤进行测量。用上述方法改变温度每间隔5℃测定一条振荡反应的电位-时间曲线，至少测量3个以上温度下的电位-时间曲线。

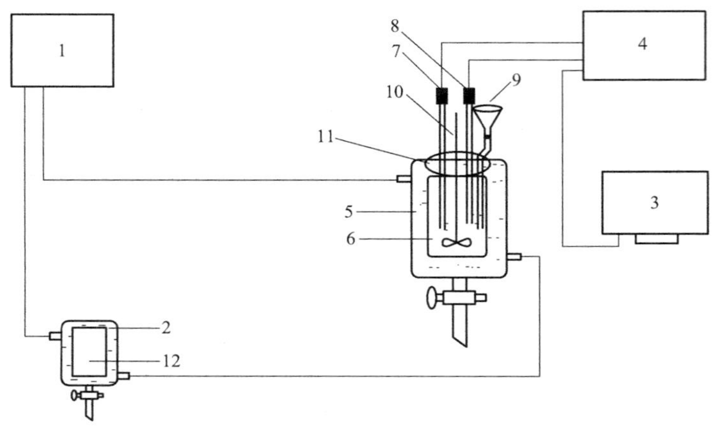

图1 实验装置示意图

1—恒温水浴器；2—夹套反应器1；3—计算机；4—电化学工作站；
5—夹套反应器2；6—反应容器；7—铂电极；8—参比电极；9—加液漏斗；
10—搅拌器；11—盖板；12—保温容器

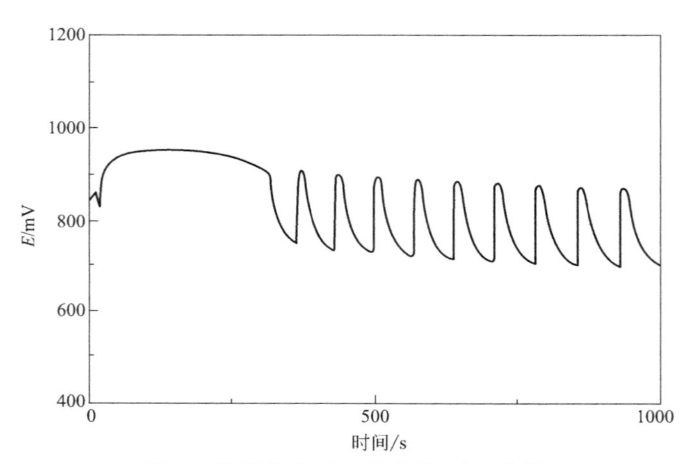

图2 化学振荡反应的电位-时间曲线

4. 注意事项

(1) 实验中 $KBrO_3$ 试剂纯度要求高。

(2) 甘汞电极用 1.00mol/L H_2SO_4 作液接。

(3) 配制 0.004mol/L $(NH_4)_2Ce(SO_4)_3$ 溶液时，一定要在 0.20mol/L H_2SO_4 介质中进行，防止发生水解呈混浊。

(4) 所使用的反应容器一定要冲洗干净，搅拌器转速平稳并加以控制。

五、数据记录与处理

1. 数据记录

分别从各条曲线中找出诱导时间（$t_{诱}$）和振荡周期（$t_{振}$），并列表。

2. 数据处理

根据计算结果（见表1、表2）作 $\ln t_{诱}^{-1} \sim T^{-1}$ 图，得到一条直线，该直线的斜率

$-E_a/RT$，由此求出反应的诱导表观活化能 $E_{a诱}$；同理作 $\ln t_{振}^{-1} \sim T^{-1}$ 图，求出反应的振荡表观活化能 $E_{a振}$。

表 1　实验数据记录表（Ⅰ）

温度 T/K	T^{-1}	$t_{诱}$	$t_{诱}^{-1}$	$\ln t_{诱}^{-1}$

表 2　实验数据记录表（Ⅱ）

温度 T/K	T^{-1}	$t_{振}$	$t_{振}^{-1}$	$\ln t_{振}^{-1}$

六、思考题

1. 影响诱导期的主要因素有哪些？
2. 本实验记录的电势主要代表什么意思？与 Nernst 方程求得的电位有何不同？

七、附录

1. 药品使用注意事项

丙二酸可燃，具腐蚀性、刺激性，可致人体灼伤，使用时穿戴实验服、口罩、手套等，不慎与皮肤接触后，请立即用大量清水冲洗。

2. 仪器

参考电动势法测定化学反应的热力学函数实验，见图 1。

3. 拓展阅读

B-Z 反应是一种振荡化学反应。在通常的化学反应中，反应物的浓度降低，产物的浓度增加，最终达到化学平衡。而在振荡反应中，在一段时间内，反应体系内的某些物质的浓度会在一个区间振荡。比如 B-Z 反应中浅色的波对应一种混合物 M，而橘色区域对应另一种混合物 N；对于培养皿中某一点，其大致成分会在 M（波经过时）和 N（波远离时）之间振荡。

参考文献

[1] 宿辉，白青子．物理化学实验 [M]．北京：北京大学出版社，2011.

[2] 孙尔康，高卫，徐维清，等．物理化学实验．2 版． [M]．南京：南京大学出版社，2010.

[3] 曹渊，陈昌国．现代基础化学实验 [M]．重庆：重庆大学出版社，2010.

[4] 陶长元，颜红梅，刘信安，等．酸度对 B-Z 振荡反应的影响 [J]．物理化学学报，2000，16 (9)：835-838.

[5] 胡佳欣，邹倩，杨文静，等．B-Z 振荡反应教学实验的反应条件改进 [J]．实验室研究与探索，2019，38 (03)：51-55.

实验三十四　B-Z 振荡反应在氯离子含量测定中的应用

一、实验目的

1. 认识非平衡非线性的电化学振荡反应现象。
2. 掌握 B-Z 振荡反应诱导时间、振荡周期、振荡曲线的测定方法。
3. 掌握 B-Z 振荡反应用于氯离子含量测定的原理及方法。

二、实验原理

化学振荡是指在自催化反应体系中，部分组分或中间产物的浓度能随时间、空间发生有序的周期性变化的现象。化学振荡反应是当代非线性化学反应动力学研究的重要内容，具有特殊的现象及实验效果。俄国化学家 Belousov 和 Zhabotinskii 首次报道了以金属铈离子作为催化剂，柠檬酸在酸性条件下被溴酸钾氧化时可呈现周期性的化学振荡现象，该反应即为 B-Z 振荡反应，是众多振荡反应中的一种。

基于 B-Z 振荡反应电化学振荡是电化学体系在远离平衡态的敞开体系中，产生的有序、时空现象，其振荡形式以电势振荡为主。产生的脉冲信号如图 1 所示。

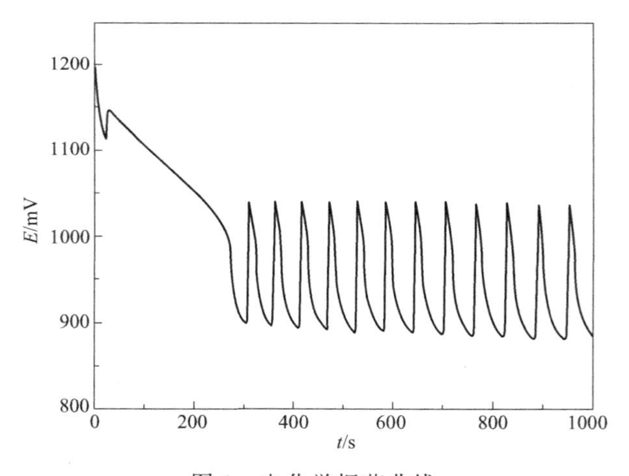

图 1　电化学振荡曲线

基于 B-Z 振荡反应的电化学振荡具有非线性动力学特征，其反应机理如表 1 所示，本实验通过设计基于 B-Z 振荡反应新型脉冲电池，将电化学振荡反应用于氯离子含量的测定，利用物理化学的知识解决分析化学的问题，将物理化学实验和分析化学实验的基础知识、基本操作技能融会贯通而形成综合训练环节，产生新的“综合化学实验”实验项目，内容上融物理化学和分析化学于一体，对学生综合素质的提高，实践能力、创新能力的培养起着非常重要的作用，有利于激发学生的学习兴趣，实现理论教学与实际应用的结合。

表 1　基于 B-Z 振荡反应的电化学振荡体系反应机理

步骤	反应方程式	反应速率常数
(R1)	$HBrO_2 + H^+ + Br^- \longrightarrow 2HBrO$	$k_1 = 2\times10^6 M^{-2}s^{-1}$
(R2)	$BrO_3^- + 2H^+ + Br^- \rightleftharpoons HBrO + HBrO_2$	$k_2 = 1.2 M^{-3}s^{-1}$ $k_{-2} = 3.2 M^{-1}s^{-1}$
(R3)	$2HBrO_2 \longrightarrow HBrO + BrO_3^- + H^+$	$k_3 = 3000 M^{-1}s^{-1}$
(R4)	$HBrO_2 + BrO_3^- + H^+ \rightleftharpoons Br_2O_4 + H_2O$	$k_4 = 48 M^{-2}s^{-1}$ $k_{-4} = 3200 M^{-1}s^{-1}$
(R5)	$Br_2O_4 \rightleftharpoons 2BrO_2^{\cdot} + H_2O$	$k_5 = 7.50\times10^4 M^{-1}s^{-1}$ $k_{-5} = 1.40\times10^9 M^{-1}s^{-1}$
(R6)	$Br^- + HBrO + H^+ \rightleftharpoons Br_2 + H_2O$	$k_6 = 5\times10^9 M^{-2}s^{-1}$ $k_{-6} = 10 M^{-1}s^{-1}$
(R7)	$BrO_3^- + Ce^{3+} + 2H^+ \longrightarrow BrO_2^{\cdot} + Ce^{4+} + H_2O$	$k_7 = 0.38 M^{-3}s^{-1}$
(R8)	$BrO_2^{\cdot} + Ce^{3+} + H^+ \longrightarrow HBrO_2 + Ce^{4+}$	$k_8 = 5\times10^9 M^{-2}s^{-1}$
(R9)	$BrMA + Ce^{4+} \rightleftharpoons Ce^{3+} + BrMA^{\cdot}$	$k_9 = 25 M^{-1}s^{-1}$ $k_{-9} = 2.2\times10^8 M^{-1}s^{-1}$
(R10)	$2BrMA^{\cdot} + H_2O \longrightarrow BrTTA + BrMA$	$k_{10} = 1\times10^8 M^{-1}s^{-1}$
(R11)	$BrTTA \longrightarrow MOA + Br^- + H^+$	$k_{11} = 1.5 M^{-1}s^{-1}$
(Rox)	$MA + Ce^{4+} \longrightarrow Ce^{3+} + MA^{\cdot}$	$k_{ox} = 0.21 M^{-1}s^{-1}$
(Ren)	$MA \rightleftharpoons ENOL$	$k_{en} = 0.0013 M^{-1}s^{-1}$ $k_{-en} = 180 M^{-1}s^{-1}$
(R12)	$ENOL + Br_2 \longrightarrow BrMA + Br^- + H^+$	$k_{12} = 2\times10^6 M^{-1}s^{-1}$
(R13)	$ENOL + HOBr \longrightarrow BrMA + H_2O$	$k_{13} = 6.7\times10^5 M^{-1}s^{-1}$
(R14)	$BrMA \rightleftharpoons Br\text{-}ENOL$	$k_{14} = 0.0012 M^{-1}s^{-1}$ $k_{-14} = 800 M^{-1}s^{-1}$
(R15)	$Br\text{-}ENOL + Br_2 \longrightarrow Br_2MA + Br^- + H^+$	$k_{15} = 3.50\times10^6 M^{-1}s^{-1}$
(R16)	$Br\text{-}ENOL + HOBr \longrightarrow Br_2MA + H_2O$	$k_{16} = 6.60\times10^4 M^{-1}s^{-1}$

注：MA = $CH_2(COOH)_2$，ENOL = (COOH) CHC $(OH)_2$，BrMA = CBrH $(COOH)_2$，BrMA• = •BrC $(COOH)_2$，Br_2MA = $CBr_2(COOH)_2$，Br-ENOL = (COOH) CBrC $(OH)_2$，BrTTA = BrC (OH) $(COOH)_2$，MOA= CO $(COOH)_2$。

基于 B-Z 振荡反应新型脉冲电池的设计：采用 H_2SO_4-$KBrO_3$-$CH_2(COOH)_2$ 作为反应物，$(NH_4)_4Ce(SO_4)_4$ 作为催化剂，反应温度控制在 (30±0.1)℃，工作电极为铂电极，参比电极为甘汞电极，设计基于 B-Z 振荡反应新型脉冲电池。脉冲电池反应体系中各组分浓度、温度与 ln$t$ 的关系式如式(1) 所示，体系中各组分浓度、温度与 ln$t$ 的关系式常数表见表 2，模型理论值与实验测试值之间的线性关系见图 2。

$$\ln t = a_0 + a_1[KBrO_3] + a_2[MA] + a_3[(NH_4)_4Ce(SO_4)_4] + a_4T + a_5[KBrO_3][MA] + a_6[KBrO_3][Ce^{4+}] + a_7[KBrO_3]T + a_8[MA][Ce^{4+}] + a_9[MA]T + a_{10}[Ce^{4+}]T + a_{11}[KBrO_3]^2 + a_{12}[MA]^2 + a_{13}[Ce^{4+}]^2 + a_{14}T^2 \quad (1)$$

表 2　体系中各组分浓度、温度与 lnt 的关系式常数表

参数	数值	参数	数值	参数	数值
a_0	10.20	$a_5/(L^2/mol^2)$	-2.50	$a_{10}/[L^2/(mol^2\cdot℃)]$	0.68
$a_1/(L/mol)$	0.52	$a_6/(L^2/mol^2)$	23.29	$a_{11}/(L^2/mol^2)$	0.45
$a_2/(L/mol)$	−0.62	$a_7/[L/(mol\cdot℃)]$	0.10	$a_{12}/(L^2/mol^2)$	0.25
$a_3/(L/mol)$	−323.53	$a_8/(L^2/mol^2)$	−40.34	$a_{13}/(L^2/mol^2)$	16382.07
$a_4/℃$	−0.15	$a_9/[L/(mol\cdot℃)]$	0.03	$a_{14}/℃^{-2}$	−18.4

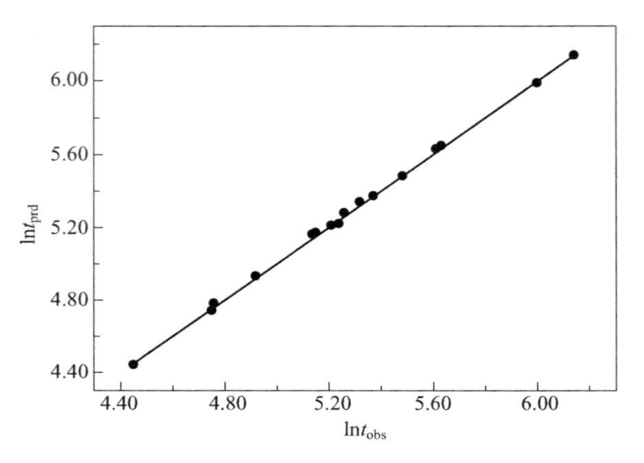

图 2　模型理论值和预测值之间的线性关系式

基于 B-Z 振荡反应新型脉冲电池产生的脉冲信号，若向体系中加入一定浓度范围的 Cl^- 后，其振荡曲线的诱导时间会发生变化，但振荡周期时间不变化，如图 3(b) 所示，说明氯离子并不参与电化学振荡反应，而是作为 B-Z 振荡体系的抑制剂，随着 Cl^- 浓度的增加，体系的诱导活化能增加，如图 3(a) 所示，当 Cl^- 浓度低于 1.00×10^{-3}mol/L 时，诱导表观活化能在变化不大，随着 Cl^- 浓度从 1.00×10^{-3}mol/L 增加到 2.00×10^{-3}mol/L，诱导表观活化能从 50kJ/mol 线性增加至 120kJ/mol，对振荡体系产生线性干扰，当 Cl^- 浓度大于 2.20×10^{-3}mol/L 时诱导表观活化能趋于无穷大，电化学振荡反应失效。因此，当 Cl^- 在 1.20×10^{-3}～2.20×10^{-3}mol/L 浓度范围内，反应温度为 30℃时，$\ln t$ 与 Cl^- 浓度的关系曲线（$R^2=0.996$）如图 4 所示，通过对振荡曲线形状改变所反映的化学信息，可用于氯含量的测定。

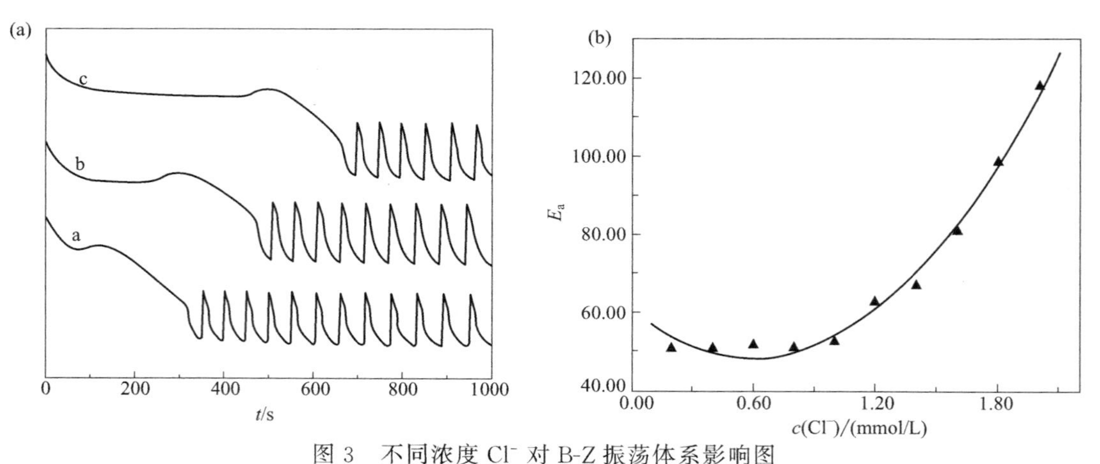

图 3　不同浓度 Cl^- 对 B-Z 振荡体系影响图

（a：1.20×10^{-3} mol·L^{-1}、b：1.40×10^{-3} mol·L^{-1}、c：1.60×10^{-3} mol·L^{-1}）

本实验采用电动势法测量不同 Cl^- 离子浓度干扰下的电化学振荡曲线，通过电化学振荡曲线获取振荡曲线的诱导时间 t，以 $\ln t$ 对 Cl^- 浓度作图得一直线（$R^2=0.996$）如图 4 所示，从而找出 $\ln t$ 与 Cl^- 浓度的函数关系式，通过内标法（标准曲线法）确定可溶性氯化物氯含量。

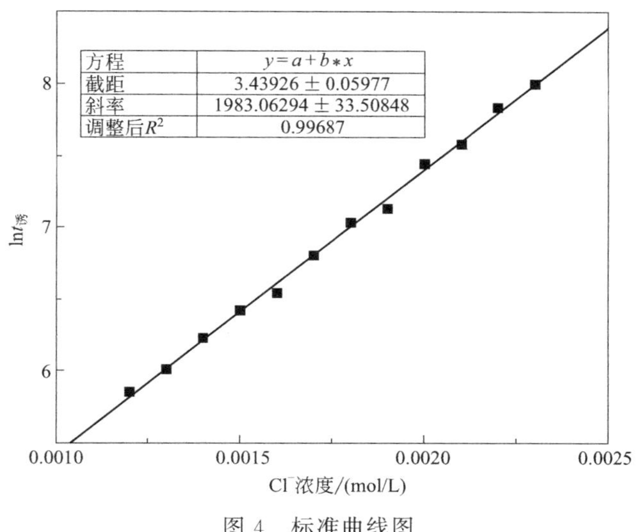

图 4　标准曲线图

相比于常用的氯离子检测技术如离子色谱、化学分析、电化学测量技术等，本方法方便、所需仪器易得、价格低廉、步骤简单、准确度高，且几乎无需经过大量计算便可得出结果。测试过程中金属阳离子不干扰测定，PO_4^{3-}、NO_3^-、SO_4^{2-}、CO_3^{2-} 等阴离子不干扰测定，I^-、F^- 等卤素阴离子干扰测定结果。

三、仪器与试剂

1. 仪器（实验装置如图 5 所示）：电动势测定实验装置 LB-RD-10（上海辰华仪器公司）；B-Z 振荡实验装置（南京多助科技发展有限责任公司）；SYP-ⅡC 玻璃恒温水浴锅（南京多助科技发展有限责任公司）；HD2004 W 电动搅拌机（江苏省金坛市荣华仪器制造有限公司）；232 型甘汞电极（上海伟业仪器厂）；213 型铂电极（上海伟业仪器厂）；100mL 夹套反应器；10.00mL、20.00mL 移液管；5 只 50mL 容量瓶；1 只 1000mL 容量瓶，150mL 锥形瓶；250mL 烧杯，洗耳球。

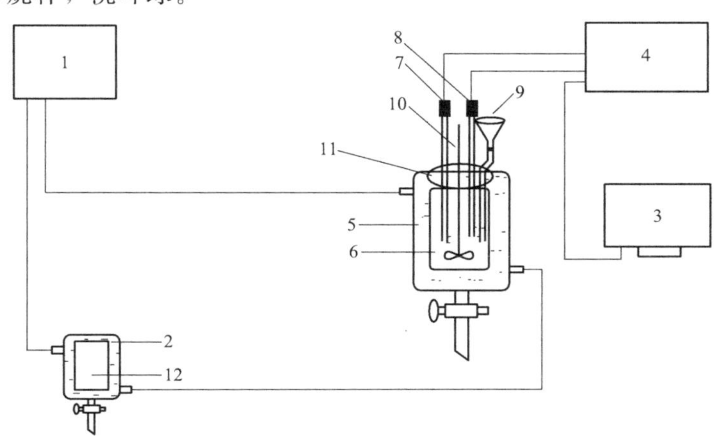

图 5　实验装置示意图

1—恒温水浴器；2—夹套反应器 1；3—计算机；4—电化学工作站；5—夹套反应器 2；6—反应容器；7—铂电极；8—参比电极；9—加液漏斗；10—搅拌器；11—盖板；12—保温容器

2. 试剂：1.00mol/L 丙二酸溶液，0.35mol/L $KBrO_3$ 溶液，3.00mol/L H_2SO_4 溶液，7.00×10^{-3}mol/L $(NH_4)_2Ce(SO_4)_3$ 溶液，KCl，去离子水。

四、实验步骤

1. 电化学振荡体系溶液配制

准确配置 1.00mol/L 丙二酸溶液，0.35mol/L $KBrO_3$ 溶液，3.00mol/L H_2SO_4 溶液，7.00×10^{-3}mol/L $(NH_4)_2Ce(SO_4)_3$ 溶液。

2. 氯离子标准溶液配制

准确称量 2.982 g 氯化钾固体用去离子水定溶于 1000mL 容量瓶中；在 5 只 50mL 容量瓶中，分别加入 12、14、16、18、20mL 配制 $1.20\times10^{-3}\sim2.2\times10^{-3}$mol/L 浓度范围氯化钾溶液，用去离子水定容，摇匀并编号为 1＃、2＃、3＃、4＃、5＃。

3. 按图 5 安装好仪器，在反应器夹套中通入循环恒温水，开启超级恒温槽，将水浴温度调节为 25.00℃。若室温较高，可将水浴温度调节为 30℃或 35℃。

4. 标准曲线绘制

打开夹套反应器中的搅拌器，用移液管依次移取 20.00mL 溴酸钾溶液、10.00mL 丙二酸溶液、20.00mL 硫酸溶液、10.00mL 1＃氯化钾标准溶液于夹套反应器中；另量取 20.00mL 硫酸铈铵于锥形瓶中并置于 25.00℃的恒温水浴器中，恒温 15 min，打开软件，设置测试时间等参数，点击“开始测定”，记录相应的电势曲线。待基线稳定，将硫酸铈铵溶液通过漏斗快速倒入夹套反应器中，同时点击软件的“开始测定”按钮，测定电化学振荡曲线，当测定界面出现 10 个周期的振荡曲线时，结束测定，保存数据，并计算诱导时间。根据上述方法依次测定 2＃，3＃，4＃，5＃标准溶液干扰电化学振荡反应体系的诱导时间。

5. 试样的测定

准确称量 0.20～0.25 g 氯化物于 250mL 烧杯中，加水溶解后，转移至 250mL 容量瓶中，加水稀释至刻度，摇匀。将氯化物中 Cl^- 浓度稀释至线性范围内（$1.20\times10^{-3}\sim2.20\times10^{-3}$mol/L），用移液管依次移取 20.00mL 溴酸钾溶液、10.00mL 丙二酸溶液、20.00mL 硫酸溶液，10.00mL 待测溶液的于夹套反应器中；另量取 20.00mL 硫酸铈铵于锥形瓶中并置于 25.00℃的恒温水浴器中，恒温 15min，打开软件，设置测试参数，点击“开始测定”，记录相应的电势曲线。待基线稳定，将硫酸铈铵溶液通过漏斗快速倒入夹套反应器中，同时点击软件的“开始测定”按钮，测定电化学振荡曲线，当测定界面出现 10 个周期的振荡曲线时，结束测定，保存数据，并计算诱导时间。

6. 测试完毕，关闭搅拌器、恒温水浴器、电化学工作站、计算机电源。

7. 注意事项

(1) 实验过程中应注意保证温度恒定，否则会影响反应诱导时间的变化，影响测试的精度。

(2) 本实验所有试剂均要求分析纯，配制溶液使用去离子水。

(3) 为了防止参比电极中离子对实验的干扰，以及溶液对参比电极的干扰，所用的饱和甘汞电极用 1mol/L H_2SO_4 作液接，不适合使用盐溶液。

(4) 配制 0.004mol/L $(NH_4)_2Ce(SO_4)_3$ 溶液时，一定要在 0.20mol/L H_2SO_4 介质中进行，防止发生水解呈混浊。

（5）所使用的电解池、电极和一切与溶液相接触的器皿是否干净是本实验成败的关键，故每次实验完毕后必须将所有用具冲洗干净。

（6）搅拌器转速必须平稳并加以控制。

五、数据记录与处理

1. 数据记录

分别从各条曲线中找出诱导时间（$t_{诱}$）和振荡周期（$t_{振}$），并列在表 3 中。

表 3　实验数据记录表

溶液标号	氯离子浓度 c（$\times 10^{-3}$mol/L）	诱导时间 $t_{诱}$/s	$\ln t_{诱}$
1	1.20		
2	1.40		
3	1.60		
4	1.80		
5	2.00		

2. 通过向体系中加入 Cl^- 标准溶液，其振荡曲线形状会发生变化，作图并从电动势曲线获取不同浓度的 Cl^- 干扰下诱导时间 t，将氯化钾标准溶液浓度及测定的诱导时间列于表 3，以 $\ln t$ 对 Cl^- 浓度作图得一条直线，从而找出 $\ln t$ 与 Cl^- 浓度的函数关系式。获取含 Cl^- 试样溶液干扰下诱导时间 t，计算 $\ln t$，通过内标法（标准曲线法）确定可溶性氯化物氯含量。

六、思考题

1. 相比于常用的氯离子检测技术，简述基于 B-Z 振荡反应测定氯离子含量的优点。

2. 为什么在实验过程中应尽量使搅拌子的位置和转速保持一致?

参考文献

[1] Richard J Field, Endre Koros, Richard M Noyes. Oscillations in chemical systems. Ⅱ. Thorough analysis of temporal oscillation in the bromate-cerium-malonic acid system [J]. J Am Chem Soc, 1972 (94): 46-89.

[2] 杨文静，罗晓玉，等．基于 B-Z 振荡反应的脉冲电池设计 [P]，CN201810717383.2，中国．

[3] 杨文静，罗晓玉，等．基于 B-Z 振荡反应脉冲电池动力学研究的实验教学装置 [P]，CN201821044065.6，中国．

[4] 杨文静，韦雪云，徐娜，等．采用 B-Z 化学振荡反应测定氯离子含量的方法 [P]，CN202010643985.5，中国．

[5] 杨文静，付春燕，冉燕青，等．用于非线性化学反应的教学实验设计 [P]，CN202010643984.0，中国．

[6] Marcello A, Budroni, Federico Rossi. Hofmeister Effect in Self-Organized Chemical Systems [J]. The journal of physical chemistry. B, 2020.